高职高专工业机器人技术专业系列教材

工业机器人技术及应用

主　编　夏金伟　郭海林　高　枫

副主编　于晓云　宁秋平　蔡　月　陈国栋

参　编　许连阁　梁　辰　李　琦　姜俊宏　王　超

U0379545

机械工业出版社

本书为高职高专工业机器人技术专业规划教材。

本书以江苏汇博 HR20－1700－C10 工业机器人为载体,以工业机器人的绘图、搬运和综合应用工作站为典型实例,详细介绍了工业机器人的工作原理、系统参数设置、示教方法等,并从企业的生产实际出发,将机器人相关理论知识和现场实践有机结合,使学生在实际操作中学会工业机器人的基本应用。本书共分 8 章,分别为初识工业机器人、工业机器人的分类和技术参数、工业机器人的结构、HR20－1700－C10 工业机器人的组成及手动操作、HR20－1700－C10 工业机器人的示教编程、HR20－1700－C10 工业机器人绘图工作站、HR20－1700－C10 工业机器人搬运工作站、HR－RCPS－C10 工业机器人实训系统。

本书既可以作为高职高专院校自动化类专业工业机器人相关课程的教材和技能培训教材、自学读本,也可供自动化相关专业的工程技术人员参考。为方便教学,本书配有电子课件、习题答案、模拟试卷及答案等,凡使用本书作为授课教材的教师,均可登录机械工业出版社教育服务网 www.cmpedu.com 注册后下载。咨询邮箱:cmpgaozhi@sina.com。咨询电话:010-88379375。

图书在版编目(CIP)数据

工业机器人技术及应用/夏金伟,郭海林,高枫主编.—北京:机械工业出版社,2018.11(2022.9 重印)

高职高专工业机器人技术专业系列教材

ISBN 978-7-111-61181-3

Ⅰ.①工… Ⅱ.①夏… ②郭… ③高… Ⅲ.①工业机器人-高等职业教育-教材 Ⅳ.①TP242.2

中国版本图书馆 CIP 数据核字(2018)第 233472 号

机械工业出版社(北京市百万庄大街 22 号 邮政编码 100037)
策划编辑:王宗锋 高亚云 责任编辑:王宗锋 高亚云 王海霞
责任校对:肖 琳 封面设计:陈 沛
责任印制:李 昂
北京捷迅佳彩印刷有限公司印刷
2022 年 9 月第 1 版第 5 次印刷
184mm×260mm · 16 印张 · 393 千字
标准书号:ISBN 978-7-111-61181-3
定价:45.00 元

电话服务 网络服务
客服电话:010-88361066 机 工 官 网:www.cmpbook.com
　　　　　010-88379833 机 工 官 博:weibo.com/cmp1952
　　　　　010-68326294 金 书 网:www.golden-book.com
封底无防伪标均为盗版 机工教育服务网:www.cmpedu.com

前　言

随着劳动力成本的提高，劳动密集型企业的竞争力有所下降，以机器人自动化为主导的制造模式变革正如火如荼地进行中。据统计，2017 年我国工业机器人产量达到 13.1 万台（套），同比增长 51%。据国际机器人联合会（IFR）预测，2018~2020 年，国内机器人销量将分别达到 16 万台、19.5 万台和 23.8 万台，未来三年的复合年均增长率达 22%。国内制造业智能化改造需求旺盛，我国已连续五年成为全球工业机器人的最大消费市场。工业机器人应用能力已经成为当前制造业人才必须具备的基本素质，掌握工业机器人应用技术也成为对机械及控制类专业人才的基本要求。

目前，有关工业机器人技术及其应用的教材大多内容比较零散，工业机器人理论知识与实践应用联系不足，不适合初学者学习。为了方便初学者更好地系统掌握工业机器人相关应用技术，我们组织编写了本书。

本书共分 8 章，第 1 章主要介绍了机器人的发展历程、发展现状和主要生产商；第 2 章介绍了工业机器人的分类和技术参数；第 3 章介绍了六关节工业机器人的机械结构、控制系统、驱动与传动系统和传感系统；第 4 章以江苏汇博 HR20 - 1700 - C10 工业机器人系统为例，详细说明了工业机器人操作的安全注意事项、组成和手动操作方法；第 5 章介绍了 HR20 - 1700 - C10 工业机器人的示教编程方法和流程；第 6 章以 HR20 - 1700 - C10 工业机器人绘图工作站为载体，介绍了工业机器人的运动指令、赋值指令、分支结构指令、循环结构指令等；第 7 章结合 HR20 - 1700 - C10 工业机器人搬运工作站，介绍了机器人 TCP 设置、工件坐标系设置、开关量输入输出模块的使用等；第 8 章详细介绍了 HB - RCPS - C10 工业机器人实训系统的功能与应用。

本书编者由从事工业机器人技能教育的培训专家、从事工业机器人本科和高职教育的一线教师和国内知名机器人企业的现场工程师组成。本书由夏金伟、郭海林、高枫主编，于晓云、宁秋平、蔡月、陈国栋担任副主编，许连阁、梁辰、李琦、姜俊宏、王超参与编写。其中，辽宁机电职业技术学院夏金伟主要完成第 8 章和思考与练习的编写；宁秋平、于晓云完成第 2 章的编写；郭海林完成第 3~第 5 章的编写；蔡月完成第 6、7 章的编写；苏州大学高枫和陈国栋完成第 1 章的编写。此外，辽宁机电职业技术学院的姜文斌、刘宇辉和刘泰言三位同学（2018 年全国职业院校技能大赛工业机器人技术应用（高职组）赛项一等奖的获得者）对本书中的各种应用实例进行了实际验证，保证了本书中实训项目的正确性和可操作性。

由于编者水平与时间有限，书中难免有不妥之处，恳请读者提出宝贵意见和建议。

编　者

目　录

CHAPTER 1

第1章 初识工业机器人

● 知识目标：掌握机器人、工业机器人的基本概念，了解工业机器人的发展概况，了解工业机器人的主要生产厂商，掌握工业机器人的应用场合。
● 能力目标：具备对日常生活及工业现场中的工业机器人的简单认知能力，能够根据机器人的实际自动化生产线，辨别出工业机器人的应用方式。

1.1 什么是机器人

机器人的诞生是20世纪自动控制领域的重要成就，是20世纪人类科学技术进步的重大成果。现在，全世界已经有100多万台机器人，机器人的销售额以及人均拥有数量也在逐年递增，机器人技术和机器人相关工业得到了前所未有的发展。机器人技术是现代科学与技术交叉和综合的体现，先进机器人的发展代表着国家综合科技实力和水平，因此，目前许多国家都已经把机器人技术列为本国21世纪高科技发展计划之一。随着机器人应用领域的不断扩大，机器人已从传统的制造业进入人类的日常工作和生活领域中。另外，随着需求范围的扩大，机器人结构和形态的发展呈现多样化。高端系统具有明显的仿生和智能特征，其性能不断提高，功能不断扩展和完善，各种机器人系统逐步向具有更高智能以及与人类社会融合得更密切的方向发展。

1.1.1 机器人的概念

机器人是机构学、控制论、电子技术及计算机等现代科学综合应用的产物，是在科研或工业生产中用来代替人工作业的机械装置。虽然现在机器人得到了广泛的应用，但机器人的定义却没有统一的标准，不同国家、不同领域的学者给出的定义都不尽相同。

国际标准化组织（ISO）对机器人的定义：机器人是一种自动的、位置可控的、具有编程能力的多功能操作机。这种操作机具有多个轴，能够借助可编程序操作来处理各种材料、零部件、工具和专用装置，以执行各种任务。

我国科学家对机器人的定义：机器人是一种自动化的机器，所不同的是这种机器具备一些与人或生物相似的智能能力，如感知能力、规划能力、动作能力和协同能力，是一种具有高度灵活性的自动化机器。

将上述两种机器人的定义概括起来可以认为，机器人是具有以下特点的机电一体化自动装置。

1）具有高度灵活性的多功能机电装置，可通过改编程序获得灵活性，简单地更改端部工具便可实现多种功能。

2）具有移动自身、操作对象的机构，能实现人手或脚的某种基本功能。

3）具有某些类似于人的智能。有一定的感知能力，能识别环境及操作对象。具有理解指令、适应环境、规划作业操作过程的能力。

1.1.2 早期机器人的起源

虽然直到 20 世纪中叶，"机器人"才作为专业术语被引用，但是机器人的雏形早在 3000 年前就已经存在于人类的想象中。早在西周时期（公元前 1046 ~ 前 771 年），我国就流传着有关巧匠偃师献给周穆王一个"伶人"（歌舞机器人）的故事。春秋时期（公元前 770 ~ 前 467 年）后期，被称为木匠祖师爷的鲁班利用竹子和木料制造出一只木鸟，它能在空中飞行，"三日不下"。相传东汉时期（公元 25 ~ 220 年），我国科学家发明了测量路程用的"记里鼓车"（图 1-1a），车上装有木人、鼓和钟，每走 1 里（1 里 = 500m），击鼓 1 次；每走 10 里，击钟一次，奇妙无比。三国时期（公元 220 ~ 280 年），蜀汉丞相诸葛亮制造出"木牛流马"（图 1-1b），可以运送军用物资，可称为最早的陆地军用机器人。

a) 记里鼓车   b) 木牛流马

图 1-1 记里鼓车和木牛流马

在国外，也有一些国家较早地进行了机器人的研制。公元前 3 世纪，古希腊发明家戴达罗斯用青铜为克里特岛国王迈诺斯塑造了一个守卫宝岛的青铜卫士塔罗斯。在公元前 2 世纪的书籍中，描写过一个具有类似机器人角色的机械化剧院，这些角色能够在宫廷仪式上进行舞蹈和列队表演。公元前 2 世纪，古希腊人发明了一个机器人，它用水、空气和蒸气压力作为动力，能够动作，会自己开门，可以借助蒸气唱歌。

1662 年，日本人竹田近江发明了能进行表演的自动机器玩偶。到了 18 世纪，日本人若井源大卫门对该玩偶进行了改进，制造出了端茶玩偶。端茶玩偶双手端着茶盘，当茶杯放到茶盘上后，它就会走向客人将茶送上，客人取茶杯时，它会自动停止走动，待客人喝完茶将茶杯放回茶盘上之后，它就会转回原来的地方。

法国人杰克·戴·瓦克逊于 1738 年发明了一只机器鸭，它会游泳、喝水、吃东西和排泄，还会嘎嘎叫。瑞士钟表名匠德罗斯父子三人于公元 1768 ~ 1774 年间，设计制造出三个像真人一样大小的机器人——写字偶人、绘图偶人和弹风琴偶人。它们是由凸轮控制和弹簧驱动的自动机器，至今还作为国宝保存在瑞士纳切特尔市艺术和历史博物馆内。另外，还有德国梅林制造的巨型泥塑偶人"巨龙哥雷姆"，日本物理学家细川半藏设计的各种自动机械图形，法国人杰夸特设计的机械式可编程序织造机等。

1.1.3 近代机器人的发展

1920 年，原捷克斯洛伐克小说家、剧作家卡雷尔·查培克在他写的科学幻想戏剧《罗萨姆的万能机器人》中，塑造了一个具有人的外表、特征和功能的机器人形象，如图 1-2 所示。这个机器人只能按照其主人的命令默默地工作，没有感觉和感情，以呆板的方式从事繁重的劳动。该剧本中第一次提出了"机器人"（Robot）这个名词，"Robot"是从古斯拉夫语"Robota"一词演变而来的，意为"苦力""劳役"，是一种人造劳动者。此后该词被欧洲各国语言所吸收而成为专有名词。

1950 年，美国作家艾萨克·阿西莫夫（Isaac Asimov）在科幻作品《I, Robot》中首次使用了"Robotics"（机器人学）一词来描述与机器人有关的科学，如图 1-3 所示。另外，阿西莫夫在一篇名为《环舞》（Runaround）的短篇小说中提出了"机器人三定律"，即：

1）机器人必须不危害人类，也不允许他眼看人将受害而袖手旁观。

2）机器人必须绝对服从于人类，除非这种服从有害于人类。

3）机器人必须保护自身不受伤害，除非为了保护人类或者是人类命令它做出牺牲。

这三条定律，给机器人社会赋以新的伦理性，并使机器人概念通俗化，更易于为人类社会所接受。至今，"机器人三定律"仍对机器人研究人员、设计制造厂家和用户有着十分重要的指导意义。阿西莫夫提出的"机器人三定律"被称为"现代机器人学的基石"，他本人也被称为"机器人学之父"。

图 1-2 《罗萨姆的万能机器人》中 robot 剧照

图 1-3 好莱坞电影《I, Robot》

上述提到的机器人都只是在小说和戏剧中存在的机器人形象，这些机器人最大的特点就是都是按照拟人的方式进行设计和模拟的。应用于工业现场的机器人最早出现在 1959 年，美国发明家乔治·德沃尔（George Devol）与约瑟夫·英格伯格（Joseph F. Engelberger）从与机器人有关的科幻小说中获取灵感，联合发明了世界上第一台工业机器人——龙尼梅特（UNIMATE）。UNIMATE 采用液压驱动的机械手臂，手臂的控制由一台计算机完成。由英格伯格负责设计该机器人的"手""脚""身体"，即机器人的机械部分和操作部分；由德沃尔设计其"头脑""神经系统""肌肉系统"，即机器人的控制装置和驱动装置，如图 1-4

和图1-5所示。随后，英格伯格和德沃尔成立了世界上第一家机器人制造工厂——Unimation公司。由于英格伯格对工业机器人的研发和宣传，他被称为"工业机器人之父"。

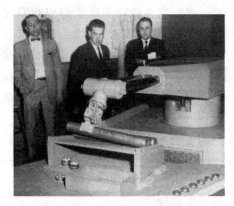

图1-4　德沃尔与英格伯格

图1-5　尤尼梅特（UNIMATE）

1962年美国机械与铸造公司也制造出了工业机器人，称为"沃尔萨特兰"（VER-STRAN），意思是"万能搬动"。尤尼梅特和沃尔萨特兰是世界上最早的、至今仍在使用的工业机器人。1973年，ABB公司生产的IRB-6工业机器人是第一个革命性的系列机器人产品，它由纯电气驱动，由微型计算机进行编程和控制，配有视觉、触觉传感器，是当时技术较为先进的机器人。同年，日本山梨大学的牧野洋教授研制成功具有平面关节的SCARA机器人，如图1-6所示。

图1-6　牧野洋教授研制
的SCARA机器人

随着计算机技术、控制技术和人工智能的发展，机器人的研究开发无论就水平还是规模而言都得到了迅速发展。据国外统计，到1980年，全世界有2万多台机器人在工业中得到了应用。

1.1.4　现代机器人的应用

进入20世纪80年代后，机器人的生产继续保持20世纪70年代后期的发展势头。到20世纪80年代中期，机器人制造业成为发展最快和最好的行业之一。机器人在工业中开始普及应用，工业化国家的机器人产值以年均20%～40%的增长率上升。1984年，全世界机器人使用总台数是1980年的4倍；到1985年底，机器人使用总台数已达到14万台；1990年则达到30万台左右。其中高性能机器人所占比例不断增加，特别是各种装配机器人的产量增长较快，和机器人配套使用的机器视觉技术和装置也得到了迅速发展。

1995年后，世界机器人数量逐年增加，增长率也较高。1998年，丹麦乐高公司推出了机器人套件，让机器人的制造变得像搭积木一样相对简单且能任意拼装，从而使机器人开始走入个人世界。1999年，日本索尼公司推出犬型机器人爱宝（AIBO）（图1-7），当即销售一空，从此娱乐机器人成为机器人迈进普通家庭的途径之一。2002年，丹麦iRobot公司推出了吸尘器机器人Roomba（图1-8），它能避开障碍，自动设计行进路线，还能在电量不足时自动驶向充电座，这是目前世界上销量最大、最商业化的家用机器人。

图1-7 机器人爱宝（AIBO）

图1-8 吸尘器机器人 Roomba

2000 年，本田汽车（Honda Motor）公司出品的人形机器人阿西莫（ASIMO）（图1-9）走上了舞台，它身高 1.3m，能够以接近人类的姿态走路和奔跑。2012 年，美国内华达州机动车辆管理局（NDM）颁发了世界上第一张无人驾驶汽车牌照，该牌照被授予一辆丰田普锐斯（Toyota Prius），这辆车使用谷歌（Google）公司开发的技术进行了改造。到目前为止，谷歌的无人驾驶汽车（图1-10）已经累计行驶超过 30 万 km，且未造成任何事故。

图1-9 人形机器人阿西莫

图1-10 谷歌无人驾驶汽车

近年来，全球机器人行业发展迅速，人性化、重型化、智能化已经成为未来机器人产业的主要发展趋势。现在，全世界服役的工业机器人总数在 100 万台以上。此外，还有数百万台服务机器人在运行。

1.2 什么是工业机器人

1.2.1 工业机器人的概念

工业机器人是众多机器人种类中的一种，是面向工业领域的多关节机械手或多自由度的机器装置，它能够自动执行工作，是靠自身动力和控制能力来实现各种功能的一种机器。1987 年，国际标准化组织对工业机器人进行了定义："工业机器人是一种具有自动控制的操作与移动功能，能完成各种作业的可编程序操作机。"工业机器人由操作机（机械本体）、控制器、伺服驱动系统和检测传感装置构成，是一种仿人操作、自动控制、可重复编程、能在三维空间中完成各种作业的机电一体化的自动化生产设备。

1.2.2　工业机器人的发展现状

工业机器人的主要产销国集中在日本、韩国和德国，这三国的机器人保有量和年度新增量位居全球前列，其工业机器人技术处于全球领先水平。据国际机器人联合会（International Federation of Robotics，IFR）统计，2014年日本每万名工人拥有323台工业机器人，韩国为437台，德国为282台；2013年日本的机器人保有量为30.4万台，韩国为15.6万台，德国为16.8万台；2014年，日本、韩国、德国的机器人市场新增量占全球的30.9%，市场规模分别为2.9万台、2.1万台、2万台。

日本机器人市场成熟，其制造商的国际竞争力较强，发那科（FANUC）、那智（NACHI）不二越、川崎（Kawasaki）等品牌在微电子技术、功率电子技术领域均处于持续领先地位；韩国的半导体、传感器、自动化生产等高端技术为机器人的快速发展奠定了基础；德国工业机器人在人机交互、机器视觉、机器互联等领域处于领先水平，德国本土的库卡公司是世界工业机器人四大制造商之一，其工业机器人年产量超过1.8万台。

目前，我国制造业正在大量地采用工业机器人，工业机器人已广泛应用在37个行业大类的91个行业中。从应用领域看，在我国接近50%的工业机器人被用于汽车制造领域，电力、电子领域的应用也已达到21%左右。自2013年我国成为世界上最大的工业机器人市场后，工业机器人使用量大幅攀升。2014年，全国销售工业机器人超5.7万台；2015年销量增至6.8万台。根据IFR的统计，2016年全球共销售了29万台工业机器人，主要用于汽车、电子、金属、化学和塑料等领域的搬运、焊接、组装等流程。其中，我国市场工业机器人销量为8.9万台。2017年，我国工业机器人产量达到13.1万台（套），同比增长51%。同时，我国本土机器人企业的市场占有率从2012年的不足5%，提升至2017年的30%以上。据IFR预测，2018～2020年，国内机器人销量将分别为16万、19.5万和23.8万台，未来三年复合年均增长率达22%。

以新时达、新松、埃斯顿为代表的国产机器人生产厂商发布的2017年第三季度财报显示，其企业平均营业收入增幅达到了54.75%。其中，新时达营业收入为25.8亿元，新松营业收入为16.77亿元，埃斯顿营业收入为6.65亿元。同时，国产工业机器人正逐步获得市场认可。国内厂商攻克了减速机、伺服控制、伺服电动机等关键核心零部件生产制造领域的部分难题，核心零部件的国产化趋势逐渐显现。与此同时，国产工业机器人在市场总销量中的比重稳步提高。2015年，国产机器人销量为2.2万台；2016年，已上升至3.4万台；2017年上半年，国产工业机器人就已累计销售1.85万台，同比提高了19.1%。

另外，为促进机器人产业健康发展，下一阶段我国还将展开四大应用示范工程，包括机器人关键零部件研制及应用示范工程、工业机器人核心技术研究及应用示范工程、服务机器人技术研究及应用示范工程以及机器人人才培养示范工程。

1.2.3　工业机器人的应用

在众多制造业领域中，应用工业机器人最广泛的领域是汽车及其零部件制造业。2005年，美洲地区汽车及其零部件制造业对工业机器人的需求占该地区所有行业对工业机器人需求的比例高达61%；同样，在亚洲地区该比例也达到了33%，位于各行业之首。虽然2005年由于德国、意大利和西班牙对汽车工业投资的趋缓直接导致欧洲地区汽车工业对工业机器人的需求占所有行业对工业机器人需求的比例下降到46%，但汽车工业仍然是欧洲地区使用工业机器人最普及的行业。

工业机器人还被广泛应用于电子电气行业、金属制品行业、橡胶及塑料工业和食品工业等领域。另外，工业机器人还在装备制造行业中有如下应用。

1. 机器人喷涂应用

工业机器人喷涂工作站或生产线利用机器人灵活、稳定、高效的特点，适用于生产量大、产品型号多、表面形状不规则的工件外表面涂装，被广泛应用于汽车、汽车零配件、铁路、家电、建材、机械等行业中。喷涂机器人的大量应用极大地解放了在危险环境下工作的劳动力，也极大地提高了汽车制造企业的生产率，并带来了稳定的喷涂质量，降低了成品返修率，同时提高了油漆利用率，减少了废油漆、废溶剂的排放，有助于构建环保的绿色工厂。喷涂机器人应用如图1-11所示。

图1-11　喷涂机器人应用

目前，国际市场上供应的喷涂机器人大致可分为以下几类：按是否具有沿着车身输送链运行方向水平移动的功能，分为带轨道式和固定安装式机器人；按安装位置的不同，分为落地式和悬臂式机器人。带轨道式机器人具有工作范围相对较大的优点；落地式机器人具有易于维护、清洁的优点；悬臂式机器人则可减小喷房宽度尺寸，从而达到减少能耗的作用。

2. 机器人装配应用

装配机器人是柔性自动化装配系统的核心设备，由机器人本体、末端执行器和传感系统组成。其中机器人本体的结构类型有水平关节型、直角坐标型、多关节型和圆柱坐标型等。末端执行器为适应不同的装配对象而设计成各种手爪和手腕等；传感系统用来获取装配机器人与环境和装配对象之间相互作用的信息。装配机器人主要从事零部件的安装、拆卸及修复等工作。由于近年来机器人传感器技术的飞速发展，机器人的应用越来越多样化。装配机器人应用如图1-12所示。

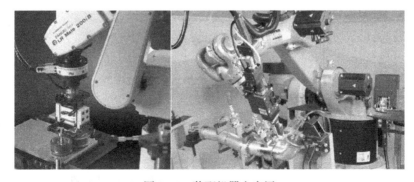

图1-12　装配机器人应用

装配机器人主要用于各种电器（包括家用电器，如电视机、录音机、洗衣机、电冰箱、吸尘器）、小型电机、汽车及其部件、计算机、玩具、机电产品及其组件的制造装配等方面。

每台装配机器人可根据工艺需要配备不同的末端执行器，只需要简单地编程及更换工装即可实现快速切换，以满足未来生产线多批次、小批量的多样化生产要求。另外，装配机器人利用智能力/转矩运动技术进行零部件装配时，有效地消除了零件卡死和损坏的风险。利用机器人的视觉功能，也可引导机器人正确识别和抓取工件，并将其传送到精确的装配位置。

　　3. 机器人焊接应用

　　焊接是一种劳动条件差、烟尘多、热辐射大、危险性高的工作。工业机器人的出现代替了人的手工焊接，减轻了焊工的劳动强度，同时也可以保证焊接质量和提高焊接效率。据不完全统计，全世界在役的工业机器人中将近一半被用于各种形式的焊接加工领域。

　　焊接机器人是在机器人终端轴的法兰上装接焊钳或焊（割）枪，从事焊接工作（包括切割与喷涂）的工业机器人。有些焊接机器人是为某种焊接方式专门设计的，而大多数焊接机器人是通用的工业机器人装上某种焊接工具而构成的。

　　工业机器人在焊接领域的应用最早是从汽车装配生产线上的电阻点焊开始的。电阻点焊的过程相对比较简单，控制方便，且不需要进行焊缝轨迹跟踪，对机器人的精度和重复精度的控制要求比较低。点焊机器人在汽车装配生产线上的大量应用大大提高了汽车装配焊接的生产率和焊接质量。随着机器人控制速度和精度的提高，尤其是电弧传感器的开发及其在机器人焊接中的应用，机器人电弧焊的焊缝轨迹跟踪和控制问题在一定程度上得到了很好的解决。机器人焊接在汽车制造中的应用从原来比较单一的汽车装配点焊，很快发展为汽车零部件和装配过程中的电弧焊。

　　机器人焊接最大的特点是具有柔性，即可通过编程随时改变焊接轨迹和焊接顺序，因此适用于品种变化大、焊缝短而多、形状复杂的焊接产品。这正好符合汽车制造的特点。尤其是现代社会汽车款式的更新速度非常快，采用机器人装备的汽车生产线能够很好地适应这种变化。另外，机器人电弧焊不仅可以用于汽车制造业，还可以用于涉及电弧焊的其他制造业，如造船、机车车辆、锅炉、重型机械等的制造。因此，机器人电弧焊的应用范围日趋广泛，在数量上大有超过机器人点焊之势。弧焊机器人应用和点焊机器人应用如图 1-13 和图 1-14 所示。

图 1-13　弧焊机器人应用

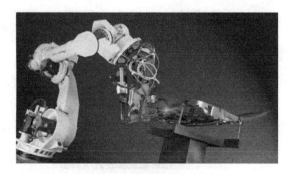
图 1-14　点焊机器人应用

　　4. 机器人搬运应用

　　目前，搬运仍然是机器人的第一大应用领域，约占机器人应用总量的 40%。许多自动化生产线需要使用机器人进行上下料、搬运以及码垛等操作。近年来，随着协作机器人的兴起，搬运机器人的市场份额一直呈增长态势。

利用机器人搬运可以大大地减轻工人繁重的体力劳动，通过编程控制，可以实现多台机器人配合不同工序进行工作，从而实现流水线作业的最优化。搬运机器人具有定位准确、工作节拍可调、工作空间大、性能优良、运行平稳、维修方便等特点。目前，世界上使用的搬运机器人已经超过了 10 万台。机器人搬运应用如图 1-15 和图 1-16 所示。

图 1-15 机床上下料机器人应用

图 1-16 码垛机器人应用

5. 机器人抛光打磨应用

抛光打磨是制造业中一道不可或缺的基础工序，而机器人在这一制造工序中，有着极为广阔的应用，无论是打磨、抛光，还是去飞边，如今都可以看到机器人忙碌的身影。抛光打磨机器人主要用于工件表面打磨、棱角去飞边、焊缝打磨、内腔内孔去飞边等工作。使用抛光打磨机器人对于提高打磨质量和产品光洁度，保证其一致性，提高生产率，改善工人劳动条件等起到良好的作用。抛光打磨机器人应用如图 1-17 所示。

图 1-17 抛光打磨机器人应用

1.3 工业机器人的主要生产商

当前，工业机器人已经得到工业界的广泛应用，国际上已有多家较有影响力的著名工业机器人公司。目前，国内市场的机器人应用主要分日系、欧系和国产三种。日系机器人以安川电机（Yaskawa Electric）、欧地希（OTC）、松下（Panasonic）、发那科（FANUC）等机器人为主；欧系以德国的库卡（KUKA）、克鲁斯（CLOOS），瑞典的 ABB 以及奥地利的 IGM 等为主；国产机器人以沈阳新松机器人为主。

1. ABB 公司

ABB 公司是由两家有 100 多年历史的国际性企业（瑞典的 ASEA 和瑞士的 BBC Brown Boveri）在 1988 年合并而成的，它是一家名列全球 500 强的世界级集团公司，总部坐落于瑞士苏黎世。ABB 公司的业务遍布全球 100 多个国家，拥有 15 万名员工。ABB 公司的业务涵盖电力产品、离散自动化、运动控制、过程自动化、低压产品五大领域。

ABB 公司是世界上最大的机器人制造公司之一。该公司致力于研发、生产机器人已有 40 多年的历史，拥有全球 20 多万套机器人的安装经验。1974 年，ABB 公司研发了全球第一台全电控式工业机器人 IRB6，主要应用于工件的取放和物料的搬运。1975 年，ABB 公司生产出第一台焊接机器人。在 1980 年兼并 Trallfa 喷漆机器人公司后，其机器人产品趋于完备。至 2002 年，ABB 公司销售的工业机器人数量已经突破 10 万台，是世界上第一个工业机器人销量突破 10 万台的厂家。ABB 公司制造的工业机器人广泛应用在焊接、装配、铸造、密封涂胶、材料处理、包装、喷漆、水切割等领域。

ABB 公司与我国的关系可以追溯到 20 世纪初的 1907 年。当时，ABB 公司向我国提供了第一台蒸气锅炉。1974 年，ABB 公司在我国香港设立中国业务部，1979 年在北京设立办事处，1992 年，ABB 公司在厦门投资建立了第一家合资企业。1994 年，ABB 公司将中国总部迁至北京，并于 1995 年正式注册了投资性控股公司——ABB（中国）有限公司。

经过多年的快速发展，ABB 公司迄今在中国已拥有三十几家企业、在 90 多个城市设有销售与服务分公司及办事处，拥有研发、生产、工程、销售与服务全方位业务，员工人数约 1.9 万名。

ABB 公司强调的是机器人本身的整体性，以其六轴机器人为例，单轴速度并不是最快的，但六轴一起联合运作以后的精准度是很高的。ABB 公司的工业机器人如图 1-18 和图 1-19 所示。

图 1-18 ABB120 串联机器人

图 1-19 ABB 双臂机器人

2. 库卡机器人公司

库卡（KUKA）机器人公司成立于 1898 年，总部设在德国奥格斯堡，是机器人领域的世界顶尖制造商。其产品应用范围包括点焊、弧焊、码垛、喷涂、浇铸、装配、搬运、包装、激光加工、检测、注塑、水切割等各种自动化作业，涉及自动化、金属加工、食品和塑料等行业；用户包括通用汽车、克莱斯勒、哈雷戴维森、一汽大众、波音、西门子、宜家、施华洛世奇、沃尔玛、百威啤酒、可口可乐等。

1973 年，库卡机器人公司制造出世界上第一台采用机电六轴驱动的机器人，取名为

"FAMULUS"。1996年，开发出世界上第一台采用PC控制器平台控制的机器人，机器人技术取得质的飞跃。当时，由其开发的首个基于PC的控制系统投放市场，由此开创了"真正的"机电一体化时代，它以软件、控制系统和机械设备的完美结合为特征。2001年，库卡机器人公司开发出世界上第一台客运工业机器人，取名为"Robocoaster"。

2000年，库卡机器人（上海）有限公司在上海成立，它是德国库卡公司设在中国的全资子公司，其工业机器人年产量超过1万台，已在全球安装了15万台工业机器人。该公司可以提供负载量为3～1000kg的标准工业六轴机器人及一些特殊应用机器人，机械臂工作半径为635～3900mm，全部由一个基于工业PC平台的控制器控制。图1-20所示为KUKA iiwa七自由度机械臂。

图1-20　KUKA iiwa七自由度机械臂

2016年5月18日美的集团发布公告称，拟以每股115欧元收购德国库卡集团。2016年12月29日，德国相关部门批准了针对库卡的收购交易。

3. 日本发那科公司

日本发那科（FANUC）公司是一家专门研究数控系统的公司，是当今世界上数控系统研究、设计、制造、销售实力非常强的企业，占据了全球数控领域约70%的市场份额。

1956年，FANUC品牌创立。1972年，日本富士通公司的计算机控制部门独立出来，成立了FANUC公司。FANUC公司有两大主要业务：一是工业机器人，二是工厂自动化。

自1974年FANUC公司的首台机器人问世以来，FANUC致力于机器人技术上的领先与创新，该公司由机器人来做机器人，提供集成视觉系统，并且既提供智能机器人又提供智能机器。FANUC机器人产品系列多达240种，负重从0.5kg到1.35t，广泛应用于装配、搬运、焊接、铸造、喷涂、码垛等不同生产环节，可满足客户的不同需求。

2008年6月，FANUC成为世界上第一个装机量突破20万台机器人的厂家；2011年，FANUC全球机器人装机量已超25万台，市场份额稳居第一。2011～2014年，FANUC被《福布斯》、路透社评为全球最具创新力企业百强之一，并位列英国《金融时报》全球500强。2015年，FANUC机器人的全球销量超40万台，全电动注塑机全球销量领先，突破5万台，中国销量超万台。

FANUC公司具有面向汽车制造业的完整的自动化解决方案和丰富的行业经验，FANUC机器人产品在汽车工业领域享有盛誉，在大众、通用、本田、日产等许多国际知名汽车企业中都有着广泛的应用。图1-21所示为FANUCM-2iA并联机器人。

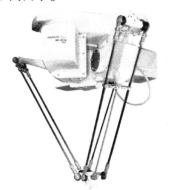

图1-21　FANUCM-2iA关联机器人

4. 安川电机株式会社

安川电机株式会社（以下简称安川电机）创立于1915年，是有百年历史的专业电气厂商。安川电机最初专业生产电动机，其伺服电动机和变频器的市场份额位居全球第一。安川电机目前主要有驱动控制、运动控制、系统工程与机器人四个事业部。1977 年，安川电机运用其独有的运动控制技术开发生产出日本第一台全电气化工业机器人——莫托曼（MOTOMAN）1 号。此后，该公司相继开发了焊接、装配、喷漆、搬运等各种各样的自动化作业机器人，并一直引领着全球产业用机器人市场。

安川电机的核心工业机器人产品包括点焊和弧焊机器人、油漆和处理机器人、LCD 玻璃板传输机器人以及半导体晶片传输机器人等。它是最早将工业机器人应用到半导体生产领域的厂商之一。如今，安川 MOTOMAN 系列机器人产品被广泛应用于弧焊、点焊、涂胶、切割、搬运、码垛、喷漆、科研及教学等领域。安川电机新推出的洁净机器人和双臂机器人是 MOTOMAN 机器人的开拓性产品。图 1-22 所示为 MOTOMAN – MA1440 弧焊机器人。

图 1-22　MOTOMAN – MA1440 弧焊机器人

5. 沈阳新松机器人自动化股份有限公司

沈阳新松机器人自动化股份有限公司（以下简称新松）是由以中国科学院沈阳自动化所为主发起人投资组建的高技术公司，是"机器人技术国家工程研究中心""国家八六三计划智能机器人主题产业化基地""国家高技术研究发展计划成果产业化基地"。该公司是国内率先通过 ISO9001 国际质量体系认证的机器人企业。其产品包括 rh6 弧焊机器人、rd120 点焊机器人及水切割、激光加工、排险、浇注等特种机器人。

新松的工业机器人产品填补了多项国内空白，创造了中国机器人产业发展史上 80 多项第一的突破。其洁净（真空）机器人多次打破国外技术垄断与封锁，大量替代进口；移动机器人产品的综合竞争优势在国际上处于领先水平；特种机器人在国防重点领域得到批量应用。新松在高端智能装备方面已形成智能物流、自动化成套装备、洁净装备、激光技术装备、轨道交通、节能环保装备、能源装备、特种装备产业群组化发展态势。该公司是国际上机器人产品线最全的厂商之一，也是国内机器人产业的领导企业。图 1-23 所示为新松 sr10a 型机器人。

图 1-23　新松 sr10a 型机器人

6. 华数机器人有限公司

华数机器人有限公司（以下简称华数机器人）自成立之初，即以自主创新、打造民族品牌工业机器人为己任，重服务、求创新、促开放，本着以数控技术为基础，以质量为生命，以产品创新为核心，以市场应用为导向，以核心功能部件国产化为宗旨，以全面提高企业产业升级和生产率为目标的总体发展思路，依托武汉华中数控股份有限公司，制定了 PCL 工业机器人发展战略：即以通用多关节工业机器人产品为主攻方向，以国产机器人核心基础部件研发和产业化为突破口，以工业机器人自动化线应用为目标，注重机器人本体以及整机性能和可靠性的研发。目前，该公司已具备年产 6000 台工业机器人的生产能力。

华数机器人已具备生产四大系列、30 余种规格机器人整机产品的能力，开发出了机器人控制器、示教器、伺服驱动、伺服电动机等机器人核心基础零部件，其产品在佛山、重庆、东莞、深圳、泉州、武汉、苏州、宁波、沈阳、襄阳、鄂州等多地的企业得到了应用，涵盖冲压、注塑、机械加工上下料、焊接、喷涂、打磨、抛光等领域。

7. 江苏汇博机器人技术股份有限公司

江苏汇博机器人技术股份有限公司（以下简称江苏汇博）成立于 2009 年 1 月，公司经营范围包括机器人的研发、生产、销售以及机电一体化产品的开发等，是专门从事机器人技术研发与产业化的高新技术企业，坐落于苏州工业园区。

江苏汇博以哈尔滨工业大学机器人研究所和苏州大学机器人与微系统研究中心为技术依托，专注于机器人及以机器人技术为核心的自动化生产线相关产品的研发与产业化。在工业领域研发出了大负载搬运机器人、喷涂机器人、抛光打磨机器人、精密作业机器人等系列化产品，在卫浴、铸造、汽车、冶金、物流等行业得到了广泛应用。该公司多年来与国内各大院校紧密合作，开发出了一系列接近工业实际应用并针对教学需求专门做了优化设计的机器人产品，广泛适用于机械、机电、电气、物流、自动控制等专业学生的课程实践和实训，使学校能根据应用需求快速组建高水平实验实训室，提升专业和学科的建设水平，使学生能真正掌握所学知识，并将它们更好、更快地运用到生产实践中去。

思 考 与 练 习

一、填空题

1. 机器人是_____、_____、电子技术及计算机等现代科学综合应用的产物，是在科研或工业生产中用来_____的机械装置。

2. 国际上工业机器人的四大家族指的是_____、_____、_____、_____。

二、选择题

1. 工业机器人的基本特征包括（　　　　）。

①拟人性 ②特定的机械机构 ③不同程度的智能 ④独立性 ⑤通用性

A.①②③④　　　　B.①②③⑤　　　　C.①③④⑤　　　　D.②③④⑤

2. 工业机器人按用途可分为（　　　　）。

①装配机器人 ②焊接机器人 ③搬运机器人 ④智能机器人 ⑤喷涂机器人

A.①②③④　　　　B.①②③⑤　　　　C.①③④⑤　　　　D.②③④⑤

3. 工业机器人技术的发展方向是（　　　　）。

①智能化　　　　②自动化　　　　③系统化　　　　④模块化　　　　⑤拟人化

A.①②③④　　　　B.①②③⑤　　　　C.①③④　　　　D.②③④

4. "robot"中文译为"机器人"，由于带有"人"字，再加上科幻小说和影视作品的影响，人们往往把机器人想象为外貌像人的机器。实际上，机器人应该是（　　　　）。

A. 外貌像人的机器

 B. 具有编程能力及拟人（生物）功能的自动化装置

 C. 自动化机器

 D. 模型化外星人

5. （　　）被称为"工业机器人之父"。

 A. 德沃尔   B. 尤尼梅特

 C. 英格伯格和德沃尔   D. 英格伯格

三、简答题

1. 智能机器人的所谓"智能"的表现形式是什么？

2. 工业机器人主要应用在哪些领域？其在各自领域的应用如何？

3. 美国作家阿西莫夫提出的"机器人三定律"包括哪些内容？

第**2**章 CHAPTER 2 工业机器人的分类和技术参数

学 习 目 标

- 知识目标：掌握工业机器人的分类方式；掌握按照不同分类方式进行划分时，工业机器人的主要类型；掌握工业机器人的主要技术参数，能将这些参数应用于实际应用中。
- 能力目标：具有对日常生活及工业现场中的工业机器人的简单认知能力，可以进行简单工业机器人的选型。

2.1 工业机器人的分类

工业机器人的分类方式有很多种，国际上关于机器人的分类目前也没有统一的标准，有的按照负载质量划分，有的按照控制方式划分，有的按照应用领域划分，有的按照结构划分。本书分别按照机器人的技术等级、运动坐标系及控制方式对常用工业机器人进行划分。

2.1.1 按照技术等级划分

1. 示教机器人

第一代机器人为简单个体机器人，也称为示教机器人，如图 2-1 所示。为了让工业机器人完成某项作业，首先由操作者完成该作业所需要的各种知识（如运动轨迹、作业条件、作业顺序和作业时间等），通过直接或间接手段，对工业机器人进行示教。工业机器人将这些知识记忆下来后，即可根据再现指令，重复再现各种被示教的动作。

示教机器人从 20 世纪 60 年代后期开始投入实际使用中，至今在工业界仍被广泛应用。世界上第一代工业实用机器人尤尼梅特就是示教机器人。这种机器人不具有外部信息反馈能力，无法适应外部环境的变化。

图 2-1　示教机器人

2. 感知机器人

第二代机器人为感知机器人，也叫作自适应机器人，如图 2-2 所示。感知机器人是在第一代机器人的基础上发展起来的，和第一代机器人相比，具有不同程度的感知能力。这类机器人配备了环境感知装置，能在一定程度上适应环境变化。1982 年，美国通用汽车公司为其生产线上的机器人装配了视觉系统，宣布了感知机器人的诞生。

感知机器人的准确操作取决于对其自身状态、操作对象及作业环境的正确认识，这一切完全依赖于传感系统。传感系统相当于人的感觉功能，机器人的传感系统按照功能可以分为内部传感系统和外部传感系统两部分。内部传感系统用于检测机器人自身状态，如检测机器人机械执行机构的速度、姿态和空间位置等。外部传感系统用于检测操作对象和作业环境，如检测机器人抓取物体的形状、物理性质，以及周围环境中是否存在障碍物等。

3. 智能机器人

第三代机器人为智能机器人，它不仅具备感觉能力，还具有独立判断和行动的能力，并具有记忆、推理、决策及规划的能力，因而能够完成更复杂的动作。智能机器人具有识别、推理、规划和学习等智能机制，它可以把感知和行动智能化地结合起来，因此能在非特定的环境下作业。图 2-3 所示为日本本田技研工业株式会社研制的仿人机器人 ASIMO。

图 2-2　感知机器人

图 2-3　智能机器人 ASIMO

智能机器人具有多种传感器，不仅可以感知自身的状态，如所处的位置、自身的故障等，还能够感知外部环境的状态，如发现路况、测出相对位置和相互作用的力度等。智能机器人能够理解人类语言，可以用人类语言与操作者对话，在其自身的"意识"中单独形成了一种使它得以"生存"的外界环境——实际情况的详尽模式。它能分析出现的情况，能调整自己的动作以达到操作者所提出的全部要求，能拟定所希望的动作，并在信息不充分和环境迅速变化的情况下完成这些动作。

2.1.2　按照运动坐标系划分

为了说明空间某一点的位置、运动速度、运动方向等，需要按规定方法选取一组有次序的数据，这样的一组数据就叫作该点的坐标。坐标系就是从一个称为原点的固定点通过轴来定义的平面或者空间。

按照运动坐标系划分，工业机器人有直角坐标型机器人、圆柱坐标型机器人、球坐标型机器人、关节坐标型机器人和并联机器人等类型。

1. 直角坐标型机器人

直角坐标型机器人（图 2-4）是以 X、Y、Z 直角坐标系为基本数学模型，以由伺服电动机、步进电动机为驱动的单轴机械臂为基本工作单元，以滚珠丝杠、同步带、齿轮齿条为常用传动方式所构建起来的机器人系统，可以遵循可控的运动轨迹到达 X、Y、Z 坐标系中的任意一点。

直角坐标型机器人由三个互相垂直的直线移动关节组成，三个关节的直线运动确定机器人末端执行器的位置。直角坐标型机器人在 X、Y、Z 轴上的运动是独立的，因此很容易通过计算机控制实现。它的精度和位置分辨率不随工作场合的改变而变化，容易达到高精度。

但是，直角坐标型机器人的操作范围小，手臂收缩的同时又向相反的方向伸出，占地面积大，运动速度慢。

直角坐标型机器人具有行程大、负载能力强、精度高、组合方便、性价比高、易编程、易维护等优点。更换不同的末端操作工具，可以非常方便地用于各种自动化设备，完成如焊接、搬运、上下料、包装、码垛、拆垛、检测、探伤、分类、装配、贴标、喷码、打码、目标跟随、排爆等一系列工作。直角坐标型机器人的应用对象涉及电子、机械、汽车、食品等诸多行业。

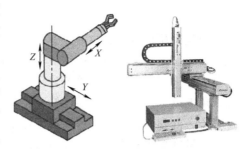

图2-4　直角坐标型机器人示意图

2. 圆柱坐标型机器人

圆柱坐标型机器人（图2-5）有两个直线移动关节和一个转动关节（PPR），其工作范围呈圆柱形，由Z、φ和X三个坐标组成坐标系，其中X是手臂的径向位置，φ是手臂的角位置，Z是垂直方向上手臂的位置。如果机器人手臂的径向坐标X保持不变，则机器人手臂的运动将形成一个圆柱表面。

圆柱坐标型机器人可以绕中心轴旋转任意角度，而且通过径向长度的增加，其工作范围可以扩大，且计算简单。圆柱坐标型机器人的直线运动部分可采用液压驱动，可输出较大的动力。它的手臂可以到达的空间有限，不能到达近立柱或近地面等空间。另外，圆柱坐标型机器人的垂直驱动部分难以密封、防尘，后臂工作时，其后端会碰到工作范围内的其他物体，故它的应用范围较窄，主要应用于专用的搬运作业中。

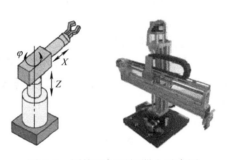

图2-5　圆柱坐标型机器人示意图

3. 球坐标型机器人

球坐标型机器人又称为极坐标型机器人。它采用以X、θ、φ为坐标的球坐标系，如图2-6所示，其中φ是机器人手臂绕支承底座旋转的转动角，θ是机器人手臂在铅垂面内的摆动角。球坐标型机器人的运动轨迹表面是半球面。

球坐标型机器人手臂的运动由一个直线运动和两个转动组成，即手臂的伸缩运动和绕垂直轴线的转动（回转运动）、绕水平轴线的转动（俯仰运动）。通常把回转及俯仰运动归属于机身。球坐标型机器人用一个滑动关节和两个旋转关节来确定部件的位置，再用一个附加的旋转关节来确定部件的姿态。

球坐标型机器人占地面积小、覆盖工作空间较大、结构紧凑、位置精度尚可，但避障性差、有平衡问题，而且坐标系复杂、难以控制。世界上第一台工业机器人尤尼梅特就是球坐标型机器人。

图2-6　球坐标型机器人示意图

4. 关节坐标型机器人

关节坐标型机器人也称为关节手臂机器人或关节机械手臂，是当今工业领域最常见的工业机器人形态之一。关节坐标型机器人是由多个旋转机构和摆动机构组成的，这些机构构成了机器人本体的多个关节。关节坐标型机器人的特点是具有很高的自由度，适合于几乎任何轨迹或角度的工作，操作灵活性好，运动速度快，操作范围大，但其精度受机器人本体手臂位置和姿态的影响，很难实现高精度运动。

关节坐标型机器人的摆动关节可以是垂直方向摆动也可以是水平方向摆动，因此，关节坐标型机器人又分为垂直关节坐标型机器人和水平关节坐标型机器人。

垂直关节坐标型机器人的关节都是可以旋转的，类似于人的手臂。这类机器人主要由机身、大臂、小臂和手腕组成，其中，大、小臂立柱绕 Z 轴做旋转运动，形成腰关节，立柱和大臂形成肩关节，大臂和小臂形成肘关节，大臂和小臂做俯仰运动。手腕部分同样可以进行旋转，整个机器人的运动空间近似一个球体，因此也称为关节球面型机器人，如图 2-7 所示。

水平关节坐标型机器人也称为选择顺应性装配机器手臂（Selective Compliance Assembly Robot Arm，SCARA）机器人，是一种由一个移动关节和两个回转关节组成的，采用圆柱坐标的特殊类型的工业机器人。SCARA 机器人有两个回转关节，其轴线相互平行，在平面内进行定位和定向；另一个关节是移动关节，用于完成末端件在垂直平面内的运动。这类机器人的结构简单、响应快，如图 2-8 所示的 Adeptl 型 SCARA 机器人的运动速度可达 10m/s，比一般关节坐标型机器人快数倍。它最适用于平面定位、垂直方向装配的作业。

图 2-7　垂直关节坐标型机器人　　　　图 2-8　水平关节坐标型机器人

SCARA 系统在 X、Y 方向上具有顺从性，而在 Z 方向上具有良好的刚度，此特性特别适用于装配工作。故 SCARA 系统首先被大量用于装配印制电路板和电子零部件。SCARA 系统的另一个特点是其串联的两杆结构类似于人的手臂，可以伸进有限的空间中完成作业然后收回，适合搬动和取放物件，如集成电路板等。如今，SCARA 机器人还被广泛应用于塑料工业、汽车工业、电子产品工业、药品工业和食品工业等领域。SCARA 机器人可以被制造成各种大小，最常见的工作半径为 100 ~ 1000mm，此类 SCARA 机器人的净载质量为 1 ~ 200kg。

5. 并联机器人

并联机器人一般通过示教编程或视觉系统捕捉目标，由三台并联的伺服电动机确定工具中心点（Tool Center Point，TCP）的空间位置，实现目标物体的运输、加工等操作。

并联机器人机构的上、下平台通过两个或两个以上的分支相连，机构具有两个或两个以上自由度，且以并联方式驱动。从广义机构学的角度出发，多自由度的、且驱动器分配在不同环境下的多环路机构都可称为并联机构，如步行机器人、多指手爪等。并联机器人主要应用于装配、物料的搬运、拾取和包装等方面，是实现高精度拾取释放物料作业的机器人。它具有操作速度快、有效载荷大、占地面积小等特点。

相对于目前广泛应用的串联机器人，并联机器人具有刚度大、精度高、自重负荷比小、速度快等显著优点；但也有其不足之处，如对于同样的结构尺寸，并联机器人的工作空间小，存在杆件空间的干涉、奇异位置等问题，结构设计的理论分析复杂等。由于并联机构的动力学特性具有高度非线性、强耦合的特点，因此其控制较为复杂。总体来讲，并联机器人与串联机器人形成互补的关系，扩大了整个机器人的应用领域。并联机器人多种多样，常用的搬运并联机器人按自由度划分有二自由度、三自由度和四自由度。图 2-9 所示为一种 ABB公司生产的四自由度的 IRB 360 并联机器人。

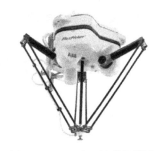

图 2-9 IRB 360 并联机器人

2.1.3 按照控制方式划分

1. 位置控制方式

位置控制的目的是使机器人的终端沿着预定轨迹运动。机器人的位置控制又分为点位控制方式（PTP）和连续轨迹控制方式（CP）。

（1）点位控制方式（PTP） 点位控制方式是指控制工业机器人末端执行器在作业空间中某些规定的离散点上的位姿。控制时只要求工业机器人快速、准确地实现相邻各点之间的运动，而对达到目标点的运动轨迹和运动速度不做主要规定，主要技术指标是定位精度和运动时间。这种控制方式易于实现，但精度不高，一般用于上下料、搬运等只要求目标点位姿准确的作业中。

（2）连续轨迹控制方式（CP） 连续轨迹控制是连续地控制工业机器人末端执行器在作业空间中的位姿，要求其严格按照预定的轨迹和速度在一定的精度要求内运动，且速度可控、轨迹光滑、运动平稳。这种控制方式的主要技术指标是末端执行器位姿的轨迹跟踪精度及平稳性。通常焊接、喷漆、去飞边和检测机器人采用该控制方式。

2. 速度控制方式

对机器人运动控制来说，在进行位置控制的同时，有时还要进行速度控制。例如，在连续轨迹控制方式下，机器人按预定的指令控制运动部件的速度和实现加、减速，以满足运动平稳、定位准确的要求。为了实现这一要求，机器人的行程要遵循一定的速度变化规律，由于机器人是一种工作情况多变、惯性负载大的运动机械，要处理好快速与平稳之间的矛盾，必须控制起动时的加速和停止前的减速这两个过渡运动区段。

3. 力（力矩）控制方式

力（力矩）控制方式用于在完成装配等工作时，除要求定位准确，还要求有适度力（力矩）的情况。这种控制方式的控制原理类似于伺服控制原理，只是输入量和反馈量不是位置信号，而是力（力矩）信号。力（力矩）控制系统中一般都含有力（力矩）传感器，有时也利用接近、滑动等传感器功能进行自适应控制。力（力矩）控制方式主要应用于装配或抓取物体作业。

4. 智能控制方式

智能控制是通过传感器获得周围环境的知识，并根据自身内部的知识库相应做出决策的控制方式，具有较强的环境适应性和自学习能力。智能控制技术涉及人工神经网络、基因算法、遗传算法、专家系统等人工智能。

2.2 工业机器人的主要技术参数

工业机器人的技术参数是指各工业机器人制造商在生产和供货时所提供的技术参数，是工业机器人性能和特征的主要体现。通常描述工业机器人特征的技术参数有很多，主要技术参数包括自由度、工作空间、工作速度、工作载荷以及定位精度、重复定位精度和分辨率等。

2.2.1 自由度

机器人的自由度（Degree of Freedom）是机器人本体（不包含末端执行器）相对机器人坐标进行独立运动的数目，反映了机器人动作的灵活性，通常用机器人轴的直线移动、摆动或回转动作的数目来表示。机器人的每一个自由度都相应配对一个原动件（如伺服电动机、液压缸、气缸、步进电动机等驱动装置），当原动件按一定的规律运动时，机器人各运动部件就随之做确定的运动。自由度和原动件的个数必须相等，只有这样机器人才能做出确定的动作。目前，工业机器人机械臂上的每一个关节都当作一个单独的伺服机构，即每根轴对应一台伺服电动机，这些电动机通过总线控制，由控制器统一控制并协调工作。

机器人轴的数量决定了其自由度。自由度越多就越接近人手的动作机能，通用性就越好；但是自由度越多，结构越复杂，对机器人的整体要求也就越高。在目前的工业应用中，用得最多的是三轴、四轴、五轴双臂和六轴工业机器人，轴数的选择通常取决于具体应用。如果只是进行一些简单的动作，如在传送带之间拾取和放置零件，则四轴机器人就足够了。如果机器人需要在一个狭小的空间内工作，而且机械臂需要扭曲反转，则六轴或者七轴机器人是最好的选择。

不同类型的机器人具有不同数目的坐标系，不同坐标形式的机器人具有不同的自由度。

1. 直角坐标型机器人的自由度

直角坐标型机器人有三个自由度。直角坐标型机器人臂部的三个关节都是移动关节，各关节的轴线相互垂直，使臂部可沿 X、Y、Z 轴三个自由度方向移动。直角坐标型机器人的主要特点是结构刚度大，关节运动相互独立，操作灵活性差。

2. 圆柱坐标型机器人的自由度

圆柱坐标型机器人有三个自由度，包括臂部沿自身轴线的伸缩移动、绕机身垂直轴线的回转运动，以及沿机身轴线的上下移动。

3. 球（极）坐标型机器人的自由度

球（极）坐标型机器人有三个自由度，包括臂部沿自身轴线的伸缩移动、绕机身轴线的回转运动，以及在垂直平面内的上下摆动。

4. 关节坐标型机器人的自由度

关节坐标型机器人的自由度与其轴数和关节形式有关，现以常见的水平关节坐标型（SCARA）机器人和垂直关节坐标型六轴机器人为例进行说明。

水平关节坐标型（SCARA）机器人有四个自由度，其大臂与机身之间的关节以及大、小臂之间的关节都为回转关节，有两个自由度；小臂与腕部之间的关节为移动关节，具有一个自由度；腕部和末端执行器之间的关节为回转关节，具有一个自由度，实现末端执行器绕垂直轴线的回转。

垂直关节坐标型六轴机器人有六个自由度。目前在工业领域中以六轴机器人的应用最为广泛。具有六个关节的工业机器人与人类的手臂极为相似，它有相当于肩膀、肘部和腕部的部位。PUMA 六轴机器人的关节和自由度示意图如图 2-10 所示。

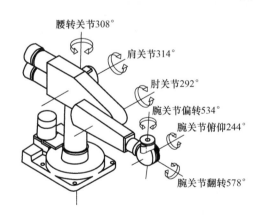

图 2-10 PUMA 六轴机器人的关节和自由度示意图

2.2.2 工作空间

工作空间（Working Space）是指机器人手臂或手部安装点所能到达的所有空间区域，不包括手部本身所能到达的区域。机器人所具有的自由度数及其组合不同，则工作空间也不同。操作工业机器人时常用到自由度的变化量（即直线运动的距离和回转角度的大小），它们决定了工作空间的大小。直角坐标型机器人、圆柱坐标型机器人、球坐标型机器人、平面关节坐标型机器人及汇博六轴机器人的工作空间如图 2-11 所示。

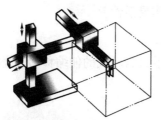

a) 直角坐标型机器人的工作空间

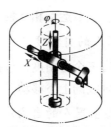

b) 圆柱坐标型机器人的工作空间

c) 球坐标型机器人的工作空间

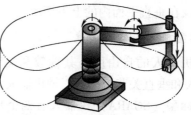

d) 平面关节坐标型机器人的工作空间

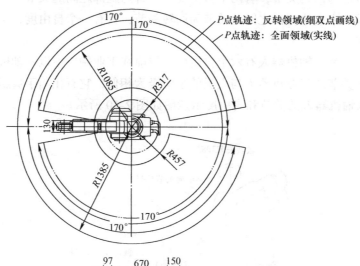

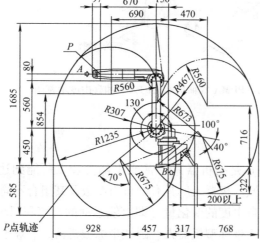

e) 汇博六轴机器人的工作空间

图 2-11　各种类型机器人的工作空间

2.2.3　工作速度

工作速度（Working Speed）是指机器人在工作载荷条件下和匀速运动过程中，机械接口中心或工具中心点在单位时间内移动的距离或转过的角度，通常所说的运动速度是指机器人在运动过程中的最大运动速度。

机器人的工作速度反映了其作业水平，它与机器人的驱动方式、定位方式、所抓取物体的质量和行程距离等有关。作业机器人手部的运动速度应根据生产节拍、生产过程的平稳性和定位精度等要求来决定，同时也直接影响机器人的运动周期。

为了提高机器人的最大工作速度，需缩短整个运动循环时间。运动循环包括加速起动、等速运动和减速制动的整个过程。过大的加、减速度会导致惯性力加大，影响动作的平稳性和精度。为了保证定位精度，加、减速过程往往会占用较长时间。目前，工业机器人的最大直线速度为1000mm/s左右，最大回转速度为120°/s左右。

2.2.4　工作载荷

工作载荷（Payload）是指机器人在规定的性能范围内，机械接口处（包括手部）能承受的最大载荷。载荷大小主要考虑机器人各运动轴上所受的力和力矩，包括手部的重量和抓取工件的重量，以及由运动速度变化产生的惯性力和惯性力矩。工作载荷不仅取决于负载的重量，还与机器人的运行速度以及加速度的大小和方向有关，也要考虑机器人末端执行器的重量。一般来说，低速运行时承载能力大，所以为安全考虑，规定将高速运行时所能抓取工件的重量作为承载能力指标。机器人有效负载的大小除了受驱动器功率的限制外，还受到杆件材料极限强度的限制，因而它又与环境条件、运动参数（运动速度、加速度以及它们的方向）等有关。

工业机器人承载能力范围较大，目前世界上工作载荷最大的机器人为发那科的 M‑2000iA/2300 机器人，工作载荷为 2.3t，超过以前版本机器人 1.7t 的负载极限。

2.2.5　定位精度、重复定位精度和分辨率

工业机器人的精度是一个位置相对于其参照系的绝对度量。工业机器人的精度包括定位精度和重复定位精度。

定位精度是机器人末端参考点实际到达的位置与所需要到达的理想位置之间的差距。而重复定位精度是在相同的运动位置指令下，机器人末端执行器连续若干次运动轨迹重复到达某一目标位置的误差的度量。当机器人重复执行某位置指令时，它每次走过的距离并不相同，而是在平均值附近变化，该平均值代表定位精度，而变化的幅度代表重复定位精度。如图2-12a所示，圆心 A 为设计的理想位置，离散的点表示手部实际

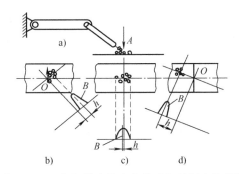

图2-12　工业机器人的定位精度与重复定位精度

到达的位置，图 2-12b 所示情况具有合理的定位精度和良好的重复定位精度；图 2-12c 所示情况具有良好的定位精度和较差的重复定位精度；图 2-12d 具有很差的定位精度和良好的重复定位精度。通常工业机器人具有定位精度低，重复定位精度高的特点。大部分工业机器人的重复定位精度在 0.1mm 以内。

分辨率是指机器人每根轴能够实现的最小移动距离或最小回转角度。精度和分辨率不一定相关。一台设备的定位精度是指令设定的运动位置与该设备执行该指令后能够达到的运动位置之间的差距，分辨率则反映了实际需要的运动位置和指令能够设定的位置之间的差距。

工业机器人的定位精度、重复定位精度和分辨率是根据其使用要求确定的。机器人本身所能达到的精度取决于机器人结构的刚度、运动速度的控制和驱动方式、定位和缓冲等因素。由于定位精度一般难以测定，通常工业机器人只给出重复定位精度。当机器人从事不同的任务时，其重复定位精度的要求也各不相同，见表 2-1。

表 2-1　不同任务要求的重复定位精度（单位：mm）

任务	机床上下料	压力机上下料	点焊	喷涂	装配	测量	弧焊
重复定位精度	±（0.05～1）	±1	±1	±3	±（0.01～0.5）	±（0.01～0.5）	±（0.2～0.5）

2.3　六关节串联机器人的坐标系

工业机器人包含若干个坐标系，每个坐标系都适用于不同的作业内容和轨迹要求。这些坐标系可以为确定工业机器人的位置和姿态提供工业机器人或空间上的位置指标。对于六关节串联机器人来说，它的坐标系主要包括关节坐标系和直角坐标系，其中直角坐标系又分为基坐标系、工具坐标系、工件坐标系和大地坐标系。

2.3.1　关节坐标系

关节坐标系是由串联机器人的六个关节相对零点位置偏移的绝对角度值构成的坐标系，工业机器人末端执行器在空间中的位置和姿态可以由关节坐标系来定位。关节坐标系的零点位置设定在机器人关节的中心点处，坐标值具有六个分量，分别是六个关节相对各自轴原点位置偏移的角度，表示为 $(J_1, J_2, J_3, J_4, J_5, J_6)$。其中，机器人的 J_1、J_2、J_3 轴为定位关节，决定机器人末端执行器在空间中的位置；J_4、J_5、J_6 轴为定向关节，决定机器人末端的执行器姿态，如图 2-13 所示。

在机器人的六个关节中，J_2、J_3、J_5 轴控制机器人的俯仰，J_1、J_4、J_6 轴控制机器人的回转。规定俯仰轴的抬起/后仰方向为正，降下/前倾方向为负；而对于回转轴来说，其正方向满足右手螺旋定则，如图 2-14 所示，即右手大拇指指向轴的末端，其他四指的弯曲方向为该轴的正方向，反之为负方向。

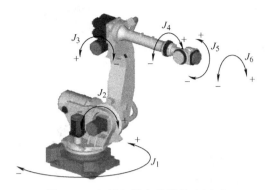

图 2-13　六轴机器人的关节坐标系

图 2-14　右手螺旋定则

2.3.2　直角坐标系

空间中任意一点的位置由直角坐标系三个方向的坐标值所唯一确定，它的姿态则由直角坐标系三个方向的回转角度值所唯一确定。空间直角坐标系也称为笛卡儿坐标系，其坐标轴方向符合右手定则，即如果坐标系的原点在右手掌心，拇指、食指和中指按照 90°的间距伸展开，那么拇指向外的延长线对应 Z 轴正方向，食指向外的延长线对应 X 轴正方向，中指向外的延长线对应 Y 轴正方向。直角坐标系回转轴的方向则满足右手螺旋定则，即右手大拇指指向坐标轴的末端，其他四指的弯曲方向为该旋转轴的正方向，反之为负方向，如图 2-15 所示。

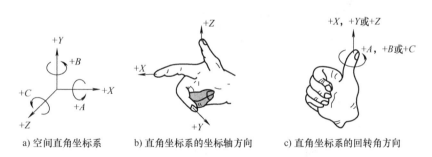

a) 空间直角坐标系　　　b) 直角坐标系的坐标轴方向　　　c) 直角坐标系的回转角方向

图 2-15　常规右手定则

六关节串联机器人末端的位置和姿态可以通过其 X、Z、Y 坐标值和相对于 X 轴、Y 轴、Z 轴的回转角度 A、B、C 表示。因此，六关节串联机器人的位姿就可以由空间直角坐标系中的六个分量坐标 (X, Y, Z, A, B, C) 表示。

为了适应不同情况下的控制或编程要求，在建立直角坐标系（笛卡儿坐标系）的基础上，又分为基坐标系、工具坐标系、工件坐标系和大地坐标系。

1. 基坐标系

基坐标系原点定义为 J_1 关节轴线和 J_2 关节轴线的公垂线与 J_1 轴线的交点，即机器人基座的中心点。基坐标系中各轴的方向由机器人的摆放位置决定。当机器人处于关节坐标系零点位置时，机器人向前延伸的方向为基坐标系的 X 轴方向，机器人向上移动的方向为 Z 轴方向，由右手定则可知基坐标系的 Y 轴方向，如图 2-16 所示。基坐标系是最便于操作者操作机器人从一个位置移动到另一个位置的坐标系。

基坐标系中机器人末端执行器的坐标表示为 (X, Y, Z, A, B, C)，其中 (X, Y, Z) 表示在基坐标系中，工具中心点相对基坐标系原点在 X、Y、Z 轴上偏移的距离；(A, B, C) 表示工具中心点在基坐标系中绕 X、Y、Z 轴回转的角度。

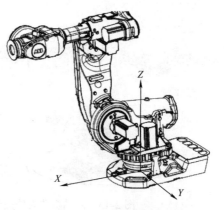

图 2-16　工业机器人的基坐标系

2. 工具坐标系

工具坐标系是在机器人应用中，为机器人腕部法兰盘所握的工具而建立的坐标系。工具坐标系的原点位于机器人安装工具的尖端点，以工具延伸的方向为 Z 轴正方向，其他方向按照右手定则分配。工具坐标系的原点也叫工具中心点（Tool Center Point，TCP），因此，工具坐标系经常被缩写为 TCPF（Tool Center Point Frame）。

当机器人使用不同的工具时（如弧焊机器人使用焊枪作为工具、搬运板材的机器人使用吸盘式夹具作为工具），工具手的末端位置发生改变，工具坐标系也随之发生改变。因此，应根据不同的工具需求设置不同的工具坐标系，如图 2-17 所示。

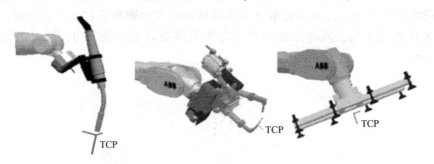

图 2-17　根据不同的工具需求设置不同的工具坐标系

当工业机器人没有安装外加工具时，默认的工具中心点为 J_5 轴和 J_6 轴的交点，如图 2-18 所示 A 点位置，即机器人工具中心点。坐标原点位于法兰中心处，Z 轴的正方向为机器人手腕延伸方向，X 轴和 Y 轴的正方向根据右手定则自动确认。其他的工具坐标系都是默认工具坐标系的偏移。

工具坐标的运动不受机器人位置或姿态变化的影响，而是主要以工具的有效方向为基准。因此，工具坐标运动最适用于工具姿态始终与工件保持不变的场合，即平行移动的场合。

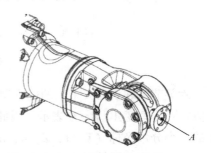

图 2-18　工业机器人默认工具坐标系的原点

3. 工件坐标系

工件坐标系是用户自定义的坐标系，有时也称为用户坐标系。工件坐标系定义工件相对于大地坐标系（或其他坐标系）的位置。用户可以任意定义工件坐标系的原点位置，也可以定义若干个工件坐标系对应不同工件或同一工件在不同位置的若干副本。工件坐标系必须定义于两个框架：用户框架（与大地基座相关）和工件框架（与用户框架相关）。

在食品、饮料、包装等行业中，物品码垛排列工业机器人的应用十分广泛，可以根据码垛位置和要求，设置相应的工件坐标系。在其他应用场合中，如运行中的输送线上使用工业机器人作业时，也可以根据输送带的方向设置相应的工件坐标系。

如果在工件坐标系中创建了目标和路径，则在重新定位工件时，只需更改工件坐标系的位置，所有路径将即刻随之更新。如图 2-19 所示，坐标系 A 为机器人的基坐标系，为了方便编程，为第一个工件建立了一个工件坐标系 B，并在这个工件坐标系 B 中进行轨迹编程。如果在工作台上还有一个一样的工件需要行走相同的轨迹，那么只需要建立一个新的工件坐标系 C 并复制工件坐标系 B 中的轨迹，机器人便会在坐标系 C 中运行与坐标系 B 中相同的轨迹，这样就无需重复编程了。

4. 大地坐标系

大地坐标系在工作单元或工作站中的固定位置有相应的零点，有助于处理若干个工业机器人或有外部移动轴工业机器人的相关问题。在默认情况下，大地坐标系与基坐标系是一致的。工业机器人常用坐标系之间的关系如图 2-20 所示。

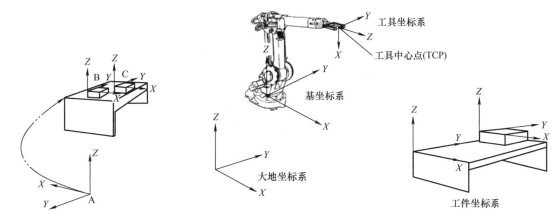

图 2-19　工业机器人的工件坐标系　　　　图 2-20　工业机器人常用坐标系之间的关系

2.4　六关节串联机器人的奇异状态

奇点是由机器人的逆运动学引起的。当机器人运动到奇点时，它将无法通过运动逆向运算将直角坐标系的位置转化为轴的角度，此时，机器人关节可能被命令以无限大的速度移动，而且直角坐标系内一点微小的变化就会引起轴角度的剧烈变化。

六关节串联机器人有三种奇点，分别是腕部奇点、肩部奇点和肘部奇点，如图 2-21 所示。腕部奇点出现在 J_4 轴和 J_6 轴重合（平行）时，在处于腕部奇点的情况下，当机器人按照直角坐标系运动时，即使其末端移动很小的直线距离，4 轴关节也可能瞬间回转 180°，从而造成不必要的危险。肩部奇点出现在腕部中心位于 1 轴回转轴线上时，它将导致关节 1 和关节 4 瞬间回转 180°。肘部奇点出现在腕部中心和 J_2 轴、J_3 轴共线时，此时看起来就像机器人腕部"伸得太远"，导致肘关节被锁在某个位置，无法正常运动。当机器人的末端执行器经过奇点位置时，它的某些轴的转速会突然变得很大，而 TCP 的运动速度却十分缓慢。

因此，进行轨迹编程时应避免机器人经过奇点附近。

奇点问题的解决方法主要有两种，分别是增加目标点和修改运动指令。增加目标点是在机器人运动到奇点附近时，适当调整其姿态，避免出现 J_5 轴 $0°$、J_4 轴与 J_6 轴平行的情况。这也是工业机器人运行中有时会出现"不必要"的运行轨迹和动作的原因。机器人在进行点对点（Point to Point，PTP）运动时，会自动选择最优轨迹到达目标点，因此采用点对点指令时，机器人是不会出现奇点的。而采用直线运动指令则有可能出现奇点。因此必要时，需要将部分运动轨迹从直线运动改为点对点运动。这种方法称为修改运动指令法。另外，在不是必须要走直线轨迹的情况下，也应该尽量使用点对点运动指令，使工业机器人自主调整姿态以避免运行奇点。

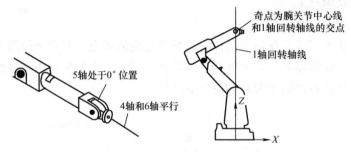

a) 腕部奇点(4轴和6轴重合或平行)　　b) 肩部奇点(腕部中心位于1轴回转轴线线上)

c) 肘部奇点(腕部中心和2轴、3轴共线)

图 2-21　工业机器人的三个奇点

思 考 与 练 习

一、填空题

1. 机器人的主要技术参数有_____、_____、_____、_____、_____。

2. 工业机器人按照运动坐标系划分，有_____、圆柱坐标型、_____、关节坐标型和_____。

3. 工业机器人可以根据不同作业内容和轨迹的要求在不同的坐标系中运动。工业机器人的坐标系主要包括_____、_____、_____、_____。

4. 六关节串联机器人的三个奇点分别是_____、_____、_____。

5. 工业机器人按照技术等级划分，可以分为_____机器人、_____机器人和_____机器人。

6. 机器人的重复定位精度是在相同的运动位置指令下，机器人末端执行器_____到达某一_____的误差的度量。

二、选择题

1. 按照运动坐标系可将机器人分为（ ）。

①直角坐标型机器人 ②圆柱坐标型机器人 ③球坐标型机器人 ④关节坐标型机器人

A. ①② B. ①②③ C. ①③④ D. ①②③④

2. 机器人的精度主要取决于（ ）、控制算法误差与分辨率系统误差。

A. 传动误差 B. 关节间隙 C. 机械误差 D. 连杆机构的挠性

3. 串联机器人末端在空间中的运动具有（ ）自由度。

A. 3个 B. 4个 C. 5个 D. 6个

4. 以下关于工业机器人精度的说法正确的是（ ）。

A. 定位精度高于重复定位精度 B. 重复定位精度高于定位精度

C. 机械精度高于控制精度 D. 控制精度高于分辨率精度

5. 工业机器人的运动自由度数一般（ ）。

A. 小于2个 B. 小于3个 C. 小于6个 D. 大于6个

6. 用来表征机器人手部重复定位于同一目标位置的能力的参数是（ ）。

A. 定位精度 B. 速度 C. 工作范围 D. 重复定位精度

三、判断题

1. 工业机器人是一种能实现自动控制、可重复编程、多功能、多自由度的操作机。

（ ）

2. 直角坐标型机器人具有结构紧凑、灵活，占用空间小等优点，是目前大多数工业机器人采用的结构形式。 （ ）

3. 关节坐标型机器人主要由立柱、前臂和后臂组成。 （ ）

4. 完成某一特定作业时具有多余自由度的机器人称为冗余自由度机器人。 （ ）

5. 机器人的重复定位精度是其末端执行器重复到达同一目标位置与实际到达位置之间的接近程度。 （ ）

6. 设定关节坐标系时，机器人的六个关节轴各自独立运动；设定直角坐标系时，机器人控制点沿 X、Y、Z 轴直线移动。 （ ）

四、简答题

1. 机器人分为哪几类？

2. 机器人有几种常用的坐标系？

3. 什么是工业机器人的自由度？自由度是否越多越有利？简单说明原因。

4. 工业机器人的主要技术参数有哪些？各参数的意义是什么？

5. 工业机器人的控制方式有哪几种？

6. 什么是 SCARA 机器人？其在应用上有何特点？

7. 选用工业机器人时应该考虑哪些因素？

8. 在网络上搜索一款工业机器人，列举出该款机器人的基本参数，并说明其意义。

第3章 工业机器人的结构

CHAPTER 3

- 知识目标：掌握六关节串联工业机器人的机械结构组成，包括工业机器人的手部、腕部、臂部和腰部的功能、组成和特点；了解工业机器人的各种驱动方式和驱动器类型；了解工业机器人的控制系统；了解工业机器人中常用传感器的选择方法和应用。
- 能力目标：具有对实际生活及工业现场中的工业机器人进行安装和调试的能力；能够设计工业机器人的驱动传动方案；能够将实验室工业机器人上的传感器应用于实际。

3.1 工业机器人的组成

工业机器人是一种机电一体化设备。从控制观点来看，工业机器人由三大部分、六个子系统组成。三大部分分别是机械部分、传感部分、控制部分；六个子系统分别为驱动系统、机械结构系统、传感系统、机器人-环境交互系统、人机交互系统和控制系统。工业机器人的系统工作原理如图3-1所示。

1. 驱动系统

要使工业机器人运行起来，需要给各个关节安装传感装置和传动系统，这就是驱动系统。它的作用是提供工业机器人各部位、各关节动作的原动力。驱动系统的传动部分可以是液压传动系统、电动传动系统、气动传动系统，或者把它们结合起来的综合系统。驱动方式可以是直接驱动或者通过同步带、链条、轮系、谐波齿轮等机械传动机构进行间接驱动。

2. 机械结构系统

工业机器人的机械结构主要由四大部分构成：机身（包括腰部和基座）、臂部（手臂）、腕部（手腕）

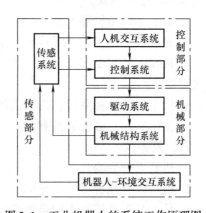

图3-1 工业机器人的系统工作原理图

和手部，每一部分都有若干个自由度，构成一个多自由度的机械系统。如果基座具备行走机构，则构成行走机器人；如果基座不具备行走及转腰机构，则构成单机器人臂。末端执行器是直接装在手腕上的一个重要部件，它可以是两手指或多手指的手爪，也可以是喷漆枪、焊具等作业工具。

3. 传感系统

传感系统由内部传感器模块和外部传感器模块组成，用于获取外部环境中有意义的信息。智能传感器提高了工业机器人的机动性、适应性和智能化水平。人类的感官系统对外部世界信息的感知是极其灵敏的，然而，对于一些特殊的信息，传感器比人类的感官系统更有效。

4. 机器人-环境交互系统

机器人-环境交互系统是实现工业机器人与外部环境中的设备相互联系和协调的系统。工业机器人可与外部设备集成为一个功能单元，如加工制造单元、焊接单元、装配单元等；也可以是多台机器人、多台机床或设备、多个零件存储装置等集成为一个能执行复杂任务的功能单元。

5. 人机交互系统

人机交互系统是使操作人员参与机器人控制并与机器人进行联系的系统，如计算机的标准终端、指令控制台、信息显示板、危险信号报警器、示教盒等。该系统归纳起来分为两大部分，即指令给定装置和信息显示装置。

6. 控制系统

控制系统的任务是根据工业机器人的作业指令程序及从传感器反馈回来的信号支配执行机构完成规定的运动和功能。如果工业机器人不具备信息反馈特征，则为开环控制系统；如果工业机器人具备信息反馈特征，则为闭环控制系统。根据控制原理，控制系统可分为程序控制系统、适应性控制系统和人工智能控制系统。

3.2 工业机器人的机械部分

工业机器人的机械部分包括工业机器人本体执行机构、驱动系统、传动系统。

3.2.1 工业机器人本体执行结构

工业机器人本体执行结构是其完成作业的实体，它具有和人的手臂相似的动作功能。由于应用场合不同，工业机器人本体执行结构也多种多样。其执行结构通常由以下部分组成。

（1）手部 手部又称抓取机构或夹持器，用于直接抓取工件或工具。此外，在手部安装的某些专用工具，如焊枪、喷枪、电钻、螺钉螺母旋紧器等，可视为专用的特殊手部。

（2）腕部 腕部（手腕）是连接手部和臂部的部件，用以调整手部的姿态和方位。

（3）臂部 臂部（手臂）是支承腕部和手部的部件，由动力关节和连杆组成，用以承受工件或工具的负荷，改变工件或工具的空间位置，并将它们送至预定的位置。六关节机器人的臂部一般是由大臂（也称下臂，包括大臂支承架及大臂关节传动装置）和小臂（也称上臂，包括小臂支承架及小臂关节传动装置）组成的。

（4）腰部 腰部是工业机器人的第一个回转关节，工业机器人的运动部分全部安装在腰部上，它承受了工业机器人的全部重量。

（5）基座 基座是整个工业机器人的基础部件，起着支承和连接的作用。

工业机器本体执行结构的组成如图3-2所示。

1. 工业机器人的手部

为了方便工业机器人进行不同的作业，需要在其手部配置不同的操作机构，该操作机构也称为手爪或末端执行器。由于被握工件的形状、尺寸、质量、材质及表面状态等的不同，以及工业机器人作业内容的差异（如搬运、装配、焊接、喷涂等）和作业对象的不同（如轴类、板类、箱类、包类物体等），用户需要根据作业要求配备不同的专用手爪。综合考虑手部的用途、功能和结构特点，工业机器人的手部大致可分成夹持式手部、吸附式手部及专用工具（如焊枪喷嘴、电磨头等）三类。

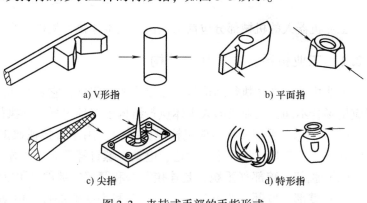

图 3-2   工业机器人本体执行结构的组成

（1）夹持式手部   夹持式手部与人手相似，是工业机器人广为应用的一种手部形式。它一般由手指、传动机构、驱动装置、支架等组成，能通过手爪的开闭动作实现对物件的放松和夹持。

1）手指。手指是直接与工件接触的部件。手部松开和夹紧工件，是通过手指的张开与闭合来实现的。一般情况下机器人的手部有两根手指，也有三根或多根手指的，它们的结构形式常取决于被夹持工件的形状和特性。

夹持性能良好的机械手，除手指具有适当的开闭范围、足够的握力与相应的精度外，其手指的形状应顺应被抓取对象的形状。例如，如果夹持对象为圆柱形物体，则往往采用 V 形指；如果夹持对象为方形，则大多采用平面指；另外，夹持手爪的手指还有用于夹持小型或柔性工件的尖指，以及用来夹持特殊形状工件的特形指，如图 3-3 所示。

手指的材料一般采用碳素钢和合金结构钢，为使手指经久耐用，指面可镶嵌硬质合金。如果工业机器人从事高温作业，则其手指可选择耐热钢制造；如果工业机器人需要在腐蚀性气体环境下工作，则其手指可镀铬或进行搪瓷处理，也可选用耐腐蚀的玻璃钢或聚四氟乙烯。

a) V 形指　　　　　　　　　　b) 平面指

c) 尖指　　　　　　　　　　d) 特形指

图 3-3   夹持式手部的手指形式

2）传动机构。传动机构是向手指传递运动和动力，以实现夹紧和松开动作的机构。该机构根据手指开合的动作特点分为回转型和平移型两类。

回转型传动机构是指夹持式手部中较多的回转型手部，其手指是一对（或几对）杠杆，再与斜楔、滑槽、连杆、齿轮、蜗杆或螺杆等机构组成复合式杠杆传动机构，用以改变传动比和运动方向等。回转型传动机构的开闭角较小，结构简单，制造容易，应用广泛。

平移型传动机构是指平移型夹持式手部，它是通过手指的指面做直线往复运动或平面移动来实现张开或闭合动作的，常用于夹持具有平行平面的工件。平移型传动机构比较复杂，不如回转型传动机构应用广泛。

3）驱动装置。驱动装置是向传动机构提供动力的装置，一般有液压、气动、机械等驱动方式。在采用气动驱动时，电磁阀是最常用的驱动元件，属于执行器，在工业控制系统中用于调整介质的方向、流量、速度和其他参数。电磁阀可以配合不同的电路来实现预期的控制功能，而且控制精度和灵活性都能得到保证。气动驱动手爪如图 3-4 所示。

支点开闭型

滑动导轨型

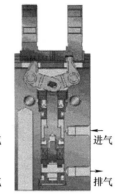

a) 实物图 　　b) 松开状态 　　c) 夹紧状态

图 3-4　气动驱动手爪

（2）吸附式手部　吸附式手部依靠吸附力来取料，根据吸附力来源不同，分为气吸附式取料手和磁吸附式取料手两种。吸附式手部适用于面积大（单面接触无法抓取）、易碎（如玻璃、磁盘）、微小（不易抓取）的物体，使用十分广泛。

1）气吸附式取料手。气吸附式取料手是工业机器人上常用的一种吸持工件的装置。它由吸盘（一个或几个）、吸盘架及进排气系统组成，是利用吸盘内的压力和大气压之间的压力差来工作的。气吸附式取料手与夹持式手部相比，具有结构简单、质量小、吸附力分布均匀等优点，对于薄片状物体，如板材、纸张、玻璃等物体的搬运更有其优越性，广泛应用于非金属材料或不可有剩磁的材料的吸附。

气吸附式取料手的另一个特点是对工件表面没有损伤，且对被吸持工件预定的位置精度要求不高，但要求物体表面较平整、光滑、清洁，无孔、无凹槽，且被吸附工件的材质应是致密的，没有透气空隙。按形成压力差的方法不同，又可分为真空吸附取料手和气流负压吸附取料手。

① 真空吸附取料手。真空吸附取料手在抓取物料时，其碟形橡胶吸盘与物料表面接触，橡胶吸盘起到密封和缓冲两个作用，真空泵进行真空抽气，在吸盘内形成负压，实现物料的抓取。放料时，吸盘内通入大气，失去真空后，物料放下。图 3-5 为真空吸附取料手实物图。

② 气流负压吸附取料手。气流负压吸附取料手是利用正压气源产生负压的一种新型、高效、清洁、经济、小型的真空元件，一般采用真空发生器实现负压功能。真空发生器广泛应用于工业自动化中的机械、电子、包装、印刷、塑料及机器人等领域。图 3-6 为真空发生器的实物图和工作原理图，它由喷嘴、扩压器和扩散室等组成。真空发生

图 3-5　真空吸附取料手实物图

器的工作原理是利用喷管高速喷射压缩空气，在喷管出口形成射流，产生卷吸流动。在卷吸作用下，喷管出口周围的空气不断地被吸走，使吸附腔内的压力降至大气压以下，形成一定的真空度。

2）磁吸附式取料手。磁吸附式取料手是利用永久电磁铁或电磁铁通电后产生的磁力来

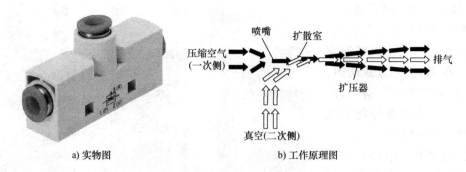

a) 实物图　　　　　　　　　　b) 工作原理图

图 3-6　真空发生器的实物图和工作原理图

吸附工件的，其应用较广泛。与气吸附式取料手相同，不会破坏被吸附表面质量。实际应用时，磁吸附式取料手采用图 3-7 所示的盘式电磁铁。其中，衔铁固定成磁盘，当磁盘接触铁磁性工件时，工件被磁化，从而被吸附；当需要放开工件时，线圈断电，磁吸力消失，工件落下。

实际应用时，往往采用图 3-8 所示的电磁式吸盘手部。当吸盘接触铁磁性工件时，工件被磁化从而被吸附住。需要放开工件时，将线圈断电，磁力消失，工件即落下。

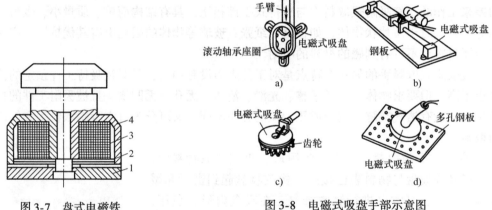

图 3-7　盘式电磁铁

1—磁盘　2—防尘盖　3—线圈　4—外壳体

图 3-8　电磁式吸盘手部示意图

（3）专用工具　工业机器人配上各种专用的末端执行器后，就能完成各种动作，目前有许多由专用电动、气动工具改型而成的操作器，如螺母拧紧机、焊枪、电磨头、电铣头、抛光头、激光切割机等。这些专用工具形成一整套系列供用户选用，使机器人能胜任各种工作。

2. 工业机器人的腕部

工业机器人的腕部是连接臂部和手部的部件，它的主要作用是确定手部的作业方向。因此，要求工业机器人的腕部能实现绕空间三个坐标轴 X、Y、Z 的回转运动，而且应具有独立的自由度，以保证工业机器人手部能完成复杂的姿态。要确定手部的作业方向，一般需要三个自由度：绕小臂轴线的回转，即臂转（Yaw），也称偏转，如图 3-9a 所示；手部绕自身轴线的回转，即手转（Roll），也称翻转，如图 3-9b 所示；手部相对于小臂进行摆动，即腕摆（Pitch），也称俯仰，如图3-9c所示。三个方向的自由度共同组成了工业机器人腕部的三自由度坐标系，如图3-9d所示。

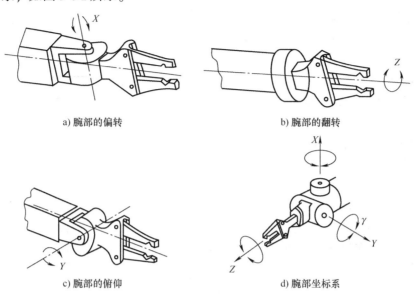

a) 腕部的偏转   b) 腕部的翻转

c) 腕部的俯仰   d) 腕部坐标系

图3-9 腕部的自由度

在实际应用中，并不是所有的腕部都必须具备三个自由度，而是根据工作性能的要求来确定。一般来说，按照工业机器人自由度的数目将腕部划分为单自由度腕部、两自由度腕部和三自由度腕部。

（1）单自由度腕部 当工业机器人腕部的关节轴线与手臂的纵轴线共线时，可实现单一的翻转功能。单一翻转腕部的回转角度不受结构限制，可以回转360°以上，该运动用翻转关节（Roll关节）实现，简称R关节，如图3-10a所示。

a) 翻转腕部   b) 俯仰腕部   c) 偏转腕部

图3-10 单自由度腕部

当工业机器人腕部关节轴线与手臂及手部的轴线相互垂直时，可实现单一的俯仰功能。单一俯仰腕部的回转角度受结构限制通常小于360°，该运动用B关节实现，如图3-10b所示。

当工业机器人腕部关节轴线与手臂及手部的轴线在另一个方向上相互垂直时，可实现单一的偏转功能。单一偏转腕部的回转角度受结构限制通常小于360°，该运动用B关节实现，如图3-10c所示。

（2）两自由度手腕 两自由度腕部由一个R关节和一个B关节联合构成BR关节来实现，或由两个B关节组成BB关节来实现，但不能由两个R关节构成两自由度腕部，因为两个R关节的功能是重复的，实际上只起到单自由度的作用，如图3-11所示。

（3）三自由度腕部 三自由度腕部是在两自由度腕部的基础上增加一个整个腕部相对于小臂的转动自由度而形成的。三自由度腕部是"万向"型腕部，其结构形式繁多，可以完成很多两自由度腕部无法完成的作业。

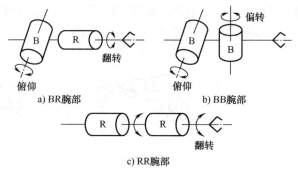

图 3-11　两自由度腕部

当前大多数关节型工业机器人都采用三自由度腕部，它可以使手部具有臂转（Yaw）、手转（Roll）和腕摆（Pitch）运动，如图3-12所示。

工业机器人腕部的自由度数应根据作业需要来设计。自由度数越多，各关节的运动角度越大，工业机器人腕部的灵活性越高，工业机器人对作业的适应能力也越强。但是，自由度的增加会使腕部结构更复杂，工业机器人的控制更困难，成本也会增加。因此，在满足作业要求的前提下，应使自由度数尽可能地少，一般工业机器人腕部的自由度数为2~3个。

工业机器人腕部安装在臂部的末端。在设计工业机器人腕部时，应力求减小其质量和体积，结构上则应力求紧凑。为了减小工业机器人腕部的质量，腕部机

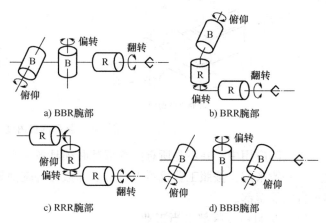

图 3-12　三自由度腕部

构的驱动器采用分离传动形式。腕部驱动器一般安装在臂部上，而不是直接驱动的，并选用高强度的铝合金制成。工业机器人腕部与末端执行器相连。因此，腕部末端要有标准的连接法兰，法兰在结构上要便于装卸末端执行器。此外，工业机器人腕部要有足够的强度和刚度，以保证力与运动的传递；要设有可靠的传动间隙调整机构，以减小空回间隙，提高传动精度；腕部各关节轴转动要有限位开关，并设置硬限位，以防止超限造成机械损坏。

3. 工业机器人的臂部

臂部（手臂）是工业机器人的主要执行部件，它的作用是支承腕部和手部，并带动手部以改变其空间位置。工业机器人的臂部一般具有2~3个自由度，由大臂和小臂（或多臂）组成，包括臂杆以及与其伸缩、屈伸或自转等运动有关的构件，如传动机构、驱动装置、导向定位装置、支承连接和位置检测元件等。此外，还有与腕部或手部的运动和支承连接等有关的构件、配管、配线等。臂部的长度尺寸应满足工作空间的要求，由于其刚度、强度直接影响工业机器人的整体运动刚度，同时又要求灵活运动，故应尽可能选用高强度轻质材料制造，以减小其质量。

臂部运动部分零件的质量直接影响臂部结构的刚度和强度，同时由于其承受运动过程中的动、静载荷和惯性力较大，还影响着工业机器人定位的准确性。对于工业机器人的臂部关节来说，肩关节（大臂关节）位于腰部的支座上，多采用RV减速器传动、谐波传动或摆线针轮传动，也可采用滚动螺旋组合连杆机构或直接应用齿轮机构传动。肘关

节（小臂关节）位于大臂与小臂的连接处，多采用谐波传动、摆线针轮传动或齿轮传动等。

工业机器人臂部各关节轴应尽可能相互平行，相互垂直的轴应尽可能相交于一点，这样可以简化工业机器人运动学正逆运算，有利于工业机器人的控制。另外，为了提高工业机器人的运动速度与控制精度，在保证臂部有足够强度和刚度的条件下，应尽可能设法在结构上、材料上减小臂部的质量，力求选用高强度的轻质材料，通常选用高强度铝合金制造工业机器人臂部。

工业机器人各关节的轴承间隙要尽可能小，以减小由机械间隙引起的运动误差。因此，各关节都应有工作可靠、便于调整的轴承间隙调整机构。工业机器人臂部相对其关节回转轴应尽可能在质量上平衡，这对减小电机负载和提高臂部运动的响应速度是非常有利的，在设计臂部时，应尽可能利用在工业机器人上安装的机电元件与装置的质量来减小臂部的不平衡质量，必要时还要设计平衡重。

4. 工业机器人的腰部和基座

工业机器人的腰部包括机座和腰关节，机座承受工业机器人的全部质量，要有足够的强度和刚度，一般用铸铁或铸钢制造，机座有一定的尺寸要求以保证操作机构的稳定，并满足驱动装置及电缆的安装要求。腰关节是负载最大的运动轴，对末端执行器运动精度的影响最大，故设计精度要求高。

腰关节的轴一般为回转关节，既承受很大的轴向力、径向力，又承受倾翻力矩，且应具有较高的运动精度和刚度。因此，可采用普通轴承的支承结构，其优点是结构简单、安装调整方便。腰关节的传动装置多采用高刚度的 RV 减速器，也可采用谐波传动、摆线针轮传动或蜗杆传动，其转动副多采用薄壁轴承或四点接触轴承，有的还设计有调隙机构。对于液压驱动关节，多采用回转缸加齿轮传动机构。

在设计工业机器人腰部结构时，要注意以下设计原则：

1）腰部要有足够大的安装基面，以保证工业机器人工作时整体的稳定性。

2）腰部要承受工业机器人全部的质量和载荷。因此，机座和腰部轴及轴承的结构要有足够大的强度和刚度，以保证其承载能力。

3）腰部是工业机器人的第一个回转关节，它对工业机器人末端的运动精度影响最大。因此，设计时要特别注意保证腰部轴系及传动链的精度与刚度。

4）腰部的回转运动要有相应的驱动装置，包括电动、液压和气动驱动器以及减速器，一般还包括速度与位置传感器以及制动器。

5）腰部结构要便于安装调整。腰部与手臂的连接要有可靠的定位基准面，以保证各关节的相互位置精度；应设有调整机构，用来调整腰部轴承间隙及减速器的传动间隙。

6）为了减轻工业机器人运动部分的惯量，提高工业机器人的控制精度，一般腰部回转运动部分的壳体是由密度较小的铝合金材料制成的，而不运动的机座是用铸铁或铸钢材料制成的。

基座是连接、支承手臂及行走机构的部件，用于安装臂部的驱动装置或传动装置。如果是固定式，则固定基座一般与机身为一体；如果将基座安装在一个可移动的平台上，则通过将电动机的旋转运动转化为直线运动来实现固定轨迹移动。

3.2.2 工业机器人本体驱动系统

要使工业机器人运行起来，需要给各个关节安装动力装置，驱动系统的作用就是为工业机器人各部位、各关节动作提供原动力。在工业机器人系统中，对驱动系统有以下要求：质量尽可能小，单位质量的输出功率高，效率高，反应速度快，即要求力矩质量比和力矩转动惯量比大，能够频繁地起动、制动，或者频繁地正转、反转。另外，工业机器人的驱动系统还应具有位移偏差和速度偏差小、安全可靠、操作和维护方便、对环境无污染、经济合理等特点。

一般来说，工业机器人常用的驱动方式有电动驱动、液压驱动和气动驱动三种基本类型。

1. 电动驱动方式

电动驱动是利用各种类型的电动机产生的原动力或力矩，直接或间接驱动工业机器人的关节运动，以实现所要求的位置、速度或者加速度的驱动方式。电动驱动方式包括电流控制、位置控制和转速控制等。电动驱动具有无环境污染、易于控制、运动速度和位置精度高、成本低、驱动效率高等优点。电动驱动是应用最广泛的工业机器人驱动方式。

电动驱动主要分为直流伺服电动机驱动、交流伺服电动机驱动和步进电动机驱动三种类型。

（1）直流伺服电动机驱动

直流伺服电动机是用直流电供电的伺服电动机，其功能是将输入的受控电压/电流能量转换为电枢轴上的角位移或角速度输出。其结构如图 3-13 所示，由定子、转子（电枢）、换向器和机壳等组成。定子用来产生磁场，转子由铁心和线圈组成，当转子在定子内旋转时，转子产生电磁转矩。换向器由整流子和电刷组成，用于改变电枢线圈中电流的方向，保证电枢在磁场作用下连续旋转。

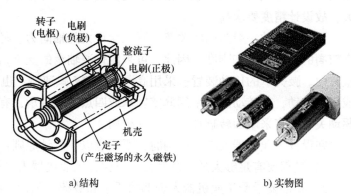

a) 结构　　　　　　　　b) 实物图

图 3-13　直流伺服电动机的结构和实物图

直流伺服电动机能在较宽的速度范围内运行，可控性好。它具有线性调节特性，能使转速正比于控制电压的大小，转向则取决于控制电压的极性（或相位）。直流伺服电动机的转子惯性很小，当控制电压为零时，电动机能立即停转，响应迅速。直流伺服电动机广泛应用于宽调速系统和精确位置控制系统中，其输出功率为 1 ~ 600W，电压有 6V、9V、12V、24V、27V、48V。

直流伺服电动机有很多优点，但它的电刷易磨损，且易产生火花。随着技术的进步，近年来交流伺服电动机已逐渐取代直流伺服电动机而成为工业机器人的主要驱动器。

（2）交流伺服电动机驱动　交流伺服电动机内部的转子是永磁铁，驱动器控制的 U/V/W 三相电形成电磁场，转子在此磁场的作用下转动，同时电动机自带的编码器将信号反馈给驱动器，驱动器对反馈值与目标值进行比较，调整转子转动的角度。图 3-14 为交流伺服电动机实物图。

交流伺服电动机具有以下特点：

1）控制精度高。步进电动机的步距角一般为 1.8°（两相）或 0.72°（五相），而交流伺服电动机的精度取决于电动机编码器的精度。如果伺服电动机的编码器为 16 位，则驱动器每接收 $2^{16} = 65536$ 个脉冲，电动机转一圈，其脉冲当量为 $360°/65536 = 0.0055°$，实现了位置的闭环控制，从根本上克服了步进电动机的失步问题。

图 3-14 交流伺服电动机实物图

2）矩频特性好。步进电动机的输出力矩随转速的升高而减小，且在较高转速时会急剧减小，其工作转速一般为每分钟几十转到几百转。而交流伺服电动机在其额定转速（一般为 2000r/min 或 3000r/min）以下为恒转矩输出，在额定转速以上为恒功率输出。

3）具有过载能力。交流伺服电动机能承受 3 倍于额定转矩的负载，特别适用于有瞬间负载波动和要求快速起动的场合。

（3）步进电动机驱动 步进电动机是一种感应电动机，当步进电动机接收到一个脉冲信号时，它就按设定的方向转动一个固定的角度，称为步距角。步进电动机通过控制脉冲个数来控制角位移量，从而达到准确定位的目的；同时可以通过控制脉冲频率来控制电动机转动的速度和加速度，从而达到调速的目的。

步进电动机驱动器接收运动控制器送来的脉冲及方向信号，环形分配器按不同工作方式中节拍的要求将其转换为四个逻辑电压控制信号，控制功率放大电路中功率管的导通与截止，从而使各相绕组按设定的工作节拍通电或断电，并将电源功率转换为电动机绕组电流和电压，使电动机驱动负载运动。图 3-15 所示为步进电动机及步进电动机驱动器。

图 3-15 步进电动机及步进电动机驱动器

2. 液压驱动方式

液压驱动是将高压油作为工作介质，通过改变压强来增大作用力，用电动机带动液压泵输出液压油，进而将电动机提供的机械能转换成油液的压力能，液压油经过调节装置后进入液压缸，推动活塞杆做直线或旋转运动，从而实现机械手臂的伸缩、升降。目前，液压驱动方式在负荷较大的搬运和喷涂工业机器人中应用较多。

液压驱动系统主要由以下部分组成：

1）液压泵：为液压系统、驱动系统提供液压油，将电动机输出的机械能转换为油液的压力能，向整个液压系统提供动力。液压泵按结构形式不同一般分为齿轮泵、叶片泵、柱塞泵和螺杆泵。

2）液压缸：液压油驱动运动部分对外工作的部分。在高压油的作用下，可做直线往复运动的液压缸称为直线液压缸；可产生一定角度的摆动的液压缸称为摆动液压缸。

3）控制调节装置：即各种液压阀，它们在液压系统中控制和调节油液的压力、流量和方向。

4）辅助装置：包括油箱、滤油器、冷却器、加热器、蓄能器、油管及管接头、密封圈、快换接头、高压球阀、胶管总成、测压接头、压力表、油位计、油温计等。

5）液压油：液压系统中传递能量的工作介质，包括各种矿物油、乳化液和合成型液压油等。

3. 气动驱动方式

气动驱动是以压缩空气为动力源来驱动和控制各种机械设备以实现生产过程机械化和自动化的一种技术，目前在工业中应用十分广泛。气动驱动方式具有气源制备方便、结构简单、动作快速灵活、不污染环境，以及维护方便、价格便宜、适合在恶劣工况（如高温、有毒、多粉尘等）下工作等特点，常用于压力机上下料、小零件装配、食品包装及电子元件输送等作业。在工业机器人上主要用于各种气动手爪及小型工业机器人的驱动。

根据气动元件和装置的功能不同，可将气动传动系统分成以下四个组成部分，如图 3-16 所示。

（1）气源装置　气源装置将原动机提供的机械能转变为气体的压力能，为系统提供压缩空气。它主要由空气压缩机构成，还配有储气罐、气源净化装置等附属设备。

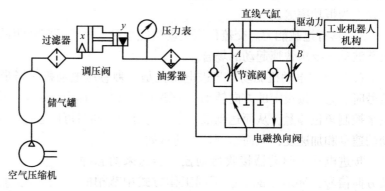

图 3-16　气动传动系统的结构

（2）执行元件　执行元件起能量转换作用，它把压缩空气的压力能转换成工作装置的机械能。执行元件的主要形式有直线气缸（输出直线往复式机械能）、摆动气缸（输出回转摆动式机械能）和气动马达（输出旋转式机械能）。对于以真空压力为动力源的系统，采用真空吸盘来完成各种吸吊作业。

（3）控制元件　控制元件用来调节和控制压缩空气的压力、流量和流动方向，使系统执行机构按功能要求的程序和性能工作。根据所要完成功能的不同，控制元件分为很多种，气动传动系统中一般包括压力、流量、方向和逻辑四大类控制元件。

（4）辅助元件　辅助元件是用于润滑、排气、降噪，实现元件间的连接以及信号转换、显示、放大、检测等所需的各种气动元件，如油雾器、消声器、管件及管接头、转换器、显示器、传感器等。

与液压传动系统相比，气动传动系统中压缩空气的黏度小，容易达到高速（1m/s）；适合工厂集中的空气压缩机站供气，不必添加动力设备；空气介质对环境无污染，使用安全，可直接应用于高温作业；气动元件的工作压力低，故其制造要求比液压元件低。

气动驱动方式的不足之处主要包括：压缩空气常用压力为 0.4～0.6MPa，如果要获得较大的压力，其结构就要相应增大；空气的压缩性大，工作平稳性差，速度控制困难，很难实现准确的位置控制；压缩空气的除水问题是一个很重要的问题，处理不当会使钢件生锈，导致工业机器人失灵；此外，排气还会造成噪声污染。

电动驱动、液压驱动和气动驱动方式各有所长，各种驱动方式特点的对比见表 3-1。

表 3-1 三种驱动方式特点的对比

内容	驱动方式		
	液压驱动	气动驱动	电动驱动
输出功率	很大，压力范围为 $50 \sim 140\text{N}/\text{cm}^2$	大，压力范围为 $48 \sim 60\text{N}/\text{cm}^2$	较大
控制性能	利用液体的不可压缩性，控制精度较高，输出功率大，可无级调速，反应灵敏，可实现连续轨迹控制	气体的压缩性大，精度低，阻尼效果差，低速时不易控制，难以实现高速、高精度的连续轨迹控制	控制精度高，功率较大，能精确定位，反应灵敏，可实现高速、高精度的连续轨迹控制，伺服特性好，控制系统复杂
响应速度	很高	较高	很高
结构性能及体积	结构适当，执行机构可标准化、模拟化，易实现直接驱动；功率质量比大，体积小，结构紧凑，密封问题较大	结构适当，执行机构可标准化、模拟化，易实现直接驱动；功率质量比大，体积小，结构紧凑，密封问题较小	伺服电动机易于标准化，结构性能好，噪声低，电动机一般需配置减速装置，除 DD 电动机外难以直接驱动，结构紧凑，无密封问题
安全性	防爆性能较好，用液压油作为传动介质，在一定条件下有火灾危险	防爆性能好，高于 1000kPa 时应注意设备的抗压性	设备自身无爆炸和火灾危险，直流有刷电动机换向时有火花，对环境的防爆性能较差
对环境的影响	液压系统易漏油，对环境有污染	排气时有噪声	无
在工业机械手中的应用范围	适用于重载、低速驱动，电液伺服系统适用于喷涂、点焊和托运工业机器人	适用于中小负载驱动、精度要求较低的有限点位程序控制工业机器人，如冲压工业机器人本体的气动平衡装置及装配工业机器人气动夹具	适用于中小负载、要求具有较高位置控制精度和轨迹控制精度、速度较高的工业机器人，如 AC 伺服喷涂工业机器人、弧焊工业机器人、装配工业机器人等
成本	液压元件成本较高	成本低	成本高
维修及使用	方便，但油液对环境温度有一定要求	方便	较复杂

3.2.3 工业机器人本体传动系统

传动系统是构成工业机器人的重要系统，用来传递能量和运动，是一种力、速度变换器。工业机器人加减速特性的好坏、运动是否平稳以及承载能力的大小，在很大程度上取决于传动系统的合理性和质量优劣。在工业机器人中，传动装置是连接动力源和执行机构的中间装置，是保证工业机器人精确到达目标位置的核心部件。驱动器的输出轴一般是做等速回转运动，而工作单元要求的运动形式则是多种多样的，如直线运动、旋转运动等，驱动器的动能靠传动系统实现运动形式的改变。

传动系统的作用主要如下：

1）减速的同时提高了输出转矩，但要注意不能超出减速机额定转矩。

2）减速的同时降低了负载的惯量。

对工业机器人传动系统的基本要求如下：

1）结构紧凑。即同比体积最小、质量最小。

2）传动刚度大。即承受转矩时角度变形要小，以提高整机的固有频率，减少整机的低频振动。

3）回差小。即由正转到反转时空行程要小，以得到较高的位置控制精度。

4）寿命长，价格低。

在工业机器人中，常采用齿轮传动、谐波传动、RV减速传动、蜗杆传动、链传动、同步带传动、钢丝传动、连杆及曲柄滑块传动、滚珠丝杠传动、齿轮齿条传动等。常用传动方式的对比见表3-2。

表3-2　工业机器人常用传动方式的对比

序号	传动方式	特　点	运动形式	传动距离	应用场合
1	齿轮传动	结构紧凑，效率高，寿命长，响应快，转矩大，瞬时传动比恒定，功率和速度适应范围广，可实现旋转方向的改变和复合传动	转动-转动	小	腰、腕关节
2	谐波传动	速比大，响应快，体积小，质量小，回差小，转矩大	转动-转动	小	所有关节
3	RV减速器传动	速比大，响应快，体积小，刚度好，回差小，转矩大	转动-转动	小	腰、肩、肘关节，多用于腰关节
4	蜗杆传动	速比大，响应慢，体积小，刚度好，回差小，转矩大，效率低，发热大	转动-转动	小	腰关节、手爪机构
5	链传动	速比小，转矩大，质量大，刚度与张紧装置有关	转动-转动 移动-转动 转动-移动	大	腕关节（驱动装置后置）
6	同步带传动	速比小，转矩小，刚度差，传动较均匀，平稳，能保证恒定传动比	转动-转动 移动-转动 转动-移动	大	所有关节的一级传动
7	钢丝传动	速比小，远距离传动较好	转动-转动 移动-转动 转动-移动	大	腕关节、手爪
8	连杆及曲柄滑块传动	结构简单，易制造，耐冲击，能传递较大的载荷，可远距离传动；转矩一般，速比不均匀	移动-转动 转动-移动	大	腕关节、臂关节（驱动装置后置）
9	滚珠丝杠传动	传动平稳，能自锁，增力效果好，效率高，传动精度和定位精度均很高	转动-移动	大	腰、腕移动关节
10	齿轮齿条传动	效率高，精度高，刚度好，价格低	移动-转动 转动-移动	大	直动关节、手爪机构

其中，工业机器人腰关节最常用谐波传动、齿轮/蜗杆传动；臂关节最常用谐波传动、RV 减速器传动和滚珠丝杠传动；腕关节最常用齿轮传动、谐波传动、同步带传动和钢丝传动。下面对部分常用传动方式进行简单介绍，以便使读者更多地了解工业机器人的传动系统。

1. 齿轮传动

齿轮传动是利用两齿轮的轮齿相互啮合传递动力和运动的机械传动，按齿轮轴线的相对位置分为平行轴圆柱齿轮传动、相交轴锥齿轮传动和交错轴螺旋齿轮传动，具有结构紧凑、效率高、寿命长等特点。

齿轮传动的主要形式如图 3-17 所示。

a) 直齿圆柱齿轮传动　　b) 斜齿圆柱齿轮传动　　c) 人字齿圆柱齿轮传动　　d) 圆柱内齿轮传动

e) 齿轮齿条传动　　f) 直齿锥齿轮传动　　g) 斜齿锥齿轮传动　　h) 曲齿锥齿轮传动

图 3-17　齿轮传动的主要形式

2. 同步带传动

同步带上有许多型齿，可与具有同样型齿的同步带相啮合，如图 3-18 所示。工作时，它们相当于柔软的齿轮，具有柔性好、价格便宜两大优点。另外，同步带还被用于输入轴和输出轴旋转方向不一致的情况。只要同步带足够长，使带的扭角误差不太大，同步带就能够正常工作。在伺服系统中，如果采用码盘测量输出轴的位置，则输入传动的同步带可以

图 3-18　同步带示意图

放在伺服环外面，这对系统的定位精度和重复定位精度不会产生影响，重复定位精度可以达到 1mm 以内。此外，同步带比齿轮链的价格低得多，加工也容易得多。有时，齿轮链和同步带结合起来使用更为方便。

3. 谐波传动

谐波减速器是利用行星齿轮传动原理发展起来的一种新型减速器，它是一种依靠柔性零件产生的弹性机械波来传递动力和运动的行星齿轮传动。

谐波减速器由三个基本构件组成，如图 3-19 所示。

1) 带有内齿圈的刚性齿轮（刚轮），它相当于行星系中的太阳轮。

2) 带有外齿圈的柔性齿轮（柔轮），它相当于行星轮。

3) 波发生器，它相当于行星架。

柔轮的外齿数少于刚轮的内齿数，在波发生器转动时，长轴方向柔轮的外齿正好完全啮入刚轮的内齿。常用的是双波传动和三波传动两种类型。双波传动的柔轮应力较小，结构比

较简单，易于获得大的传动比，故目前应用较广。

谐波减速器通常采用波发生器主动、刚轮固定、柔轮输出的形式。波发生器是一个杆状部件，其两端装有滚动轴承构成滚轮，与柔轮的内壁相互压紧。柔轮为可产生较大弹性变形的薄壁齿轮，其内孔直径略小于波发生器的总长。波发生器可使柔轮产生可控的弹性变形。将波发生器装入柔轮后，迫使柔轮的剖面由原来的

柔轮 刚轮
波发生器

图 3-19　谐波减速器的组成

圆形变成椭圆形，其长轴两端附近的齿与刚轮的齿完全啮合，而短轴两端附近的齿则与刚轮的齿完全脱开，周长上其他区段的齿则处于啮合和脱离的过渡状态。当波发生器沿着一定方向连续转动时，柔轮的变形不断改变，柔轮与刚轮的啮合状态也不断改变，依啮入→啮合→啮出→脱开→啮入……的顺序，周而复始地进行，从而实现柔轮相对刚轮沿与波发生器旋转方向相反的方向缓慢旋转。

谐波传动广泛应用于小型六轴搬运及装配工业机器人中，由于柔轮承受较大的交变载荷，因此对其材料的抗疲劳强度、加工和热处理要求较高，工艺复杂。

4. RV 减速器传动

RV 减速器（行星摆线针轮减速器）由一个行星齿轮减速器的前级和一个摆线针轮减速器的后级组成。RV 减速器的全部传动装置可以分为三部分：输入部分、减速部分、输出部分。RV 减速器在输入轴上装有一个错位 180° 的双偏心套，在偏心套上装有两个滚柱轴承，形成 H 机构，两个摆线轮的中心孔即为偏心套上转臂轴承的滚道，并由摆线轮与针齿轮上一组呈环形排列的轮齿相啮合，以组成少齿差内啮合减速机构，如图 3-20 所示。

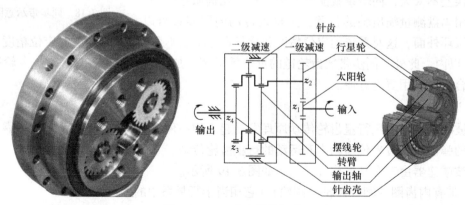

图 3-20　RV 减速器的组成

与谐波传动相比，RV 减速器传动最显著的特点是刚性好，其传动刚度是谐波传动的 2~6 倍。RV 减速器具有结构紧凑、传动比大以及在一定条件下具有自锁功能的特点，是最常用的减速器之一，而且振动小、噪声低、能耗低，在频繁加减速运动过程中可以提高响应

速度并降低能量消耗。RV 减速器还具有长期使用不需再加润滑剂、寿命长、减速比大、振动少、精度高、保养便利等优点，适合在工业机器人上使用。

3.3　工业机器人的控制部分

控制系统是工业机器人的主要组成部分，它的功能类似于人的大脑。工业机器人要与外围设备协调动作，共同完成作业任务，就必须具备一个功能完善、操作灵敏、性能可靠的控制系统。一般来说，工业机器人的控制系统可分为两部分：一是对自身运动的控制，二是对工业机器人与周边设备的协调控制，使工业机器人按照输入的程序对驱动系统和执行机构发出指令信号并进行控制。

3.3.1　工业机器人控制系统的基本原理

工业机器人控制系统的主要作用是根据用户的指令对机构本体进行操作和控制，完成作业的各种动作。为了使工业机器人能够按照要求完成特定的作业任务，需要以下四个工作过程。

1. 示教

通过工业机器人控制器可以接受的方式，告诉工业机器人去做什么，给工业机器人发出作业指令。

2. 计算与控制

计算与控制过程负责整个工业机器人系统的管理、信息获取及处理、控制策略制定、作业轨迹规划等任务，是工业机器人控制系统的核心部分。

3. 伺服驱动

根据不同的控制算法，将工业机器人的控制策略转化为驱动信号，驱动伺服电动机等驱动部分，实现工业机器人的高速、高精度运动，进而完成指定作业。

4. 传感与检测

通过传感器的反馈，保证工业机器人正确地完成指定作业，同时也将各种姿态信息反馈到工业机器人的控制系统中，以便实时监控整个系统的运动情况。

工业机器人控制系统根据是否具备信息反馈特征，分为开环控制系统和闭环控制系统；根据控制原理，可分为程序控制系统、适应性控制系统和人工智能控制系统；根据控制运动的形式的不同，可分为点位控制系统和连续轨迹控制系统。控制系统是工业机器人的大脑和小脑，支配着工业机器人按规定的程序运动，并记忆人们给予的指令信息（如动作顺序、运动轨迹、运动速度等），同时对执行机构发出执行指令。工业机器人控制系统各部分之间的关系如图 3-21 所示。

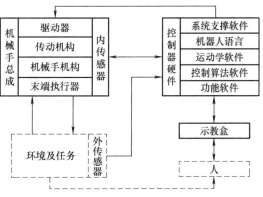

图 3-21　工业机器人控制系统各部分之间的关系

3.3.2 工业机器人控制系统的功能

控制系统的主要功能是控制工业机器人在工作空间中的运动位置、轨迹、姿态、操作顺序及动作时间等参数，其中有些任务的控制十分复杂。工业机器人控制系统的主要功能如下。

1. 记忆功能

工业机器人的控制系统可以对作业顺序、运动路径、运动方式、运动速度和与生产工艺有关的信息进行存储，这些存储信息可以作为变量或者参数的形式存在，当需要进行再现运动时，工业机器人可以读取这些参数，再现其运动过程。

2. 示教功能

工业机器人的示教方式主要有三种，包括离线编程、在线示教、间接示教。在线示教包括示教盒示教和导引示教。该部分将在第5章中详细说明。

3. 与外围设备联系功能

工业机器人在工业上的应用大多需要结合其他外围设备共同使用。为了配合不同的外围设备，工业机器人有各种不同的通信接口，包括数字量输入/输出接口、总线通信接口、网络接口、同步接口等，只有当工业机器人与外围设备进行通信连接时，它才可以完整地实现各种各样的功能。

4. 坐标设置功能

根据应用场合的不同，工业机器人需要在不同的坐标系中执行程序。工业机器人常用的坐标系包括关节坐标系、基坐标系、工具坐标系、工件坐标系等。如何在手动模式下让工业机器人使用不同的坐标系，或在程序中切换坐标系，将在第4章中详细说明。

5. 人机接口

工业机器人控制系统的主要人机接口包括机器人示教盒、控制柜的操作面板以及机器人示教器的显示屏。用户可以通过上述设备方便地对工业机器人下达控制指令，也可以很好地观察工业机器人当前的运动状态等。

6. 传感器接口

工业机器人的传感器包括内部传感器和外部传感器，具体使用方法见3.4节。

7. 位置伺服功能

工业机器人的控制系统可以通过伺服驱动系统实现多轴联动、运动控制、速度和加速度控制、动态补偿运动控制等功能。

8. 故障诊断安全保护功能

工业机器人具有运行时的系统状态监视、故障状态下的安全保护和故障自诊断功能。用户可以通过人机接口查看工业机器人的常用信息，了解其当前所处的状态以及存在的错误和问题。

3.4 工业机器人的传感部分

工业机器人的控制系统相当于人类的大脑，机械机构相当于人类的四肢，传感器则相当于人类的感官，用来接收和处理外界信息。传感器技术是工业机器人智能化的重要体现，传感器是工业机器人完成感觉的必要手段，通过传感器的感觉作用，将工业机器人自身的相关特性或相关物体的特性转化为其执行某项功能时所需要的信息。

3.4.1 工业机器人传感器的种类

工业机器人所要完成的任务不同，其配置的传感器类型和规格也不相同。有的需要检测其自身的状态，有的需要检测操作系统和操作环境的状态，有的则两者皆需要。一般来说，根据工业机器人与传感器检测信息的相对关系不同，将工业机器人分为内部信息传感器和外部信息传感器两类。

内部信息传感器是用来测量工业机器人自身状态参数（如手臂间角度等）的功能元件。这类传感器一般安装在工业机器人内部，用来感知工业机器人自身的状态，以调整和控制其行动。内部信息传感器主要用来采集工业机器人本体、关节和手爪的位移、速度、加速度等信息。

外部信息传感器主要用于采集和测量与工业机器人作业相关的外部信息，或者工作对象之间相互作用的信息。这些信息通常与工业机器人的目标识别、作业安全等有关，如与物体之间的距离、抓取对象的形状、空间位置、有无障碍、物体是否滑落等。外部信息传感器一般分为末端执行器传感器和环境传感器。末端执行器传感器主要安装在末端执行器上，用于检测并处理微小而精密作业的感觉信息，如触觉传感器、力觉传感器。环境传感器用来识别环境状态，帮助工业机器人完成作业中的各种决策。环境传感器主要包括视觉传感器、超声波传感器等。工业机器人常用传感器见表3-3。

表3-3 工业机器人常用传感器

传感器		检测内容	检测元件	应 用
内部信息传感器	位置	规定位置 规定角度	限位开关、光电开关	规定位置检测 规定角度检测
	位置	位置	电位器、直线感应同步器	位置移动检测
		角度	角度式电位器、光电编码器	角度变化检测
	速度	速度	测速发电机、增量式码盘	速度检测
	加速度	加速度	压电式加速度传感器、压阻式加速度传感器	加速度检测
外部信息传感器	触觉	接触	限制开关	动作顺序控制
		把握力	应变计、半导体感压元件	把握力控制
		荷重	弹簧变位测量器	张力控制、指压控制
		分布压力	导电橡胶、感压高分子材料应变计	姿势、形状判别
		多元力	半导体感压元件	装配力控制
		力矩	压阻元件、马达电流计	协调控制
		滑动	光学旋转检测器、光纤	滑动判定、力控制
	接近感觉	接近	光电开关、LED、红外、激光	动作顺序控制
		间隔	光敏晶体管、光敏二极管	障碍物躲避
		倾斜	电磁线圈、超声波传感器	轨迹移动控制、探索

（续）

传感器		检测内容	检测元件	应 用
外部信息 传感器	视觉	平面位置	摄像机、位置传感器	位置决定、控制
		距离	测距仪	移动控制
		形状	线图像传感器	物体识别、判别
		缺陷	画图像传感器	异常检测
	听觉	声音	传声器	语言控制（人机接口）
		超声波	超声波传感器	导航
	嗅觉	气体成分	气体传感器、射线传感器	化学成分探测

3.4.2 工业机器人传感器的选择

一般根据工业机器人使用要求和使用场合的不同，选择不同类型的传感器。

1. 根据工业机器人对传感器的要求来选择

工业机器人对传感器一般要求如下。

（1）精度高、重复性好　传感器的精度直接影响工业机器人的工作质量。用于检测和控制工业机器人运动的传感器的精度是保证工业机器人定位精度的基础。工业机器人是否能够准确无误地正常工作，往往取决于传感器的测量精度。

（2）稳定性好、可靠性高　传感器的稳定性和可靠性，是保证工业机器人能够长期稳定可靠工作的必要条件。

（3）抗干扰能力强　工业机器人传感器的工作环境一般比较恶劣，所以工业机器人传感器应当能承受电磁干扰，并能够在一定的高温、高压、高污染环境中正常工作。

（4）质量小、体积小、安装方便可靠　对于安装在工业机器人手臂等运动部件上的传感器，质量要小，否则会加大运动部件的惯性，从而影响工业机器人的运动性能。对于工作空间受到某种限制的工业机器人，对其传感器的体积和安装方向都有严格的要求。

（5）价格低　传感器的价格直接影响工业机器人的生产成本，传感器的价格低，可降低工业机器人的生产成本。

2. 根据加工任务的要求来选择

工业机器人一般需要执行各种加工任务，其中比较常见的加工任务有物料搬运、装备装配、喷涂喷漆、弧焊点焊、检验检测等。不同的加工任务对工业机器人传感器有不同的要求。

3. 根据满足工业机器人的控制要求来选择

例如，工业机器人控制需要传感器检测工业机器人的运动位置、速度、加速度等。另外，辅助工作要求和安全性也是选择机器人传感器时需要考虑的内容。

思 考 与 练 习

一、填空题

1. 工业机器人由三大部分、六个子系统组成。三大部分分别是_____、传感部分、_____；六个子系统分别是驱动系统、_____、传感系统、机器人-环境交互系统、_____和控制系统。

2. 工业机器人驱动系统的传动部分可以是_____传动系统、_____传动系统、_____传动系统，或者把它们结合起来的_____系统。

3. 液压驱动系统主要是由_____、_____、_____和_____组成的。

4. 气动驱动系统主要是由_____、_____、_____和辅助元件组成的。

5. 传动机构用于把驱动器产生的动力传递到工业机器人的各个关节和动作部位，实现工业机器人的平稳运动，_____主要用于改变力的大小、方向和速度。

6. 传感器在整个测量范围内所能辨别的被测量的最小变化量，或者不同被测量的个数，称为传感器的_____。

二、选择题

1. 工业机器人的机械结构是由机身、臂部、腕部、（   ）四部分组成的。

A. 手部　　　　　　 B. 步进电动机　　　 C. 直流电动机　　　 D. 驱动器

2. 工业机器人的（   ）是连接手部与臂部的部件，起支承手部的作用。

A. 机座　　　　　　 B. 腕部　　　　　　 C. 驱动器　　　　　 D. 传感器

3. 远距离转动的 RBR 腕部有（   ）根轴。

A. 六　　　　　　　 B. 五　　　　　　　 C. 三　　　　　　　 D. 两

4. 以下属于旋转传动机构的是（   ）。

A. 谐波齿轮　　　　 B. 齿轮齿条装置　　 C. 普通丝杠　　　　 D. 滚珠丝杠

5. 手部的位姿是由（   ）构成的。

A. 位置与速度　　　 B. 姿态与位置　　　 C. 位置与运行状态　 D. 姿态与速度

6. 机器人末端执行器（手部）的力量来自（   ）。

A. 机器人的全部关节　　　　　　　　　 B. 机器人手部的关节

C. 决定机器人手部位置的各关节　　　　 D. 决定机器人手部位姿的各关节

7. 为使手部具有翻转、俯仰和偏转运动，下列（   ）腕部结构的应用最为广泛。

A. RBR　　　　　　 B. BBR　　　　　　 C. RR　　　　　　　 D. RRR

8. 工业机器人的手爪主要包括夹持式、磁吸式、气吸式三种。其中气吸式靠（   ）把吸附头与物体压在一起，实现物体的抓取。

A. 机械手指　　　　　B. 线圈产生的电磁力　　　　　　　　C. 大气压力

9. 工业机器人传感器主要分为内部信息传感器和外部信息传感器两大类。可测量物体的距离和位置，识别物体的形状、颜色、温度等的传感器称为（　　　）。

A. 内部信息传感器　　B. 组合传感器　　　　C. 外部信息传感器

三、简答题

1. 试述工业机器人控制系统的基本组成部分及各部分的功能。

2. 传感器在工业机器人技术中的主要作用有哪些？

3. 工业机器人的手部结构有哪几种？试述每种结构的基本工作原理。

4. 工业机器人的腕部有哪几种结构？试述每种结构的特点。

5. 工业机器人的驱动机构有哪几种？试述每种机构的结构及工作原理。

第4章 HR20-1700-C10工业机器人的组成及手动操作

- 知识目标：掌握工业机器人控制柜的使用方法，可以按照要求起动、停止或者紧急停止工业机器人系统；掌握工业机器人示教器的结构、功能和作用，会手动操作工业机器人，能够根据任务需要切换不同的机器人坐标系，熟知示教器上各开关和按键的功能及使用方法，特别是紧急停止按钮、暂停按钮、起动开关、安全开关的正确使用方法。
- 能力目标：具有按照实际要求手动操作工业机器人的能力，能够控制工业机器人完成简单的操作，可以对其进行坐标系的切换；具有较好的视觉辨识能力，目视精准，可以做到眼、脑、手协调配合及熟练操作；掌握示教器的开关和按键功能，养成良好的操作习惯。

4.1 工业机器人系统的安全操作

在提高工业机器人的工作效率和产品品质的同时，其安全生产问题也应该是重中之重。工业机器人的安全管理者及从事安装、操作、保养工作的人员在操作工业机器人运行期间要保证安全，在确保自身及相关人员的安全后再进行操作。

4.1.1 工业机器人现场安全

1. 人的安全

1）工业机器人的操作应遵循"安全第一，预防为主"为原则，使用工业机器人过程中人的安全永远为第一位。

2）绝对不要倚靠在工业机器人或其他控制柜上，不要强制扳动、悬吊、骑坐在工业机器人上，不要随意按动开关或者起动按钮，否则可能产生意想不到的动作，造成人员伤害或者设备损坏。

3）工业机器人应安装在没有漏洞的安全护栏内，无论是在工业机器人操作运行中还是等待中，都禁止人员进入工业机器人工作区域。安全护栏上的安全门应带有安全插销及感应装置。安全门必须通过拔开插销才能打开，并且拔开插销后工业机器人必须能够自动停止。

4）当需要示教或检查工业机器人而进入安全护栏内时，操作人员必须将安全插销随身带在身上再进入，以免有人意外操作工业机器人。调试人员进入工业机器人工作区域时，必须随身携带示教器，以防他人误操作。必要时，要在电控箱前指派一名监察员，用于监控各操作，并能随时准备按下紧急停止按钮。监察员必须是完成相关培训课程的人员。

5）工业机器人处于自动模式时，任何人员都不允许进入其运动所及的区域。不要认为工业机器人没有移动，其程序就已经完成，它很有可能是在等待继续移动输入信号。

6）在出现意外或工业机器人运行不正常等情况下，需要按下紧急停止按钮，停止运行。

2. 系统设备的安全

1）工业机器人夹具的传感器需接进整个系统，在工业机器人进行与夹具有关的动作时需确认夹具的状态信号，夹具应设为在失电情况下闭合，以保证在突然掉电时手爪中的产品不会掉落。夹具的设计应保证工业机器人取放料时姿态流畅，动作合理。工业机器人停机时，夹具上不应置物，必须空机。

2）外围设备与系统配线连接时应使用继电器进行隔离，外围设备中与人员操作有关的部分应在方便位置设置系统紧急停止按钮。在得到停电通知时，要预先关断工业机器人的主电源及气源。突然停电时，要赶在来电之前预先关闭工业机器人的主电源开关，并及时取下夹具上的工件。

3）使用六轴多关节机器人时，应在机器人的工作范围以外设置软件限位装置，防止机器人因误操作而运动到其他位置。工业机器人的操作应设置密码，只有具有指定权限的人员才可进行操作。如果系统中有设备报警或有设备置于手动状态，则系统应向工业机器人发送暂停信号并中断系统自动程序。

4.1.2 工业机器人操作安全

操作人员必须熟知工业机器人的性能和操作注意事项，必须经专业培训合格后方可操作。工业机器人操作者在进行现场操作之前，需要完成以下准备工作：

1）确认工业机器人工作范围内没有其他人员或物品，确保操作范围内安全，在确认电气设备正常的情况下给工业机器人控制系统通电。

2）检查电源线、动力线、编码器线、示教器接线有无松动或损坏。

3）开启控制柜的主开关，确认电柜各指示灯是否正确。

4）手动操作示教器上每根轴的操作键，使每根轴产生需要的动作，检查工业机器人的运动有无异常。手动低速操作工业机器人的各轴（速度低于最大速度的5%），确认各轴零点与极限位置是否正常。

5）了解所有控制工业机器人移动的开关、传感器和控制信号的位置和状态；了解工业机器人控制器和外围控制设备上的紧急停止按钮的位置，准备在紧急情况下按下这些按钮。

示教编程过程中需要注意以下事项：

1）工业机器人程序力求简单明了，不要有过多的逻辑判断。

2）工业机器人工作时要限制内部速度，尤其是直线运动时，不能设定超过电动机额定转速的速度。

3）当等待信号时间过长时，要自动暂停或中止程序，防止人工处理信号时工业机器人突然动作。

4）工业机器人的点位命名要有规律，应便于记忆及调试，且所有工业机器人程序点位名应统一化。

5）在编程过程中，需知道机器人根据所编程序将要执行的全部任务。要预先考虑好避让机器人的运动轨迹，并确认该线路不受干涉。

6）工业机器人进行直线运动时，要避免某根轴运动过多，尽量做到平衡。J_2 轴的最佳角度为 0°左右，J_3 轴的最佳角度为 90°左右，应避免机器人运动到腕部奇异点或肘部奇异点。

4.1.3　其他安全事项

1）避免在工业机器人工作场所周围做出危险行为，接触工业机器人或周边机械有可能造成人员伤害。

2）严格遵守"严禁烟火""高电压""危险""无关人员禁止入内"等标识，火灾、触电等有可能造成人员伤害。

3）工业机器人操作人员的着装要求：穿着工作服；操作示教器时不要戴手套；内衣、衬衫、领带不要露在工作服外面；不要佩戴特大耳环、挂饰等；必须穿好安全鞋，戴好安全帽等。

4）通电中，禁止未受培训的人员触摸工业机器人控制柜和示教编程器，否则，工业机器人可能产生意想不到的动作，而导致人员伤害或者设备损坏。

4.2　HR20-1700-C10 工业机器人系统的组成

HR20-1700-C10 工业机器人系统的末端最大负载为 20kg，最大臂展为 1700mm，主要由 HR20 工业机器人本体、C10 型机器人电控系统和 KeTop 型机器人示教器组成，如图 4-1 所示。其中机器人本体是系统的执行部分，电控系统是控制核心，而操作者通过示教器给工业机器人控制柜下达命令进而控制工业机器人本体动作。

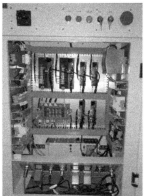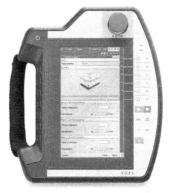

a) HR20工业机器人本体　　　b) C10型机器人电控系统　　　c) KeTop型机器人示教器

图 4-1　工业机器人系统的组成

4.2.1　HR20 工业机器人本体

HR20 工业机器人是由江苏汇博机器人技术股份有限公司开发的，广泛应用于浇铸、焊接、喷涂、搬运、码垛等工业领域。HR20 工业机器人的主要性能参数见表 4-1。

表 4-1　HR20 工业机器人的主要性能参数

机器人型号		HR20
结构		关节型
自由度		6
驱动方式		交流伺服电动机驱动
最大动作范围 /rad(°)	J_1	±3.14(±180)
	J_2	+1.13/ -2.53(+65/ -145)
	J_3	+3.05/ -1.13 (+175/ -65)
	J_4	±3.14(±180)
	J_5	±2.41(±135)
	J_6	±6.28(±360)
最大运动速度 /(rad/s) (°/s)	J_1	2.96(170)
	J_2	2.88(165)
	J_3	2.96(170)
	J_4	6.28(360)
	J_5	6.28(360)
	J_6	10.5(600)
最大运动半径/mm		1722
最大负载能力/kg		20
重复定位精度/mm		±0.08
腕部转矩/(N·m)	J_4	49
	J_5	49
	J_6	23.5
腕部惯性力矩 /(kg·m²)	J_4	1.6
	J_5	1.6
	J_6	0.8
环境温度/℃		0 ~45
安装条件		地面安装、悬吊安装
防护等级		IP65 （防尘、防滴）
本体质量/kg		220
设备总功率/kW		3.5

　　HR20 工业机器人 J_1 轴的最大动作范围为 ±180°，如图 4-2 所示。但是在实际设计时，增加了控制运动范围的部件，通过移动 J_1 轴限位块可以实现间隔 30°的运动范围变动，如图 4-3 所示。

　　HR20 工业机器人的腕部法兰尺寸如图 4-4 所示，该法兰用于安装工业机器人的末端执行器，如抓手、工具快换装置、碰撞传感器、喷涂枪、飞边清理工具、弧焊焊枪、电焊焊枪等。

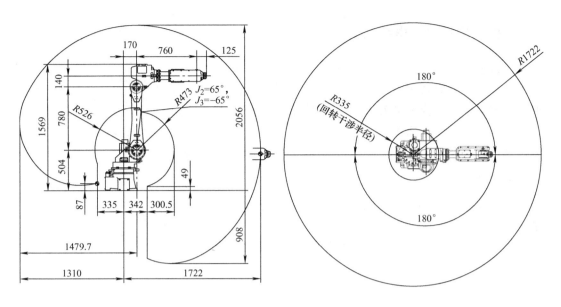

图 4-2 HR20 工业机器人工作空间示意图

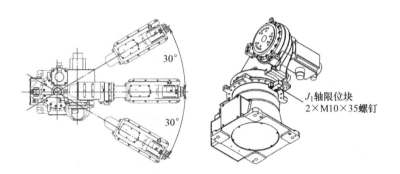

图 4-3 HR20 工业机器人 J_1 轴的实际运动空间

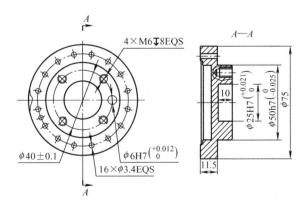

图 4-4 HR20 工业机器人的腕部法兰尺寸

4.2.2　C10 型机器人电控系统

电控系统是工业机器人的控制核心,它控制工业机器人各关节的运动以及工业机器人与外部设备之间的通信。图 4-5 所示为 C10 型机器人电控系统的控制柜。工业机器人的电控系统包括控制面板和控制柜内部的控制器、电源变压器等。

1. 控制面板

控制面板位于控制柜的前部,用于控制工业机器人系统上电、伺服电动机的起动和停止等,如图 4-6 所示。控制面板上各按钮和指示灯的功能见表 4-2。

图 4-5　C10 型机器人电控系统的控制柜

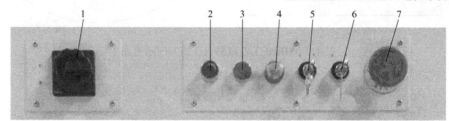

图 4-6　控制面板
1—主电源开关　2—开伺服按钮　3—关伺服按钮　4—伺服报警蜂鸣器
5—使能开关　6—权限开关　7—紧急停止按钮

表 4-2　控制面板上各按钮和指示灯的功能

序号	按钮(开关)名称	功 能 说 明
1	主电源开关	处于竖直状态时,工业机器人主电源接通;处于水平状态时,主电源断电
2	开伺服按钮	按下该按钮且绿色指示灯点亮后,伺服驱动器得电
3	关伺服按钮	按下该按钮后驱动器断电,关伺服按钮红色指示灯点亮,开伺服按钮指示灯熄灭
4	伺服报警蜂鸣器	驱动器报警蜂鸣器,当伺服驱动器发生故障时,蜂鸣器报警,指示灯闪烁
5	使能开关	使能开关处于"开"位置时,机器人使能功能由主控 PLC 控制;处于"关"位置时,由示教器控制
6	权限开关	控制工业机器人的权限,权限开时工业机器人由 PLC 控制,权限关示教盒登录后可以使用示教器控制工业机器人
7	紧急停止(急停)按钮	工业机器人出现意外故障需要紧急停止时按下该按钮,可以断开主电源而使工业机器人停止工作

2. 控制器

控制器是工业机器人的大脑,所有程序和算法都是在工业机器人主控制器中处理完成的。整个控制器采用模块化方式设计,由 CPU 模块(CP252/X)、总线通信模块(FX271/A)、扩展 I/O 模块和数字输入输出模块(DM272/A)组成,如图 4-7 所示。

(1) CPU 模块　CP252/X CPU 模块带有 CF 卡,工业机器人程序、应用软件及系统数据都存在里面。CP252/X 系统中同时安装了工业机器人控制系统和软 PLC 控制系统两套软件,两者同时运行,通过共享内存块的方式进行通信。工业机器人控制系统部分负责运动控制,软

PLC控制系统部分负责电气逻辑和实时外部信号采样处理。

（2）总线通信模块　FX271/A总线通信模块用于与伺服电动机驱动器通信，对伺服电动机进行运行控制。另外，伺服驱动器模块支持Modbus通信，可以与其他控制器（如PLC）进行通信。

（3）扩展I/O模块　扩展

1　　　　2　3　　4

图4-7　C10型机器人控制器的组成

I/O模块用于扩展各种总线以及I/O通信，主要用来连接工业机器人的示教器。

（4）数字输入输出模块　本系统中共有4个DM272/A数字输入输出模块，每个模块都有8个数字量输入端子和8个数字量输出端子，共64个输入输出接口。这些接口可以使工业机器人方便地与外部设备进行I/O通信。

3. 伺服电动机驱动系统

HR20-1700-C10工业机器人的各关节采用电动驱动方式，六个关节配有不同功率的交流伺服电动机，这些伺服电动机的驱动系统位于控制柜内。HR20-1700-C10工业机器人的驱动器采用日本三洋公司生产的RS2型驱动器，其中J_1轴和J_2轴的驱动器为100A型，$J_3 \sim J_6$轴的驱动器为15A型，如图4-8所示。

4. 安全抱闸控制系统

安全抱闸控制系统（SBR）由控制电路继电器、电动机抱闸系统和驱动器报警指示灯等组成，如图4-9所示。其中继电器K1～K4用于急停控制和伺服电动机控制，电路板上的指示灯用于报警输出和电动机抱闸指示，使用时可通过观察发光二极管是否点亮来检查故障。

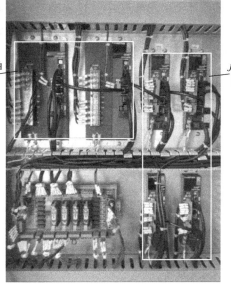

J_1轴和J_2轴驱动器

$J_3 \sim J_6$轴驱动器

图4-8　伺服电动机驱动器

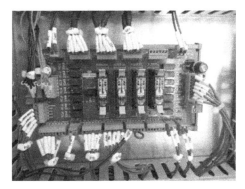

图4-9　安全抱闸控制系统

5. 电源单元

工业机器人控制柜里的主电源为工业上常用的三相380V电源。在工业机器人控制柜内配有变压器，将三相AC 380V电压转变为三相200V和单相220V电压。其中，三相200V为工业机器人伺服电动机驱动器的电源，单相220V为内部直流开关的输入电源。变压器接线时要注意其地线应与大地、电控柜连接，避免发生漏电现象。变压器安装在电控柜的后面，打开后扇门可以看到，如图4-10a所示。

在控制柜的右侧配置了给工业机器人控制器和安全抱闸系统供电的DC 24V开关电源，如图4-10b所示。其中，直流电源V1用于控制电动机抱闸系统；直流电源V2为电控柜内24V元件的工作电源。

a) 380V变压器   b) DC 24V电源

图4-10　电源单元

6. 其他电气元件

工业机器人控制柜中还包含其他电气控制设备，包括交流滤波器、主控电路的接触器、伺服驱动器的200V接线端子、地线接线端子、伺服220V接线端子、接触器、滤波器和断路器等。另外，控制柜与工业机器人本体通过航空插头连接，包括380V动力线进线航空插头、电动机电源线航空插头、编码器线航空插头、示教器线航空插头等，如图4-11所示。

a) 220V电源断路器   b) 与机器人本体相连的航空插头

图4-11　断路器和航空插头

4.2.3　KeTop T70 型机器人示教器

示教器是操作者对工业机器人进行手动操作、程序编写、参数配置、输入输出控制以及生产管理的手持操作装置，是工业机器人操作者最常用的控制装置。KeTop 型机器人示教器基于 WinCE 的嵌入式系统，通过以太网与控制器连接通信，在局域网内有自己的 IP，相当于一个独立的终端，提供对 TCP 等协议的支持。操作者可通过示教器连接至控制器来控制工业机器人系统的运动，编写终端用户程序，对机器人进行示教操作、手动操作，以及监视运动状态等。

1. KeTop T70 型机器人示教器的组成

KeTop T70 型机器人示教器采用高性能的 ARM Cortex A8 处理器，搭配 7in、9∶16 彩色触摸显示屏（分辨率为 600×1024），采用低功耗设计。另外，该示教器具有 USB 接口，可以通过该接口将工业机器人程序数据传输到移动设备中。KeTop T70 型机器人示教器的正面由操作按钮、指示灯、模式选择开关和急停按钮组成，背面则包含使能按钮和加减速点动按键，如图 4-12 所示。

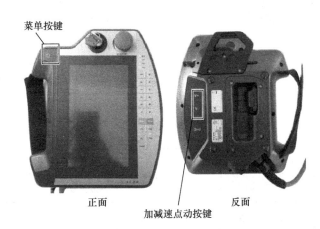

图 4-12　示教器的组成

（1）指示灯　示教器右上角设有 4 个指示灯，用来表征工业机器人的运行状态。指示灯的功能见表 4-3。

表 4-3　指示灯的功能

序号	名　称	功　能
1	RUN	系统运行指示灯。工业机器人正常起动时，该指示灯点亮
2	ERR	错误报警指示灯。当系统出现错误时，该指示灯点亮，清除错误信息后熄灭
3	PWR	伺服通电指示灯。工业机器人伺服电动机通电后，该指示灯点亮；伺服电动机断电后，该指示灯熄灭
4	PRO	自动运行指示灯。当工业机器人处于自动模式时，该指示灯点亮；处于手动模式时，该指示灯熄灭

（2）示教器的按钮　示教器正面有许多按钮，用来控制工业机器人的运动。按钮的功能见表 4-4。

表 4-4　按钮的功能

序号	图标	名称	功能
1		急停按钮	当工业机器人出现意外动作或危险时，按下该按钮，工业机器人停止动作，在屏幕上显示急停提示信息。顺时针方向旋转该按钮可解除急停状态，其功能与主控柜急停按钮相同
2		模式选择开关	手动模式（示教模式）：在该模式下，操作者可通过示教器对工业机器人进行手动操作、示教记录和编程操作等。手动模式下只有按下使能开关，工业机器人才能动作
			自动模式（再现模式）：在该模式下，可以对示教完的程序进行再现运行，以及对各种条件文件进行设定、修改或删除。此模式下外部设备发出的起动信号无效
			远程模式（自动扩展模式）：工业机器人通过外部输入信号进行操作，可以进行接通伺服电源、起动、调出主程序、设定循环等与开始运行有关的操作，数据传输功能有效，示教器失去对工业机器人的控制权，只有急停按钮有效
3		主菜单键	
4	− +	点动按键	手动模式下点动调节工业机器人的位置。按下"＋"按键，工业机器人以正方向运动；按下"－"按键，工业机器人以负方向运动（注意坐标类型）
5	Start Stop	起动/停止程序按钮	按下"Start"按钮，工业机器人执行程序；按下"Stop"按钮，工业机器人程序停止
6	F1	报警复位按键	一键清除所有报警信息
7	F2	功能扩展键	预留功能按键
8	PWR	伺服电动机通电按键	自动模式下有效，按下后伺服电动机得电起动，示教器上的 PWR 指示灯点亮；再次按下该按键，伺服电动机电源关闭
9	Jog	坐标变换按键	切换手动操作时工业机器人运行的坐标系，切换顺序为关节坐标系→工具坐标系→世界坐标系→工件坐标系（设定工件坐标时显示）
10	Step	单步/连续运行按键	程序运行模式选择按键。工业机器人单步运行时，每执行一条指令，程序暂停；工业机器人连续运行时，连续运行完所有指令后停止

　　为保证操作人员的安全使用，示教器背面设有工业机器人使能按钮。使能按钮共有三种状态，分别是自然状态、起动状态和紧急状态。

　　使能按钮在自然状态下是抬起的，伺服电源关闭，无法对工业机器人进行手动操作。当操作者轻压使能按钮时，听到"咔"的一声，表示工业机器人伺服电动机开启，做好动作准备，此时操作者可以通过示教器的手动操作按钮进行操作。操作者在发生危险时将本能地松开或按紧使能按钮，工业机器人的伺服电源同样会断开，工业机器人停止运行。这样设计可以最大限度地保障操作者的安全。

点动按键用于调节工业机器人手动运行时的速度比例，通过按"V＋"或"V－"按键，可以在手动模式下点动调节工业机器人的速度。按下"V＋"按键，工业机器人的运行速度加快；按下"V－"按键，工业机器人的运行速度减慢。

（3）示教器的操作界面　KeTop 型机器人示教器的操作界面上包含了机器人参数设置、机器人编程、位置监控、变量监控等功能，如图 4-13 所示，用户可以通过单击触摸屏选择相应的功能，各子菜单选项说明见表 4-5。

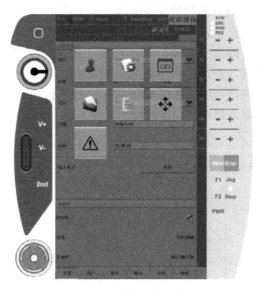

图 4-13　示教器的操作界面

表 4-5　子菜单选项说明

序号	图标	名　称	子菜单项	功　能
1		用户管理	无	无
2		配置管理	维护	系统设置和登录界面，主要完成用户的登入和登出、选择操作者的操作权限、系统语言和时间设置、自动锁屏时间设置等
			输入输出监测	监控和设置工业机器人数字输入输出模块中各输入输出点的状态
			驱动器监测	监测伺服电动机驱动器的参数设置
3		变量管理	变量监测	监测或建立系统变量、全局变量及项目变量
			监控	监控系统中使用的工具坐标变量
			位置	监控和设置示教程序中的各示教点
4		项目管理	项目	项目管理界面，用来显示当前已经被加载的项目或者程序
			执行	显示正在执行过程中的项目和程序，具体内容包括执行程序的类型、状态、模式等
5		程序管理	无	显示正在加载的程序文件界面
6		位置管理	位置	监控和设置工业机器人当前的运动状态
			工具手对齐	对齐工业机器人各轴的位置
7		报警信息处理	报警	查看报警信息
			报告	查看工业机器人运行的所有工作日志

（4）示教器的系统状态显示栏　示教器界面的顶部为工业机器人系统状态显示栏，显示信息包含操作模式、工业机器人状态、动作坐标系、工业机器人速度、项目与程序、程序状态、工具手、用户等级等等，如图4-14所示。系统状态显示栏中各图标的功能见表4-6。

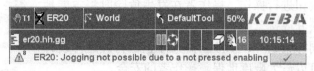

图4-14　系统状态显示栏

表4-6　系统状态显示栏中各图标的功能

序号	名称	图标	功能
1	操作模式	T1	工业机器人处于手动模式
		A	工业机器人处于自动模式
		AE	工业机器人处于远程模式
2	工业机器人状态	ER20 / ER20	表示工业机器人伺服电动机是否通电。当图标背景为绿色时，表示工业机器人伺服电动机通电，可以动作；图标背景为红色时，表示伺服电动机断电，工业机器人不能动作。ER20为工业机器人的名称
3	动作坐标系	World	表示工业机器人所处的坐标系，包括World（世界坐标系）、Tool（工具坐标系）、Joint（关节坐标系）。当工业机器人处于基坐标系状态时，显示栏背景为灰色；如果切换至其他状态，则背景变为红色
4	工业机器人速度	50%	表示工业机器人当前运行的速度比例，50%表示工业机器人当前运行速度为其最大速度的50%
5	项目与程序	er20.hh.gg	表示工业机器人运行的项目和程序。图示为工业机器人加载的是项目名为"hh"的gg程序文件
6	程序状态		表示工业机器人程序运行的状态，红色方块为停止状态，绿色箭头为运行状态，橙色竖线为暂停状态
7	工具手	DefaultTool	表示工具手状态。DefaultTool显示栏背景为灰色时，表示当前工具手为默认工具；如果切换至其他工具手，则背景变为红色
8	用户等级	16	显示当前操作用户的操作等级
9	动作循环模式	STEP	单步运行模式。操作者按下Start按键，工业机器人只执行一条指令；若要继续执行，则需再次按下Start按键
		CONT	连续运行模式。此时操作者按下Start按键，工业机器人连续执行程序中的所有指令
		MSTP	连续单步运行模式

（续）

序号	名称	图 标	功 能
10	LOGO	**KEBA** 10:15:14	KEBA 机器人控制器公司的商标 当前系统时间
11	信息栏	⚠⁸ ER20:	显示工业机器人运行过程中发生的错误或报警信息。按下 ✓ 按键，可清除一行信息
12	区域监控		开启区域监控功能时，若工业机器人末端在指定区域外，则显示栏背景为灰色；若工业机器人末端在指定区域内，则显示栏背景为红色

2. KeTop T70 型机器人示教器的操作方式

KeTop T70 型机器人示教器适合惯用手为右手的人操作，操作时左手四根手指套进挂带里并握持示教器，避免失手掉落，右手进行按键操作或触摸屏单击操作。当工业机器人处于手动模式时，左手四根手指还需要轻压使能按钮，如图4-15所示。操作者使用示教器时，需时刻将示教器拿在手上，不要随意乱放。工业机器人电缆线顺放在不易踩踏的位置，使用中不要用力拉拽，应留出宽松的长度。

图 4-15 示教器的握持方法

4.3 HR20-1700-C10 工业机器人系统的起动与停止

4.3.1 主电源的接通和断开

1. 主电源的接通

HR20-1700-C10工业机器人的主电源位于主控制柜上方位置。沿顺时针方向旋转主控制柜的电源旋钮，使其处于竖直状态，则工业机器人主电源接通。接通主电源后，工业机器人执行初始化诊断程序，示教器进入起动画面。若示教器正常起动且无任何报警信息，则经过2min左右，示教器系统将进入工作界面。按下工业机器人控制柜上的开伺服按钮，伺服电动机通电，工业机器人进入等待运动状态。

按下控制柜上的开伺服按钮后，绿色指示灯应点亮。如果不亮，则检查控制柜和示教器的急停按钮是否被按下，复位后重新按下开伺服按钮。

2. 主电源的断开

在确定操作人员及工业机器人周边设备的安全后，才可以对工业机器人进行断电操作。首先关闭工业机器人已加载的程序，然后按下关伺服按钮，查看示教器PWR指示灯是否熄灭，最后沿逆时针方向旋转控制柜上的主电源开关，关闭主电源。如果不按此步骤操作，可能使工业机器人丢失设置信息，处于未知状态，从而影响其再次运行。

另外，切勿高频率开关工业机器人伺服电源，否则会对工业机器人驱动器内部造成伤害，并且在总电源关闭后，需要等待1~2min，待工业机器人内部电气元件彻底断电后，再重新起动。

4.3.2　急停按钮和安全护栏

工业机器人的控制柜和示教器上都安装了急停按钮，当工业机器人发生意外故障时，为了保证操作人员和设备的安全，须及时按下急停按钮。按下急停按钮后，工业机器人伺服电源被切断，工业机器人停止正在运行的程序并停止动作，同时控制面板的红色伺服电源停止指示灯点亮。排除故障后，可沿顺时针方向旋转并松开急停按钮，急停信号断开，但伺服电动机仍然处于断电状态，需要手动按下开伺服按钮恢复。

由于在运行过程中，工业机器人的动作速度快、范围大，且经常有突然起动的动作，对进入工业机器人动作范围的人来说相当危险，因此设备的安全防护非常重要。一般在工业机器人工作站的四周设有安全护栏，安全护栏内的人工操作区域为封闭式结构，两侧设有挡板防止人员违规进入，并且在操作区域安装了安全光栅，用来保护操作者的安全。安全护栏上还配有供维护人员进出的安全门，安全门上安装有安全锁，当安全门打开时安全锁发出报警信号，工业机器人无法起动，从而保证了维修人员的人身安全。安全护栏示意图如图 4-16 所示。

图 4-16　安全护栏示意图

4.4　HR20-1700-C10 工业机器人的手动操作

4.4.1　系统登录

示教器上电且经过初始化过程后，会自动进入系统登录界面。此时工业机器人无法进行操作，用户按照使用等级登录，获得工业机器人操作权限后，才可以进行手动或示教操作。系统登录过程如下：

1）切换模式选择开关，选择手动模式。

2）单击主菜单键，选择 图标，选择下级菜单中的"维护"按钮，如图 4-17 所示；单击"维护"按钮后，进入系统登录界面，如图 4-18 所示。

3）单击"User"选项后的下拉菜单，选择"Administrator"用户类型，弹出密码输入软键盘，输入登录密码"pass"（小写），单击确认按钮 ，完成登录，如图 4-19 和图 4-20 所示。输入后系统自动将当前操作系统的语言设置为中文，系统状态显示栏中显示当前

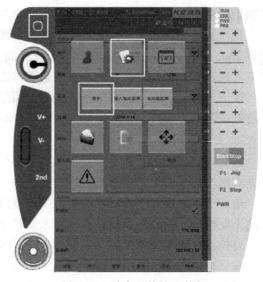

图 4-17　单击"维护"按钮

登录等级为"16"，表示用户拥有示教器操作的最高权限。如果用户需要切换使用权限，可以单击权限选项区中的 注销 按钮，注销当前登录的用户，如图4-21所示。

用户登录权限说明见表4-7。

图 4-18　系统登录界面

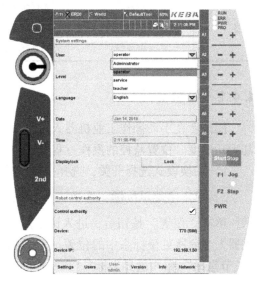

图 4-19　选择"Administrator"

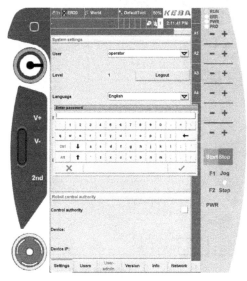

图 4-20　登录软键盘

图 4-21　用户登录界面

表 4-7　用户登录权限说明

序　号	用 户 名 称	用 户 权 限	用 户 等 级
1	"Administrator"（管理员）	最高权限，用户可以进行配置、更改不同用户的登录密码等操作，可以完成手动操作、示教编程等任务	16
2	"operator"（操作员）	最低权限，用户只可以观察工业机器人的程序和变量，无权修改	1

（续）

序　号	用户名称	用户权限	用户等级
3	"teacher"（示教员）	较高权限，用户只可以修改工业机器人程序和变量，但无权删除其他用户类型	7
4	"service"（服务商）	较高权限，用户可以实现除删除、注册用户类型以外的所有功能	15

4.4.2　位置监控

操作者在手动操作工业机器人时，可以根据动作需要观察工业机器人的当前位置及设定其运动速度。位置监控的操作过程如下：

1）切换模式选择开关，选择手动模式。

2）单击主菜单按键，选择 图标，选择下级菜单中的"位置"按钮，如图 4-22 所示；单击"位置"按钮后，进入位置监控界面，如图 4-23 所示，可以在此界面中监控工业机器人当前所处坐标系中的位置。示教器界面底部左侧有三个按钮，分别是"电机数值""关节坐标"和"世界坐标"。

图 4-22　选择"位置"按钮

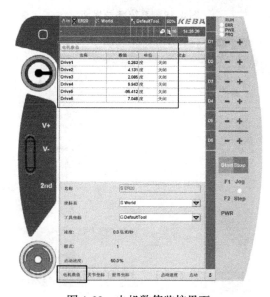

图 4-23　电机数值监控界面

3）单击"电机数值"按钮，示教器屏幕上方界面显示工业机器人六个轴的伺服电动机的当前位置（相对于编码器零点实际转动的角度）和伺服电动机的状态（关闭或者同步状态），如图 4-23 所示。

4）单击"关节坐标"按钮，示教器上方界面显示工业机器人在关节坐标系中的关节坐标值，即六个关节相对于原点的角度偏移，如图 4-24 所示。同一位置的电动机数值和关节坐标不一定一致，当六轴电动机运转时，由于 J_5 轴和 J_6 轴存在耦合，J_6 轴的关节坐标并没有改变。

5）按下"世界坐标"按钮，示教器界面上方显示世界坐标系下工业机器人末端的位置和姿态，即工业机器人在世界坐标系下的坐标值，如图4-25所示。

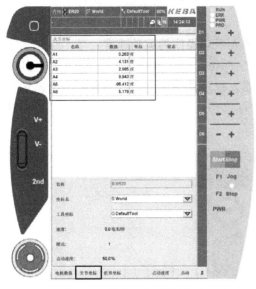

图4-24　关节坐标监控界面

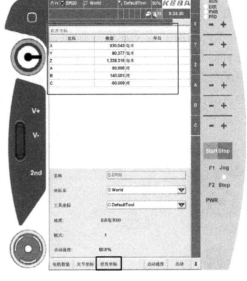

图4-25　世界坐标监控界面

位置监控界面中部显示工业机器人系统信息，包括工业机器人的名称、手动操作的参考坐标系、手动操作选择的工具坐标等，如图4-26所示。各项信息说明如下：

① 名称：当前系统中工业机器人的名称。"ER20"代表当前使用的工业机器人为汇博20kg级工业机器人。

② 坐标系：工业机器人当前使用的参考坐标系。单击下拉菜单可选择不同的坐标系，包括

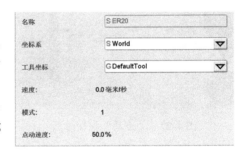

图4-26　工业机器人系统信息

World（世界坐标系，默认选项）、RobotBase（基坐标系，如果系统中只有一个工业机器人，则世界坐标系和基坐标系是重合的）和使用中的工件坐标系。

③ 工具坐标：工业机器人当前使用的工具坐标系。单击下拉菜单可选择不同的工具坐标系，包括DefaultTool（系统默认工具坐标系）、用户自定义的工具坐标系（如果用户没有建立工具坐标系变量，则此处不显示）、Flange（法兰坐标系）和noWp坐标系。

④ 速度：工业机器人当前的速度。

⑤ 点动速度：工业机器人的手动运行速度。"50%"表示工业机器人当前的速度为手动最大速度的50%。

4.4.3　速度监控

单击界面底部右侧的"点动"和"点动速度"按钮后，进入工业机器人手动操作的相应界面。具体步骤如下：

1）单击"点动"按钮选择手动模式。选择"电机数值"，操作者可以按照单独控制电动机的方式进行操作；选择"关节坐标"，操作者可以按照关节坐标的方式进行操作；选择"世界坐标"，操作者可以按照基坐标的方式进行操作；选择"工具坐标"，操作者可以按照工具坐标的方式进行操作，如图 4-27 所示。

2）单击"点动速度"按钮，可以调整工业机器人手动操作的运动速度。单击后显示工业机器人增量倍率，包括"100%""50%""25%""10%""1.0inc"和"0.1inc"。其中"100%""50%""25%"和"10%"表示工业机器人在手动模式下的运动速度占全速运行的百分比。"1.0inc"和"0.1inc"为点动按钮，每单击一下点动按钮，工业机器人移动 1mm 和 0.1mm 或回转 1°和 0.1°，如图 4-28 所示。

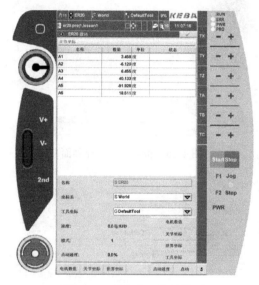

图 4-27　"点动"按钮界面

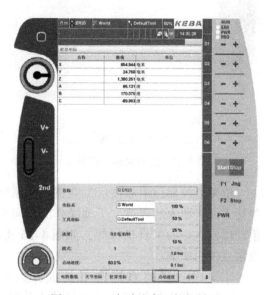

图 4-28　"点动速度"按钮界面

4.4.4　手动操作

工业机器人操作者可以通过操作示教器上的按钮对工业机器人进行手动操作。选择不同的操作模式，工业机器人的运行方式也不同，如关节坐标系下的单轴运动，基坐标系、工具坐标系和工件坐标系模式下的线性运动和回转运动。

1. 关节坐标系下的单轴运动

工业机器人某个关节轴的运动，称为工业机器人的单轴运动。在一些特别的场合，必须使用单轴运动来操作机器人。例如，在更新工业机器人计数器数据、工业机器人出现机械限位和软件限位，或者工业机器人从奇异点位置运动时，必须通过单轴运动使工业机器人运动到合适的位置。单轴运动方便快捷，运动速度快，是一种常用的手动操作方式。

HR20－1700－C10 工业机器人的单轴运动操作步骤如下：

1）将示教器的操作模式调至手动模式。

2）切换工业机器人控制柜的使能开关，将使能功能打开，获得工业机器人的操作权限。

3）系统登录，选择"Administrator"用户权限。

4）单击"Jog"按键，切换至关节坐标系手动操作模式，左侧显示"A1、A2、A3、A4、A5、A6"，表示工业机器人处于关节坐标模式，如图4-29所示。

5）轻压示教器背面的使能按钮，工业机器人伺服电动机通电。

6）单击示教器右侧的"＋"和"－"按钮。单击"＋"按钮，工业机器人沿轴正向运动；单击"－"按钮，工业机器人沿轴反向运动。当操作者同时按下两个或两个以上的轴操作按钮时，工业机器人做合成式运动。但是，同时按下一根轴的正、反方向操作按钮时，工业机器人不运动。

关节坐标系下各关节轴的动作见表4-8。

图4-29 关节坐标系下的手动操作

表4-8 关节坐标系下各关节轴的动作

轴 名 称		轴操作按钮	动 作
基本轴	A1轴	＋ －	腰关节旋转运动
	A2轴	＋ －	肩关节俯仰运动
	A3轴	＋ －	肘关节俯仰运动
腕部轴	A4轴	＋ －	肘关节旋转运动
	A5轴	＋ －	腕关节俯仰运动
	A6轴	＋ －	腕关节旋转运动

2. 直角坐标系下的线性运动和回转运动

工业机器人的直角坐标运动是指工业机器人末端在直角坐标系下做直线运动和回转运动。直线运动是指工业机器人末端沿着直角坐标系中的 X、Y、Z 轴做直线运动；回转运动是指工业机器人末端绕着 X、Y、Z 轴做回转运动。直线运动和回转运动的移动幅度小，适合较为精确的定位和移动。工业机器人的直角坐标系包括基坐标系、工具坐标系和工件坐标系，因此直角坐标系手动操作也分为基坐标系手动操作、工具坐标系手动操作和工件坐标系手动操作。

（1）基坐标系手动操作

1）单击"Jog"按钮，切换至基坐标系手动操作模式，界面显示"X、Y、Z、A、B、C"，表示工业机器人处于基坐标模式，如图4-30所示。

2）轻压示教器背面的使能按钮，使工业机器人的伺服电动机通电。

3）单击示教器右侧的"＋"和"－"按钮。单击"＋"按钮，工业机器人沿基坐标轴正向运动；单击"－"按钮，工业机器人沿基坐标轴反向运动。当操作者同时按下两个及两个以上操作按钮时，工业机器人做合成式运动。但是，同时按下一个方向的正、反方向按钮时，工业机器人不运动。

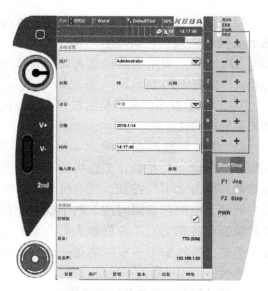

图 4-30　基坐标系手动操作

工业机器人在基坐标系下的动作见表4-9。

表 4-9　基坐标系下的动作

轴　名　称		轴操作按钮	动　作
位置修改	X	＋　－	沿 X 轴前后移动
	Y	＋　－	沿 Y 轴左右移动
	Z	＋　－	沿 Z 轴上下移动
姿态修改	A	＋　－	腕部轴转动时控制点保持不动，沿 X 轴中心回转
	B	＋　－	腕部轴转动时控制点保持不动，沿 Y 轴中心回转
	C	＋　－	腕部轴转动时控制点保持不动，沿 Z 轴中心回转

（2）工具坐标系手动操作

1）单击"Jog"按钮，切换至工具坐标系手动操作模式，界面显示"TX、TY、TZ、TA、TB、TC"，如图4-31所示。

2）轻压示教器背面的使能按钮，使工业机器人的伺服电动机通电。

3）单击"＋"按钮，工业机器人沿工具坐标轴正向运动；单击"－"按钮，工业机器人沿工具坐标轴反向运动。

4）系统默认在 Tool0 坐标系下运动，如果要使用其他工具坐标系，则需要进行工具坐标变量的选择。

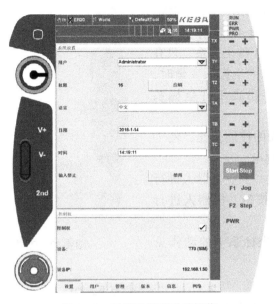

图 4-31　工具坐标系手动操作

工业机器人在工具坐标系下的动作见表 4-10。

表 4-10　工具坐标系下的动作

轴　名　称		轴操作按钮	动　作
TCP 位置修改	TX	**+**　**−**	沿工具坐标系 X 轴前后移动
	TY	**+**　**−**	沿工具坐标系 Y 轴左右移动
	TZ	**+**　**−**	沿工具坐标系 Z 轴上下移动
TCP 姿态修改	TA	**+**　**−**	腕部轴转动时控制点保持不动，沿工具坐标系 X 轴中心回转
	TB	**+**　**−**	腕部轴转动时控制点保持不动，沿工具坐标系 Y 轴中心回转
	TC	**+**　**−**	腕部轴转动时控制点保持不动，沿工具坐标系 Z 轴中心回转

（3）工件坐标系手动操作

1）单击"Jog"按钮，切换至工件坐标系手动操作模式，界面显示"RX、RY、RZ、RA、RB、RC"，如图4-32所示。注意：系统中没有预先定义工件坐标系，只有当用户自行定义了一个工件坐标系变量时，单击"Jog"按钮后才会出现工件坐标系选项。

2）按下示教器背面的使能按钮，使工业机器人的伺服电动机通电。

3）单击"+"按钮，工业机器人进行正向运动；单击"-"按钮，机器人进行反向运动。

工业机器人在工件坐标系下的动作见表4-11。

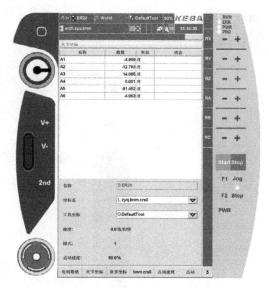

图4-32　工件坐标系手动操作

表4-11　工件坐标系下的动作

轴　名　称		轴操作按钮	动　作
位置修改	RX	+ -	沿工件坐标系 X 轴平行前后移动
	RY	+ -	沿工件坐标系 Y 轴平行左右移动
	RZ	+ -	沿工件坐标系 Z 轴平行上下移动
姿态修改	RA	+ -	腕部轴转动时控制点保持不动，沿工件坐标系 X 轴中心回转
	RB	+ -	腕部轴转动时控制点保持不动，沿工件坐标系 Y 轴中心回转
	RC	+ -	腕部轴转动时控制点保持不动，沿工件坐标系 Z 轴中心回转

4.4.5　示教器报警信息处理

用户可以通过示教器的报警信息处理菜单查看工业机器人的常用信息。通过这些信息可以了解工业机器人当前所处的状态以及存在的错误和问题。进入报警信息处理菜单的方法如下：

1）单击示教器的主菜单键。

2）单击 ⚠ 图标，选择"报警信息处理"子菜单，如图4-33所示。

3）进入报警或者报告界面后，用户可以查看报警信息或者日志，如图4-34所示。显示内容为操作工业机器人进行的事件记录，其中包括时间日期等，以方便为分析相关事件提供准确时间。

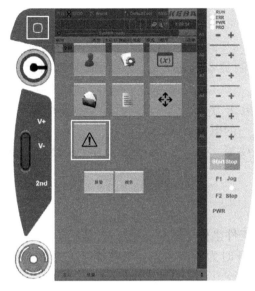

图4-33　"报警信息处理"子菜单

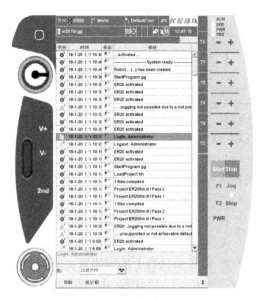

图4-34　查看报警信息或日志

4）示教器还具有报告信息组的过滤器，可以根据需要过滤无用信息。如图4-35所示，单击"信息过滤器"，弹出过滤子菜单，工业机器人按照错误、警告、信息、应用和系统进行分类过滤。

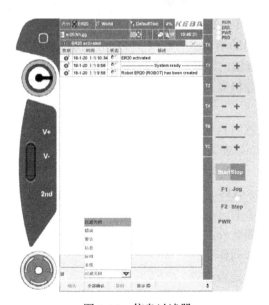

图4-35　信息过滤器

5）如果需要清除所有信息，则单击下方的"全部确认"按钮；如果需要单独清除，则选择需要清除的信息，然后单击下方的"确认"按钮。

思 考 与 练 习

一、填空题

1. HR20－1700－C10 工业机器人系统是由_____，_____，_____等组成的。

2. HR20－1700－C10 工业机器人系统的控制器型号是_____，该控制器是由_____，_____、_____和_____组成的。

3. HR20－1700－C10 工业机器人系统的输入电压为_____V，经过变压器变压后，三相 200V 为_____的电源，单相 220V 是_____的电源。

4. 工业机器人控制柜在关机后再次开启电源需要等_____ min，频繁开关机会对工业机器人伺服电动机驱动器造成损害。

二、选择题

1. 下列不属于手动操作机器人模式的是（　　）。

A. 单轴运动　　　　B. 工具坐标运动　　　　C. 工件坐标运动　　　　D. 重复运动

2. 轻压示教器上的使能开关时为通电状态，松开时为断电状态，当使能开关握紧力过大时，为（　　）状态。

A. 不变　　　　　　B. 通电　　　　　　　　C. 断电

3. HR20 型工业机器人示教器的速度调节按钮位于示教器的（　　）面，当按下（　　）调节按钮时，工业机器人的手动操作速度增加。

A. 正，V＋　　　　B. 背，V－　　　　　　C. 背，V＋　　　　　　D. 正，V－

4. 对工业机器人进行示教时，作为示教人员必须事先接受过专门的培训；与示教作业人员一起进行作业的监护人员，处于工业机器人可动范围外时，（　　），可进行共同作业。

A. 不需要事先接受专门的培训　　　　　　B. 必须事先接受专门的培训

5. 在工业机器人动作范围内示教时，需要遵守的事项有（　　）。

① 保持从正面观看工业机器人

② 遵守操作步骤

③ 考虑工业机器人突然向自己所处方位运行时的应变方案

④ 确保设置躲避场所，以防万一

A. ①②　　　　　　B. ①②③　　　　　　C. ①③④　　　　　　D. ①②③④

6. 对工业机器人进行示教时，为了防止工业机器人的异常动作对操作人员造成危险，作业前必须进行检查的项目有（　　）等。

① 工业机器人外部电缆线外皮有无破损

② 工业机器人有无异常动作

③ 工业机器人制动装置是否有效

④ 工业机器人急停装置是否有效

A. ①②　　　　　　B. ①②③　　　　　　C. ①③④　　　　　　D. ①②③④

三、简答题

1. 说明工业机器人系统的基本组成，并指出各部分在系统中的作用。

2. 汇博 HR20 工业机器人主控柜的通电顺序和断电顺序分别是怎样的？

3. 简述工业机器人安全操作规程。

4. 检查工业机器人工作站状态指示灯（图4-36），在表4-12中填写各指示灯和按钮的功能。

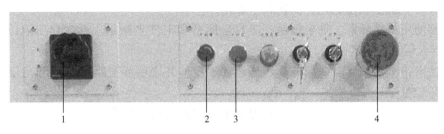

图4-36　工业机器人主控柜控制面板

表4-12　指示灯和按钮的功能

序　号	功　　能
1	
2	
3	
4	

5. 观察工业机器人状态显示区（图4-37），说明工业机器人所处的状态。

图4-37　工业机器人状态显示区

四、实践操作题

1. 手动操作工业机器人，使其依次执行如下动作。

1）调至位置监控界面，利用位置监控界面，手动操作工业机器人回到初始位置，初始位置的关节坐标为（0°，0°，0°，0°，-90°，0°）。

2）以当前位置为起点，按照单轴运动模式手动操作工业机器人，操作过程如下：

① 操作工业机器人 J_1 轴正向转动30°。

② 操作工业机器人 J_1 轴反向转动15°。

③ 操作工业机器人 J_2 轴正向转动12°。

④ 操作工业机器人 J_2 轴反向转动10°。

⑤ 操作工业机器人 J_3 轴反向转动40°。

⑥ 操作工业机器人 J_4 轴正向转动30°。

⑦ 操作工业机器人 J_5 轴正向转动90°。

⑧ 操作工业机器人 J_6 轴正向转动130°。

2. 在直角坐标系下手动操作工业机器人末端的位置。

1）调至监控界面，实时监控工业机器人各轴的当前位置。

2）手动操作工业机器人沿着 X 轴正向移动 50mm，沿 Y 轴负向移动 100mm，沿 Z 轴正向移动 60mm。

3）保持坐标系不变，手动操作工业机器人分别沿着 A、B、C 方向转动。

3. 打开工业机器人控制柜，认识其中各元件。

4. 分别使用基坐标系、轴坐标系、工具坐标系和工件坐标系手动操作工业机器人，观察工业机器人运动状态的区别。

5. 手动操作工业机器人，调节其步进运动幅度，并说明步进运动位移和角度的最小单位及其实现方法。

6. 通过网络查找另一款示教器，利用 PPT 说明该款示教器的各种功能。

第5章 HR20-1700-C10工业机器人的示教编程

学习目标

- 知识目标：了解工业机器人的几种常用编程方式；掌握工业机器人示教编程的基本步骤；会使用 KAIRO 编程语言建立与编写工业机器人程序；会使用 KAIRO 编程语言中的变量；会添加和管理 KAIRO 程序中的各种指令。
- 能力目标：会使用 KeTop 示教器进行示教程序的建立、编辑与修改；会使用 KAIRO 编程语言进行变量的建立与修改；会进行简单的工业机器人示教编程。

5.1 工业机器人的编程方式

工业机器人的编程方式是操作人员参与工业机器人控制和联系的方式。当今工业机器人的主要编程方式一般分为三种：示教编程方式、离线编程方式和虚拟现实编程方式。

5.1.1 示教编程方式

当前绝大多数工业机器人采用示教编程方式，即"示教-再现"式编程方式。示教是指对工业机器人的引导过程，即操作人员直接或者间接引导工业机器人按照实际工作要求，一步一步地告知工业机器人应该完成的动作、轨迹和运动方式等具体内容。工业机器人在引导过程中进行学习，并把引导过程中的内容按照程序的形式记忆下来，存储在其控制装置中。再现是指工业机器人通过回放存储内容，在一定精度范围内按照程序展现所示教的动作和赋予的作业内容。

早期的工业机器人示教编程系统采用人工牵引的方式示教，即操作人员牵引装有力/力矩传感器的末端执行器对工件实施作业，工业机器人实时记录整个运行轨迹与工艺参数，然后准确再现整个作业过程。

当前工业机器人的主要示教设备为示教器。示教器是操作者对工业机器人进行手动操作、程序编写等控制或管理的手持操作装置。目前，各大机器人生产厂商的示教器各有特点，操作方法不同，编程指令也不同。但工业机器人的基本运动方式类似，程序结构也基本一致，掌握一种示教器的使用方法，其他类型示教器的使用也就容易掌握了。四家工业机器人厂商的示教器如图 5-1 所示。

目前，大部分工业机器人应用仍采用示教编程方式，主要集中在搬运、码垛、焊接等领域，示教编程轨迹简单，手工示教记录点不太多，编程门槛低，不需要环境模型，对实际的工业机器人进行示教时，可以修正由机械结构带来的误差。但示教编程过程繁琐、效率低，精度完全是靠示教者的目测决定的，而且对于复杂的路径，示教编程难以取得令人满意的效果。

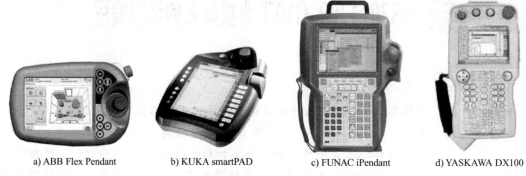

a) ABB Flex Pendant   b) KUKA smartPAD   c) FUNAC iPendant   d) YASKAWA DX100

图 5-1   四家工业机器人厂商的示教器

5.1.2   离线编程方式

离线编程是指编程人员通过使用软件，在计算机中重建整个工业机器人工作场景的三维虚拟环境，根据要加工零件的大小、形状、材料，同时配合编程人员的一些操作，自动生成工业机器人的运动轨迹。执行离线编程程序前，操作人员在离线编程软件中仿真与调整工业机器人的运动轨迹，最后生成程序传输给工业机器人。

目前国内应用较广的离线编程软件有 RobotArt、RobotWorks、RobotStudio、RobotMaster 等，如图 5-2 所示。

离线编程方式克服了示教编程方式的很多缺点，充分利用了计算机的功能。离线编程可脱离工业机器人本体，减少了编写程序所需要的时间成本，同时也在很大程度上避免了在线编程的不便之处。目前，离线编程方式广泛应用于打磨、去飞边、焊接、激光切割、数控加工等工业机器人新兴应用领域。

RobotArt   RobotWorks

RobotStudio   RobotMaster

图 5-2   常用离线编程软件

5.1.3   虚拟现实编程方式

随着计算机及相关学科的发展，特别是机器人遥控操作、虚拟现实、传感器信息处理等技术的进步，为准确、安全、高效的工业机器人示教提供了新思路，虚拟现实（Virtual Reality，VR）技术的出现和应用尤其吸引了众多机器人与自动化领域学者的注意，为用户提供了一种崭新而和谐的人机交互操作环境。虚拟现实作为一种高端的人机接口，允许用户通过声、像、力及图形等多种交互设备实时地与虚拟环境交互。根据用户端指挥或者动作提示，示教或监控机器人完成复杂的作业。利用虚拟现实技术进行示教是机器人学的新兴研究方向。

5.2　工业机器人示教的主要内容

示教编程的主要内容包括工业机器人 TCP 的运动轨迹、作业条件以及作业顺序。另外，工业机器人程序中包含了一连串控制工业机器人的指令，这也是操作人员在示教时设计编写的。

5.2.1　运动轨迹

运动轨迹是工业机器人完成某一作业时，其末端经过的路径。从运动方式上看，工业机器人有点对点（PTP）和连续轨迹（CP）两种运动形式；从运动路径上看，工业机器人有直线和圆弧两种运动类型。任何复杂的运动轨迹都是由它们组合而成的。

工业机器人运动轨迹上的点不需要全部示教，对于有规律的轨迹，原则上只需要示教几个程序点。例如对于直线轨迹，只需要示教直线起始点和直线结束点；对于圆弧轨迹，需要示教圆弧起点、圆弧中间点和圆弧结束点。

工业机器人运动轨迹的示教主要是确认程序点的属性，包括位置坐标、插补形式及动态参数。

1. 位置坐标

位置坐标是描述工业机器人 TCP 运动过程中经过的点的空间位置坐标，可以用关节坐标或者直角坐标表示。

2. 插补形式

插补形式是工业机器人再现运动时，从前一个程序点移动到当前程序点的运动形式。工业机器人常用的插补形式主要有关节插补、直线插补和圆弧插补。所谓的轨迹插补运算是伴随着轨迹控制过程一步步完成的，而不是在得到示教点之后一次完成，再提交给再现过程的。

3. 动态参数

动态参数是工业机器人再现运动时的参数，包括再现速度、再现加速度、再现减速度和逼近形式等。

5.2.2　作业条件

为了获得好的产品质量和作业效果，在轨迹示教再现之前，有必要合理配置工业机器人的作业条件。例如，工业机器人进行弧焊作业时的电流、电压、保护气体流量；进行点焊作业时的电流、压力、时间和点焊钳类型；进行喷涂作业时的涂料吐出量、选泵、气压和电压等。工业机器人作业条件的输入方式有三种。

1. 使用作业条件文件

输入作业条件的文件称为作业条件文件。例如，当工业机器人进行弧焊作业时，焊接条件文件有引弧条件文件、熄弧条件文件和焊接辅助条件文件。每种文件的调用由具有相应编号的文件指定。

由于工业机器人应用领域的不同，其控制系统所安装的作业软件包也有所不同，如弧焊作业软件、电焊作业软件、搬运作业软件、码垛作业软件、压铸作业软件、装配作业软件等。

2. 在作业命令的附加项中直接设定

采用该方法进行作业条件设定时，需要根据不同工业机器人指令的语言形式，对程序条件进行必要的编辑。对于附加项的修改，则主要通过示教器的相应按键来实现。

3. 手动设定

在某些应用场合，有关作业参数的设定需要手动进行，如弧焊作业的保护气体流量、点焊作业的焊接参数等。

5.2.3 作业顺序

作业顺序的设置主要包含两方面：作业对象的工艺顺序以及工业机器人和外围设备的动作顺序。

1. 作业对象的工艺顺序

在完成某些简单的作业时，一般将工艺顺序和工业机器人的运动轨迹整合在一起。也就是说，工业机器人在完成运动轨迹时，同时完成作业工艺。

2. 工业机器人和外围设备的动作顺序

在完整的工业机器人系统中，除了工业机器人本身以外，还包括一些外围设备，如变位机、移动滑台、自动工具快换装置等。工业机器人在完成相应作业时，其控制系统应与这些外围辅助设备有效配合，互相协调，以减少停机时间，降低设备故障率，提高设备的安全性，并获得理想的作业质量。

5.3 示教编程的基本步骤

操作人员进行示教编程时，一般包含五个主要工作环节：工艺分析、运动规划、示教编程、程序调试和再现运行。

1. 工艺分析

工艺分析是对现场的宏观分析，把整个生产系统作为分析对象。工艺分析可以改善生产过程中不合理的工艺内容、工艺方法、工艺程序和作业现场的空间配置。工业机器人的工艺分析根据所要实现任务的不同而有所不同。例如，进行搬运任务时，需要保证工业机器人使用科学合理的搬运方法，避免产品在搬运过程中发生磕碰而影响质量。又如，在完成机床上下料任务时，工业机器人的搬运工艺包含"与机床交换信息""抓取工件""与机床交换工件""放置工件"等一系列任务，这些运动都需要在示教之前进行工艺分析，以保证工业机器人在实施程序时运动过程完整、正确。

2. 运动规划

运动规划是运动过程中每个时刻工业机器人的路径规划。实际应用中需要根据实际需要规划工业机器人的运动轨迹，即根据任务要求，通过一定的方法，选取其中的关键点进行定位，示教出移动到的位置、移动方式、移动速度等，然后根据需要添加各种应用命令。

通常工业机器人的运动轨迹应设定成封闭型曲线，并分解成自由曲线、直线、圆弧的组合。一般情况下，工业机器人的基本运动轨迹包括其从原点开始运动到实际作业的起始位置，执行作业，到达作业结束位置，回到起始点结束的过程。

3. 示教编程

示教编程的过程包括示教前准备好调试工具，根据控制信号配置I/O接口信号，设定工具坐标系和工件坐标系；在编程过程中，需要使用示教器编写程序，同时示教目标点；最后，设定工业机器人的作业条件，保证工作过程的完整性。

（1）示教前的准备

1）安全措施确认。具体安全措施可参考第4章。

2）工件处理。在进行工业机器人示教编程前，需要对操作工件进行适当的处理。例如对焊接的钢板进行处理，包括使用钢刷、砂纸等工具对钢板表面的铁锈、油污等杂质进行清理，利用夹具将钢板固定在工作台上等。

3）工具确认。在进行编程前，还需要对工业机器人操作的工具进行确认，如工业机器人焊枪位置和参数的设置、工业机器人夹具的气路连接等。

4）工业机器人状态确认。确认工业机器人原点、速度和坐标系等。可以通过工业机器人机械臂各关节处的标记或调用原点程序复位工业机器人，来确认工业机器人的原点位置是否正确。检查当前工业机器人运行的坐标系，根据需要检测的目标选择坐标系。检查当前工业机器人的速度倍率，进行示教操作前，需要注意速度倍率不要太高，一般在30%以内。

（2）示教编程　程序是为保证工业机器人完成某项任务而设计的动作顺序描述，主要包括确定工业机器人的动作流程、规划运动轨迹、确定示教点及编写程序。

（3）设定作业条件　如工业机器人焊接作业条件中，设定焊接开始和结束规范、焊接动作顺序，调节保护气体流量，合理配置焊接参数等。

4. 程序调试

在完成工业机器人程序的编辑后，通常需要对程序进行手动调试。调试的目的有两个：一是检查程序中的位置点是否正确，有无缺漏；二是检查程序中的逻辑控制是否合理和完善。一般采用以下方式来确认工业机器人示教轨迹是否与期望轨迹一致。

（1）单步运行　通过逐行执行当前行的程序语句，工业机器人实现两个临近程序点间的单步正向或反向移动。工业机器人每执行一行程序，动作都会暂停，直到操作者执行下一行指令。

（2）连续运行　通过连续执行示教程序，从程序的起始行执行到程序末尾，工业机器人完成所有程序点的正向连续运动，从而判断工业机器人作业是否符合预期要求。

5. 再现运行

示教操作经过程序调试无误后，将工业机器人调为"再现/自动"位置，运行示教过的程序，完成对作业的再现。工业机器人自动再现的启动方式有两种：一种是利用示教器的"Start"按钮来启动程序，适合作业任务编辑和测试阶段；另一种是利用外部设备输入信号启动程序，输入信号可以由外部按钮或PLC实现，适合具有外部控制器的工业机器人工作站。

工业机器人示教编程流程如图5-3所示。

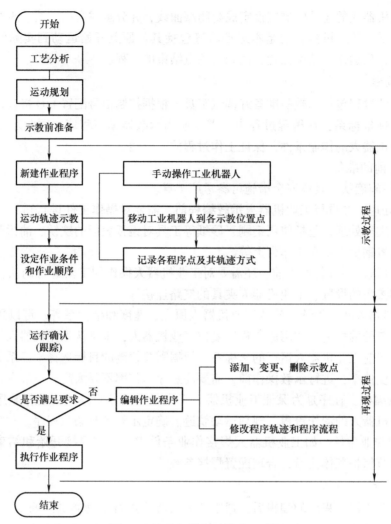

图 5-3　工业机器人示教编程流程

5.4　HR20 型工业机器人的示教编程

目前，机器人的编程语言还不是通用语言，各机器人生产厂商都有自己的编程语言，如 ABB 机器人编程采用 RAPID 语言，FANUC 机器人采用 KAREL 语言。虽然各生产厂商的机器人编程语言的语法规则和语言形式有所不同，但机器人所具有的功能基本相同，其关键特性也十分相似。只要掌握了某厂商机器人的示教和编程方法，对其他厂商的机器人编程也容易上手。

5.4.1　HR20 型工业机器人的示教编程语言

HR20 型工业机器人采用 KEBA 公司开发的 KAIRO 编程语言，这种编程语言属于终端用户程序语言，是一种编译型程序设计语言。KAIRO 编程语言的编程方式同 C 语言十分相似，编程方式简单易懂，具有很好的可读性，便于改进、扩展和移植。

KAIRO 编程语言的基本格式如下：

1）KAIRO 编程语言采用模块化结构进行编程，机器人程序由一个项目文件（Project）组成，项目由若干个子程序构成。这些子程序根据不同的用途建立，是用于完成特定任务的基本功能单元。

2）KAIRO 语言有且只有一个主程序模块，程序名为"MAIN"。主程序是程序执行的入口，机器人通电后，无论工程内包含多少个程序，始终是从 MAIN 程序开始执行，到 MAIN 程序结束。其他程序可被主程序调用或相互调用，共同实现控制功能。

3）KAIRO 编程语言的程序代码由英文大小写字母、数字和下划线组成。KAIRO 语言保留了一些特殊的字符，它们具有固定的名称和含义，用户不能用作其他用途。

4）KAIRO 机器人程序是由程序模块与系统模块组成的。用户通过建立程序模块来编写机器人的程序，系统模块多用于系统方面的控制之用，一般不需要用户来修改。

5）机器人程序模块由一系列程序指令和程序数据组成。程序指令是用户对机器人下达的命令，实现对机器人的运动控制和流程控制；程序数据则是机器人程序中的设定值和定义的一些环境数据，用于机器人控制中的输入/输出、设置等。

5.4.2 示教程序文件管理

1. 建立程序文件

建立 KAIRO 程序文件的过程如下：

1）单击示教器的主菜单键，单击 图标，选择"项目"选项，如图 5-4 所示。进入文件管理界面，该界面显示当前该工业机器人系统中包含的所有项目文件和程序文件。选择相应的项目文件，单击文件前的"＋"可展开显示该项目文件中包含的程序列表，如图 5-5 所示。

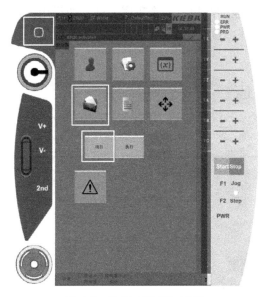

图5-4 选择"项目"选项

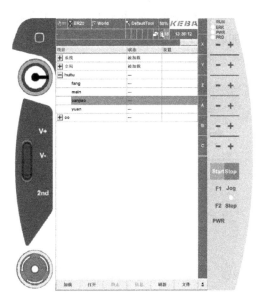

图5-5 程序列表

2）单击右下角的"文件"按钮，选择"新建项目"选项，如图5-6所示。

3）在弹出的对话框中完成对新建项目和新建程序文件的命名，此处新建项目名为"proj1"，程序名为"lesson1"，如图5-7所示，完成程序文件的建立。项目和程序文件名用于识别存入控制器内存中的程序，在同一个目录下不能包含两个或更多拥有相同程序名的程序，程序名的长度不超过8个字符。

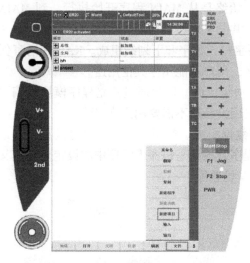

图5-6　选择"新建项目"选项

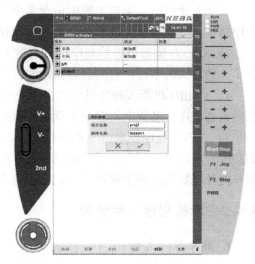

图5-7　新建项目与程序

2. 加载和打开程序文件

1）选中建立的程序文件，单击屏幕左下角的"加载"按钮，加载执行"proj1"项目中"lesson1"程序文件，进入程序编辑界面。单击右下角箭头按钮为返回上级菜单。

在加载的情况下，用户可以对程序文件进行修改、示教、运行等操作，程序文件的编辑界面背景为白色，如图5-8所示。工业机器人每次只能加载执行一个程序文件，如果用户需要加载执行其他程序文件，则需选择相应的程序文件，按下"终止"按钮，终止程序，如图5-9所示。

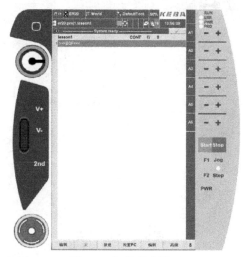

图5-8　加载程序界面

图5-9　"终止"按钮

2）选中程序文件，单击屏幕左下角的"打开"按钮，可以打开选中的程序文件。程序文件在打开的情况下，用户只能阅读和修改程序，而无法修改示教点，并且无法执行程序。此时，程序文件的编辑界面背景为灰色，如图5-10所示。

工业机器人的一个项目文件中可以包含一个或多个程序文件，在一个项目文件中可以对多个程序文件进行调用。

例如，在"proj1"项目中另外添加一个程序文件并命名为"lesson2"，执行过程如下：

① 选中需要添加程序文件的项目文件"proj1"，单击右下角的"文件"按钮，选择"新建程序"选项，如图5-11所示。

图5-10　打开程序界面

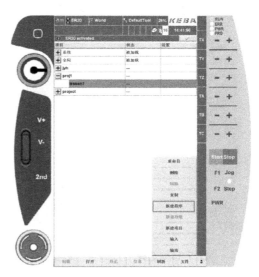

图5-11　选择"新建程序"选项

② 建立新的程序文件并命名为"lesson2"，如图5-12所示。

③ "lesson2"文件建立后，"proj1"项目文件中即包含两个程序文件，两者为平行关系，可以相互调用，如图5-13所示。

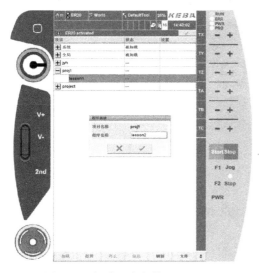

图5-12　新建程序文件"lesson2"

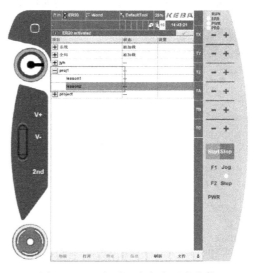

图5-13　一个项目中包含两个文件

3. 编辑程序文件

单击项目显示界面右下角的"文件"按钮，除了可以建立项目或程序文件外，还可以对项目和程序文件进行删除、重命名、剪切和复制等操作。

（1）对"lesson1"文件进行重命名

1）选择"lesson1"程序文件，单击"文件"按钮，选择"重命名"选项，如图5-14所示。

2）在弹出的对话框中输入新的程序名，如图5-15所示，然后单击"　✓　"按钮。

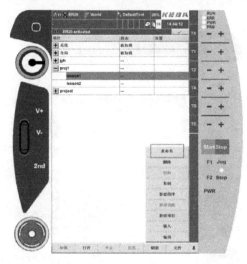

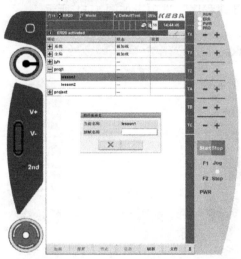

图5-14　选择"重命名"选项　　　　　　　　　图5-15　输入新的程序名

（2）删除"lesson1"文件

1）选择"lesson1"程序文件，单击"文件"按钮，选择"删除"选项，如图5-16所示。

2）在弹出的对话框中单击"　✓　"按钮，完成文件的删除，如图5-17所示。程序文件删除后将不能恢复，因此，在对程序文件进行删除操作时应务必谨慎，避免误删除。删除程序文件对文件中的示教点没有影响，示教点仍然存在于变量列表中。

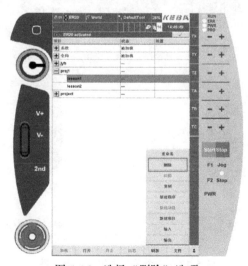

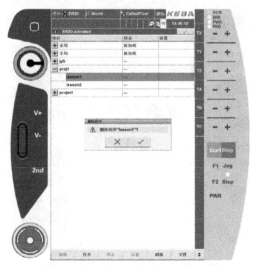

图5-16　选择"删除"选项　　　　　　　　　图5-17　确定删除

（3）复制、粘贴项目文件或程序文件

1）选择"proj1"项目文件，单击"文件"按钮，选择"复制"选项，如图5-18所示。

2）在弹出的对话框中输入新的项目名，单击" ✓ "按钮确认，完成项目文件的复制，如图5-19所示。此后，系统中便新建了一个内容相同的项目文件，项目文件中的程序文件、指令及示教点也自动复制完成，如图5-20所示。

程序文件的复制、粘贴过程与项目文件的复制、粘贴过程类似，读者可自行操作。

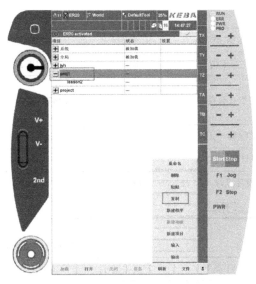

图5-18　选择"复制"选项

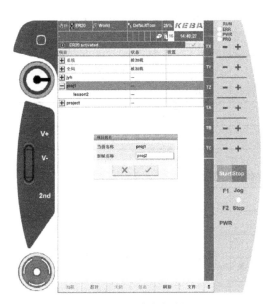

图5-19　确定复制

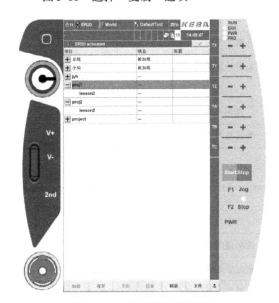

图5-20　项目复制后的界面

5.4.3　变量监控与变量管理

KAIRO编程语言中，程序运行过程中值保持不变的量称为常量（Constant），值可以改变的量则称为变量（Variable）。变量需要具备变量名、变量数据类型和变量值。变量的建立和赋值都可以在变量管理界面中实现。

1. 变量数据类型

KAIRO编程语言的变量数据类型包括：基本数据类型、位置数据类型、动力学及重叠优化型数据类型、坐标系统和工具变量数据类型、输入输出模块数据类型。各种数据类型的说明见表5-1～表5-5。

表 5-1　基本数据类型说明

数 据 类 型	定义关键字	表 示 范 围	功　　能
布尔型	BOOL	TRUE 或 FALSE	用于表示逻辑关系、状态标志位等
整型（有符号）	DINT	$-2147483648 \sim 2147483647$	整数，有正数、负数之分。用于工件计数、数量增减等
双字整型（无符号）	DWORD	$0 \sim 4294967296$	整数，以十六进制数表示，没有负数
单精度浮点数	REAL	$-10^8 \sim 10^8$	用于算数运算
双精度浮点数（64 位）	LREAL	$-10^{12} \sim 10^{12}$	用于算数运算，数据长度较单精度浮点数长
字符型	STRING		用于示教器输出字符

表 5-2　位置数据类型说明

数 据 类 型	定义关键字	分量数目	功　　能
关节偏移型变量	AXISDIST	6	相对当前位置 6 个轴的偏移角度
关节坐标型变量	AXISPOS	6	工业机器人 6 个轴的关节坐标值
外部关节坐标型变量	AXISPOSEXT	6	工业机器人外部轴的关节坐标值
直角坐标偏移型变量	CARTDIST	6	相对当前位置直角坐标偏移距离
直角坐标面型变量	CARTFRAME	6	直角坐标面
直角坐标型变量	CARTPOS	6	工业机器人当前位置直角坐标值
外部直角坐标型变量	CARTPOSEXT	6	工业机器人外部轴直角坐标值

表 5-3　动力学及重叠优化数据类型说明

数 据 类 型	定义关键字	分量数目	功　　能
动态参数型变量	DYNAMIC	12	
绝对逼近参数型变量	OVLABS	12	设定机器人运动速度和逼近方式等
相对逼近参数型变量	OVLREL	12	
叠加逼近型变量	OVLSUPPOS	12	

表 5-4　坐标系统和工具变量数据类型说明

数 据 类 型	定义关键字	功　　能
直角坐标系型变量	CARTREFSYS	建立工件坐标系
外部直角坐标系型变量	CARTREFSYSEXT	需要在 IEC 程序中调用功能块 RCE_SetFrame
运动的直角坐标系型变量	CARTREFSYSVAR	外部 PLC 功能块通过端口映射赋给工业机器人的参考直角坐标系
工具坐标系型变量	TOOL	建立工具坐标系

表5-5 输入输出模块数据类型说明

数据类型	定义关键字	功能
模拟量输入型变量	AIN	链接模拟量输入信号
模拟量输出型变量	AOUT	链接模拟量输出信号
开关量输入型变量	DIN	链接开关量输入信号
字输入型变量	DINW	链接字型输入信号
开关量输出型变量	DOUT	链接开关量输出信号
字输出型变量	DOUTW	链接字型输出信号
整型输入型变量	IIN	链接整型输入信号
整型输出型变量	IOUT	链接整型输出信号
字符串输入型变量	STRINGIN	链接字符串输入信号
字符串输出型变量	STRINGOUT	链接字符串输出信号

2. 基本运算符

KAIRO 编程语言具有丰富、灵活的运算符。利用各种运算符可以完成各种特定的运算。KAIRO 编程语言的运算符按照功能可分为算术运算符、关系运算符、逻辑运算符等。

（1）算术运算符 算术运算符说明见表5-6。

表5-6 算术运算符说明

运算符	名称	功能	备注
+	加	相加	均为双目运算符
-	减	相减	优先级："*"/"MOD"高于"+""-"
*	乘	相乘	操作对象：可以是常量、变量、表达式
/	除	整型除以整型，结果取整；浮点型除以浮点型，结果取商	"+""-""*""/"运算操作数为整型、浮点型数据，MOD 运算操作数必须为整型
MOD	取余	整型除以整型，结果取余数	结合方向：自左至右

（2）关系运算符 关系运算符用来比较两个运算量的大小关系，其运算结果是一个布尔量（TRUE 或者 FALSE）。关系运算符说明见表5-7。

表5-7 关系运算符说明

运算符	名称	功能	备注
>	大于	是否大于	双目运算符
>=	大于或等于	是否大于或等于	优先级："="，"< >"高于"<""<="，">"，">="
<	小于	是否小于	操作对象：常量、变量、表达式和子程序
<=	小于或等于	是否小于或等于	操作数：整型、实型数据
=	等于	是否等于	运算结果：TRUE 或者 FALSE
< >	不等于	是否不等于	结合方向：自左至右

（3）逻辑运算符　逻辑运算符用来对两个运算量进行逻辑运算。如果操作数是布尔量，那么结果也是布尔量；如果操作数是 DWORD 型数据，那么按照十六进制进行按位逻辑运算。

逻辑运算符说明见表 5-8。

表 5-8　逻辑运算符说明

运　算　符	名　　称	功　　能	备　　注
AND	逻辑与运算符	逻辑与/按位与运算	优先级：NOT 高于其他运算符；AND、OR 和 XOR 低于关系运算符，高于赋值运算符
OR	逻辑或运算符	逻辑或/按位或运算	
XOR	逻辑异或运算符	逻辑异或/按位异或运算	AND、OR 和 XOR 的结合方向是自左至右；NOT 的结合方向是自右向左
NOT	逻辑非运算符	逻辑非/按位非运算	操作对象：变量、常量、表达式

3. 变量管理界面

用户可以通过示教器的变量管理界面查看该示教器中的所有程序变量，并可以对变量数值进行更改等操作。

单击主菜单键，选择 ▣ 图标，单击"变量监测"按钮（图 5-21），选择后进入变量管理界面，如图 5-22 所示。

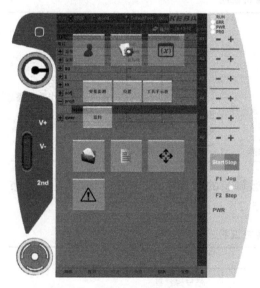

图 5-21　单击"变量监测"按钮

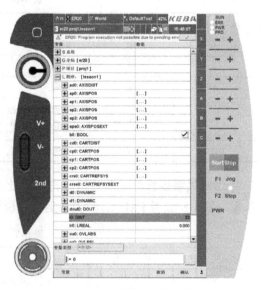

图 5-22　变量管理界面

变量管理界面显示工业机器人系统的变量列表，包括系统变量、全局变量及项目变量，单击变量前的"＋"可以展开显示，单击"－"可以收缩显示。屏幕下方具有变量过滤器，可以按照变量类型和变量类别对变量进行过滤选择，默认为"关闭"状态。当光标移动到其变量上时，选择该变量后可以对其进行修改。另外，程序运行中改变的变量数值也会实时刷新到该界面上。

4. 变量的定义与修改

定义变量有两种方式：一种是在变量管理界面实现，另一种是伴随指令执行建立。本部分主要介绍在变量管理界面中新建变量的方法。

（1）布尔型变量的定义

1）单击主菜单键，选择 图标，单击"变量监测"按钮，选择后进入变量管理界面。

2）单击左下角"变量"按钮，选择"新建"选项，如图 5-23 所示，弹出变量类型列表。

3）选择"基本类型"下的"BOOL"型变量，如图 5-24 所示。左下角"名称"输入栏用于对新定义的变量进行命名，命名要符合命名原则。系统默认将首个定义的布尔型变量命名为"b0"，之后定义的布尔型变量将按顺序依次向下排列命名。如果用户没有特殊需求，可直接使用；当用户根据自身需要重新命名时，单击"名称"选项，弹出软键盘，输入新的变量名即可。

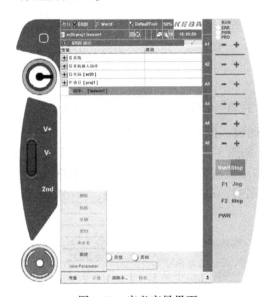

图 5-23　定义变量界面

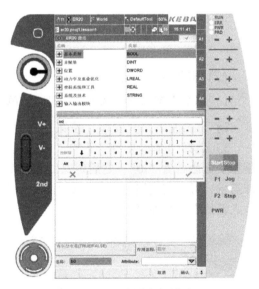

图 5-24　变量命名界面

"Attribute"选项用于设置变量属性。单击数据设为常量型（CONST），如图 5-25 所示。常量型数据具有不可变性，可以用来保护被修饰的对象，防止其发生意外的改变，从而增加程序的健壮性。

"作用范围"选项表示该变量的有效范围。如果在项目子列表中定义变量，则该变量作用范围为整个项目；如果在程序子列表中定义变量，则该变量作用范围为选中的程序文件，在其他程序文件中无效；如果在全局变量列表中定义变量，则该变量为全局变量，在该示教器的所有项目中均有效。

4）单击"确认"按钮，程序中即建立了布尔型变量 b0，勾选变量后的复选框，变量的初值为逻辑真"TRUE"；不勾选变量后的复选框，变量的初值为逻辑假"FALSE"，如图 5-26 所示。

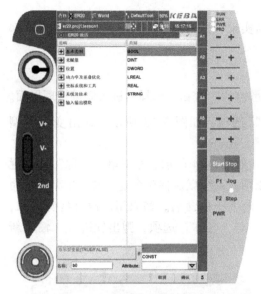

图 5-25　常量类型设置界面

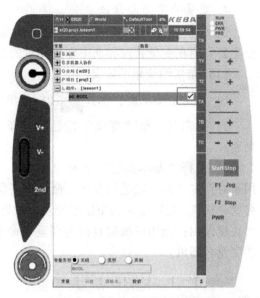

图 5-26　布尔型变量赋初值界面

（2）整型变量的定义

1）单击主菜单键，选择 图标，单击"变量监测"按钮，进入变量管理界面。

2）单击左下角"变量"按钮，选择"新建"选项，弹出变量类型列表。

3）选择"基本类型"下的"DINT 型"变量，如图 5-27 所示。系统默认将首个定义的整型变量命名为"i0"，之后定义的整型变量将按顺序依次向下排列命名。如果用户没有特殊需求，可直接使用；当用户根据自身需要重新命名时，单击"名称"选项，弹出软键盘，输入新的变量名即可。

图 5-27　定义 DINT 型数据界面

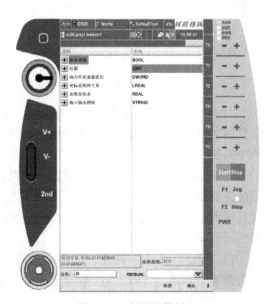

图 5-28　变量监控界面

4）示教器窗口右下角的"Attribute"和"作用范围"选项的功能与布尔型变量相同。

5）单击"确认"按钮，程序中即建立了整型变量 i0，变量后的数值为该变量的初值，默认为 0，如图 5-28 所示。单击右下角"十六进制"按钮，可以使该变量按照十六进制显示；再次单击该按钮，变量恢复十进制显示。

6）单击变量"i0"后面的数值"0"，弹出赋值软键盘窗口，如图 5-29 所示，输入新的数值，完成变量的赋值，如图 5-30 所示。

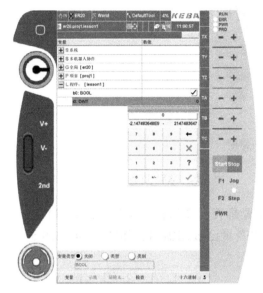

图 5-29　DINT 型变量软键盘赋值界面

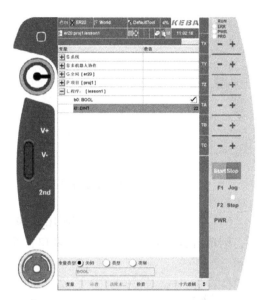

图 5-30　DINT 型变量监控界面

其他基本数据类型的变量定义方法与布尔型和整型变量的定义方法类似，读者可自行学习。

（3）关节坐标型变量的定义

1）单击主菜单键，选择 █ 图标，单击"变量监测"按钮，进入变量管理界面。

2）单击左下角"变量"按钮，选择"新建"选项，弹出变量类型列表。

3）选择"位置"类型下的"AXISPOS"型变量，如图 5-31 所示。系统默认将首个定义的关节坐标型变量命名为"ap0"，之后定义的关节坐标型变量将按顺序依次向下排列命名。如果用户没有特殊需求，可直接使用；当用户根据自身需要重新命名时，单击"名称"选项，弹出软键盘，输入新的变量名即可。

4）单击"确认"按钮，建立关节坐标型变量 ap0。关节坐标型变量有六个分量，分别是 a1、a2、a3、a4、a5 和 a6，表示工业机器人该位置的关节坐标值，六个分量的数据类型为实数型，如图 5-32 所示。

5）单击 a1~a6 后的数值，可对各个分量单独赋值；或者单击屏幕下方的"示教"按钮，工业机器人将当前位置记录下来，并转换成关节坐标的形式保存在 a1~a6 分量中。单击"示教"按钮后，屏幕弹出示教成功窗口，记录工业机器人当前各轴的关节角度，如图 5-33 所示。

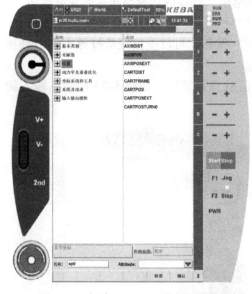

图 5-31　新建 AXISPOS 型变量界面

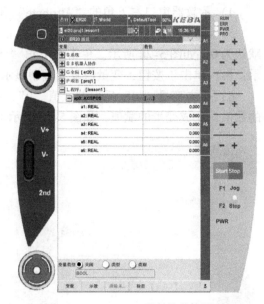

图 5-32　AXISPOS 型变量监控界面

6）屏幕下方的"检查"按钮用来检查该点位置是否已在该程序中使用。如果没有使用，则单击后弹出变量未被使用窗口；否则，弹出变量已被用窗口，如图 5-34 和图 5-35 所示。

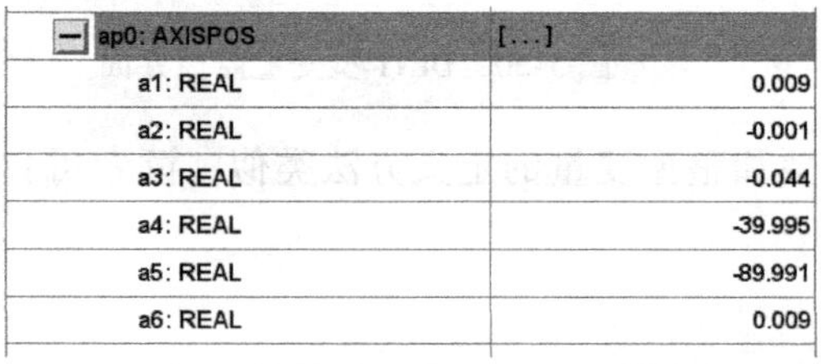

图 5-33　示教后的 AXISPOS 型变量值

图 5-34　变量未被使用

7）选中程序文件，单击"清除未被使用变量"按钮，若存在未被使用变量，则单击"确认"按钮后，将删除所有未被使用的变量；若不存在这类变量，则弹出"未找到未被使用的变量"对话框，如图 5-36 所示。

图 5-35　变量已被使用

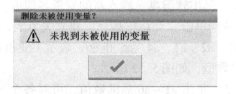

图 5-36　"未找到未被使用的变量"对话框

（4）直角坐标型变量的定义

1）单击主菜单键，选择 ▦ 图标，单击"变量监测"按钮，进入变量管理界面。

2）单击左下角"变量"按钮，选择"新建"选项，弹出变量类型列表，选择"位置"类型下的"CARTPOS"型变量，如图5-37所示。

3）系统默认将首个定义的直角坐标型变量命名为"cp0"，之后定义的直角坐标型变量将按顺序依次向下排列命名。如果用户没有特殊需求，可直接使用；当用户根据自身需要重新命名时，单击"名称"选项，弹出软键盘，输入新的变量名即可。

4）单击"确认"按钮，程序中即建立了直角坐标型变量cp0。直角坐标型变量有六个分量，分别是x、y、z、a、b、c，表示工业机器人该位置的直角坐标值，六个分量的数据类型都为实数型。

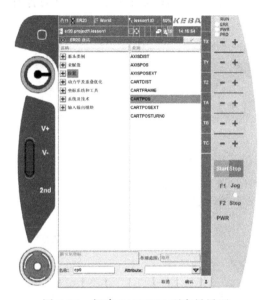

图5-37　新建CARTPOS型变量界面

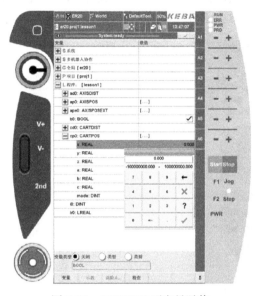

图5-38　CARTPOS型变量赋值

5）单击x、y、z、a、b、c后的数值，即可对各分量单独赋值，如图5-38所示。或单击屏幕下方的"示教"按钮，工业机器人会将当前位置记录下来，并转换成直角坐标的形式保存在x、y、z、a、b、c分量中。单击后屏幕弹出示教成功窗口，记录工业机器人当前的直角坐标位置，如图5-39所示。

cp0: CARTPOS	[...]
x: REAL	1,094.483
y: REAL	-94.972
z: REAL	1,297.238
a: REAL	174.580
b: REAL	179.871
c: REAL	-5.424
mode: DINT	1

图5-39　示教后的CARTPOS型变量值

6）"mode"表示该变量是否经过示教，示教过的值为1，否则为0。

7）屏幕下方的"检查"按钮用来检查该点位置是否已在该程序中使用。

8）选中程序文件名，单击"清除未被使用变量"按钮，若存在未被使用的变量，则单击"确认"按钮后，将删除选中的未被使用的变量；若不存这类变量，则弹出"未找到未被使用的变量"对话框。

（5）关节偏移型变量的定义

1）单击主菜单键，选择 图标，单击"变量监测"按钮，进入变量管理界面。

2）单击左下角"变量"按钮，选择"新建"选项，弹出变量类型列表，选择"位置"类型下的"AXIDIST"型变量，如图5-40所示。系统默认将首个定义的关节偏移型变量命名为"ad0"。

3）单击"确认"按钮，程序中即建立了关节偏移型变量 ad0，它有六个分量，分别是da1、da2、da3、da4、da5、da6，表示工业机器人在当前位置下的六个关节偏移角度，六个分量的数据类型均为实数型。单击 da1、da2、da3、da4、da5、da6 后的数值，即可为各分量单独赋值，如图5-41所示。

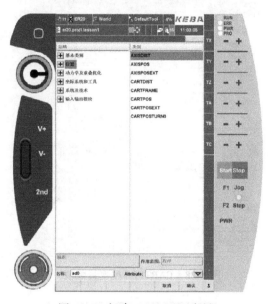
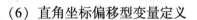

图 5-40　新建 AXIDIST 型变量

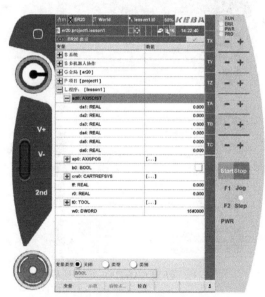

图 5-41　AXIDIST 型变量赋值

（6）直角坐标偏移型变量定义

1）单击主菜单键，选择 图标，单击"变量监测"按钮，进入变量管理界面。

2）单击左下角"变量"按钮，选择"新建"按钮，弹出变量类型列表，选择"位置"类型下的"CARTDIST"型变量，如图5-42所示。

3）系统默认将首个定义的直角坐标偏移型变量命名为"cd0"。

4）单击"确认"按钮，程序中即建立了直角坐标偏移型变量 cp0，它有六个分量，分别是 dx、dy、dz、da、db、dc，表示工业机器人在当前位置下沿着直角坐标系偏移的距

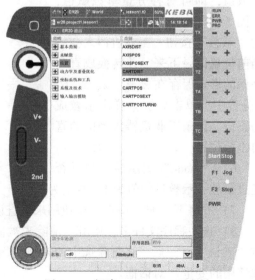

图 5-42　新建 CARTDIST 型变量

离和角度，六个分量的数据类型均为实数型。

5）单击 dx、dy、dz、da、db、dc 后的数值，即可为各分量单独赋值，如图 5-43 所示。

如需对所定义的变量进行重命名、复制、粘贴等操作，可选中需要编辑的变量，单击"变量"按钮，弹出编辑子菜单，完成编辑操作，如图 5-44 所示。

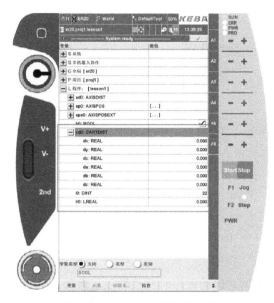

图 5-43 CARTDIST 型变量赋值

图 5-44 变量编辑界面

5.5 示教编程指令管理

HR20－1700－C10 工业机器人主要有六个指令组，分别是运动指令组、设置指令组、系统功能指令组、系统指令组、输入输出模块指令组和功能块指令组。指令列表详见附录 A。

5.5.1 添加指令

建立程序文件后，操作者就可以在程序文件中添加工业机器人指令。程序文件的下方有多个按钮，可以实现指令的新建、编辑和修改等功能。添加指令的方法如下：

1）加载程序文件，进入程序显示界面，加载程序文件"lesson3"，选中"EOF"行，如图 5-45 所示。

2）单击"新建"按钮，进入指令库界面，屏幕左侧显示指令组，右侧显示该指令组中包含的指令。用户根据需要选择所需指令后，单击"确定"按钮将其添加到程序文件中，如图 5-46 所示。

图 5-45　添加指令界面

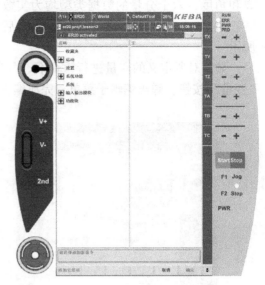

图 5-46　指令库界面

5.5.2　指令管理

1. 修改示教点

对于运动指令中的示教点，用户除了可在建立运动程序时对示教点示教外，还可以通过"编辑"按钮对其进行修改，修改过程如下：

1）选中运动指令，如"PTP（ap0）"，单击左下角的"编辑"按钮，进入指令编辑界面，如图 5-47 所示。

2）根据要求手动操作工业机器人，改变工业机器人当前位置，单击"示教"按钮，即可将当前位置示教赋值给 ap0 位置，完成示教点的修改，如图 5-48 所示。

图 5-47　指令编辑界面

图 5-48　示教点的修改

2. 编辑指令

单击右侧的"编辑"按钮，弹出指令编辑子菜单，包括删除指令（可以单独删除一行指令，也可以同时删除多行指令）、复制指令、剪切指令、粘贴指令和选择全部指令，如图5-49所示。用户根据需要选择编辑命令完成指令的复制、粘贴、删除等编辑功能。

3. 高级指令

单击右下角的"高级"按钮，弹出指令高级编辑子菜单，包括"键盘""格式化""查找""加注释"和"不可用"等，如图5-50所示。

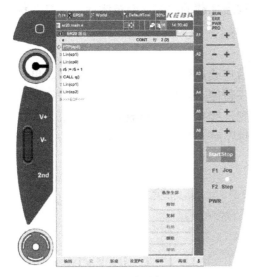

图5-49　指令编辑界面

图5-50　高级指令界面

（1）键盘　单击"键盘"按钮，即可采用软键盘对程序进行编辑输入，如图5-51所示。

（2）加注释和取消注释　选中一行或多行指令，单击"加注释"按钮，将为选中的指令行加注释符"//"，注释后该行指令在程序中不再执行，而是只起到注释的作用。该命令适合在程序调试时，对部分不确定的指令进行注释、删除等操作。同样，单击"取消注释"按钮，可恢复注释过的指令。

（3）查找　单击"查找"选项，弹出"搜索文件"对话框，在对话框中输入字符名，工业机器人会自动按照字符名称进行查找，如图5-52所示。

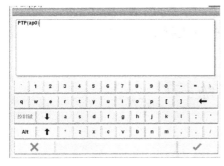

图5-51　软键盘输入界面

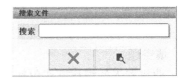

图5-52　"搜索文件"对话框

在程序编辑界面中，除了可以新建、编辑指令外，还可以根据程序需要设定指令开始执行的首地址。

5.5.3 指令的执行过程

1. 设置程序指针

工业机器人程序是按照从上到下的顺序执行的，操作者可以根据需要将程序指针指向程序中的任意行。程序指针（图 5-53）指向哪一行，就从哪一行开始执行程序，绿色光标随着程序的运行自上而下地移动。该指令按钮只有在程序加载的时候才会被激活，在打开状态下无效。程序指针默认从第一行开始，如图 5-53 所示。

2. 单步/连续运行模式

操作者在调试程序时，需要按照先单步运行、后连续运行的方式编辑调试程序。单步运行时，工业机器人每次只执行一条指令，执行后程序暂停。需再次按下"Start"按钮，程序才继续执行；连续运行时，工业机器人会从开始位置连续执行，直到最后程序结束。单步运行时，程序编辑界面上方显示"STEP"，连续运行时界面上方显示"CONT"，单击"STEP"按钮可以切换单步运行模式和连续运行模式。

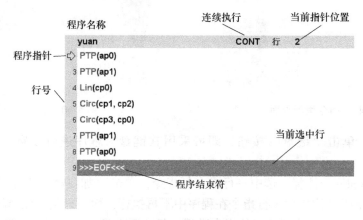

图 5-53 程序编辑界面标识说明

3. 程序编辑界面中的其他标识

（1）程序结束符 程序结束符（EOF）自动在程序的最后一条指令的下一行显示。只要有新的指令添加到程序中，程序结束符就会向下移动，所以它总是在最后一行。当执行完最后一条指令，执行到程序结束符时，就会自动返回到程序的第一行并终止。

（2）绿色选中框 表示选中。可以对选中的指令进行复制、粘贴等操作。可以选择一个或多个指令。

<hr>

思 考 与 练 习

一、填空题

1. 工业机器人的编程方式包括_____、_____和_____。

2. 当前绝大多数工业机器人采用_____编程方式。_____是指对工业机器人的引导过程；_____是指工业机器人通过回放存储内容，在一定精度范围内按照程序展现所示教的动作和赋予的作业内容。

3. 工业机器人运动轨迹示教的主要内容包括_____、_____和_____。

4. 关节坐标型变量的分量 a1、a2、a3、a4、a5、a6 分别表示当前各轴的_____。

5. KAIRO 编程语言的程序代码由_____、_____和_____组成。KAIRO 语言保留了一些特殊的字符，它们具有固定的名称和含义，用户不能用作其他用途。

6. 工业机器人程序模块由一系列_____和_____组成。_____是用户对工业机器人下达的命令，实现对工业机器人的运动控制和流程控制；_____则是工业机器人程序中的设定值和定义的一些环境数据，用于工业机器人控制中的输入输出、设置等。

二、选择题

1. 示教编程的基本步骤不包括（　　）。

A. 工艺分析　　　　　B. 运动规划　　　　C. 示教编程　　　　D. 离线软件建模

2. 工业机器人示教前的准备不包括（　　）。

A. 给料器准备就绪　　　　　　　　　　B. 确认工业机器人原点

C. 确认操作者与工业机器人之间保持安全距离　　D. 输入程序点

3. 布尔型变量的初值只能是（　　）或者（　　），选中变量后的复选框时，该布尔量的初值为（　　）。

A. TRUE，FALSE，TRUE　　　　　　　B. FALSE，FALSE，TRUE

C. TRUE，FALSE，FALSE　　　　　　　D. TRUE，TRUE，TRUE

4. 打开程序和加载程序的区别不包括（　　）。

A. 加载程序时，用户可以修改程序；打开程序时，用户不可以修改程序

B. 加载程序时，程序文件的编辑界面背景为灰色；打开程序时，编辑界面背景为白色

C. 加载程序和打开程序时，用户都无法修改程序

D. 加载程序时，用户可以修改示教点；打开程序时，用户不可以修改示教点

5. 示教器程序编辑界面左侧箭头代表的是（　　）。

A. 选中的程序行　　　　　　　　　　B. 将要执行的程序行

C. 该行指令有错误　　　　　　　　　　D. 下载该行程序

三、实践操作题

1. 新建项目文件"lianxi1"中的程序文件"chengxu1"，在"chengxu1"文件中建立布尔型变量 b0，赋初值 FALSE；整型变量 i0，赋初值 15；关节坐标型变量 ap0，六个轴的分量依次赋初值（0，-20，-30，0，-90，100）；整型变量 i1，该变量的有效范围为在整个项目中有效；直角坐标型变量 cp1，赋初值（900，-80，1300，-90，140，89）。

2. 用正确的方法手握示教器，按下使能开关，加载"ceshi"项目中的"chengxu"程序文件，按下"单步向前"按钮，程序按顺序执行，直至程序结尾。确保工业机器人在运行每一条语句时都没有错误，与周围设备不发生碰撞。然后将示教器调至"连续运行"模式，按下伺服通电按钮，再按下"起动"按钮，连续执行程序。

3. 将图 5-54 所示程序编辑界面中各编号处标识的意义填入表 5-9 中。

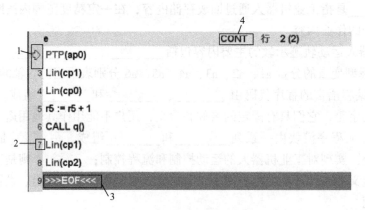

图 5-54　程序编辑界面

表 5-9　程序编辑界面中各标识的意义

编　　号	意　　义
1	
2	
3	
4	

CHAPTER 6
第6章 HR20-1700-C10工业机器人绘图工作站

- 知识目标：了解工业机器人绘图工作站的组成；掌握使用工业机器人运动指令完成绘图工作站中各种图形的绘制方法；具有基本的程序设计思想，会建立简单的程序流程；会使用示教器对工业机器人程序进行手动调试和自动运行调试。
- 能力目标：基本掌握 HR20 工业机器人的使用方法；掌握示教器的使用方法；会使用 HR20 工业机器人进行各种图形的绘制。

6.1 工业机器人绘图工作站的组成

　　工业机器人工作站是使用一台或者多台机器人，配合相应的周边设备，完成某一个特定工序作业的独立生产系统，也称为工业机器人工作单元。它主要是由工业机器人控制系统、辅助设备以及其他周边设备组成的。工业机器人工作站是以工业机器人为加工主体的作业系统。由于工业机器人具有可再编程的特点，当加工产品改变时，可以对工业机器人的作业程序进行重新编写，从而达到系统柔性要求。

　　工业机器人绘图工作站是为了进行工业机器人轨迹数据示教编程而建立的。它主要由工业机器人本体、工业机器人控制器、绘图模块、A4 纸（在纸上已绘制出各种图形）、操作控制柜、安全护栏等组成。通过使用绘图工作站，可以学习用示教器编写工业机器人基本运动程序、编写工业机器人流程控制程序、建立工业机器人工具手 TCP 的方法，以及完成工业机器人手动调试和自动运行调试等。需要绘制的图形如图 6-1 所示。

　　绘图模块是由绘图平台、绘图笔和绘图笔夹具组成的。绘图平台的四个角上有用于安装固定螺钉的孔，把绘图模块放置在绘图承载平台上，用螺钉将其固定锁紧，保证绘图模块紧固可靠。

　　绘图笔夹具是专门用来将绘图笔安装在工业机器人腕部上的夹具，该夹具与工业机器人 J_6 轴的连接法兰上有四个螺孔，把夹具调整到合适位置，然后用螺钉将其紧固在工业机器人的 J_6 轴法兰盘上即可。

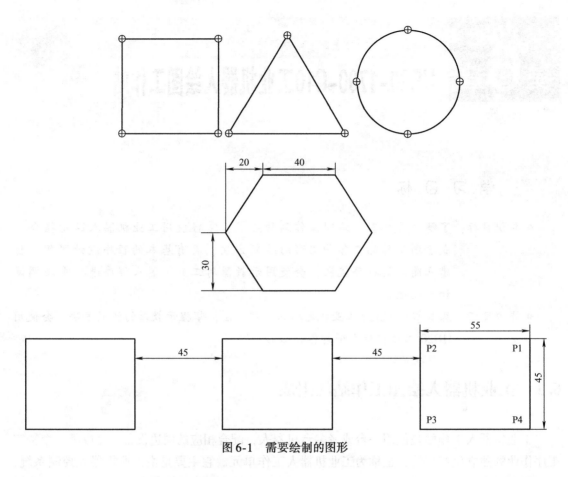

图 6-1　需要绘制的图形

6.2　工业机器人绘图工作站的应用

6.2.1　工作任务 1

工作任务 1：编写工业机器人程序，使工业机器人末端绘图笔在绘图平台上依次绘制出图形 1（图 6-2）中的各个图案。

图 6-2　图形 1

图 6-2 中的各图形主要由直线和圆弧轨迹组成。因此，工业机器人只要按照直线或者圆弧轨迹方式经过各示教点，就可以完成图形的绘制。

【相关知识】

1. 点到点运动指令（PTP）

工业机器人执行 PTP 指令时，只记录其运动的起点和终点。工业机器人所有的轴会同时插补运动到目标点，并自行运算出一条速度最快的运动路径，该轨迹不一定是直线，因此，工业机器人末端 TCP 的路径是不可预测的。

PTP 指令适合在对工业机器人运动路径的精度要求不高的情况下使用。采用该指令时，工业机器人的运动更加高效快速，因此也称其为快速定位指令。由于采用 PTP 指令时，工业机器人末端的运动轨迹是不可预测的，因此必须确定工业机器人在起点和终点之间不会与外界设备发生碰撞。PTP 指令的运动轨迹如图 6-3 所示。

图 6-3 中的 P1 点是第一条 PTP 指令的起点，也可以是上一条 PTP 指令的终点，P2 点为第一条 PTP 指令的终点，也是第二条 PTP 指令的起点，P3 点为第二条 PTP 指令的终点。由图 6-3 可以看出，PTP 指令的运动轨迹不一定是直线，运动轨迹由工业机器人自动计算完成。

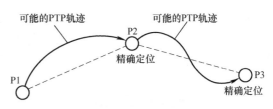

图 6-3 PTP 指令的运动轨迹

（1）PTP 指令的格式

PTP(位置变量 pos,[动态参数变量 dyn],[逼近参数 ovl])

（2）指令格式说明

1）位置变量（pos）表示工业机器人到达目标点的位置和姿态。位置变量既可以用关节坐标（a_1，a_2，a_3，a_4，a_5，a_6）表示，也可以用直角坐标（x，y，z，a，b，c）表示。默认情况下，PTP 指令的位置变量采用关节坐标表示。

位置变量数值的获得方式有三种：第一种是在建立位置变量时，通过示教器直接输入位置分量的数值，得到该点的位置数据；第二种是利用示教器的示教功能，将工业机器人当前的位置示教赋值给该位置变量；第三种是利用赋值指令，在程序中进行赋值输入。

2）动态参数变量和逼近参数可选，用户可以根据需要对其进行设定。

（3）PTP 指令举例

1）PTP(ap0)//工业机器人从当前位置按照关节运动方式运动到 ap0 点。

2）PTP(ap0,d0)//工业机器人从当前位置按照关节运动方式运动到 ap0 点，运动速度为动态参数变量 d0 的值。

3）PTP(ap0,,ov0)//工业机器人从当前位置按照关节运动方式运动到 ap0 点，按照逼近参数变量 ov0 的值逼近目标点。

4）PTP(ap0,d0,ov0)//工业机器人以 d0 的运动速度、ov0 的逼近方式，从当前位置按照关节运动方式运动到 ap0 点。

2. 线性运动指令（Lin）

线性运动指令（Lin）也称为直线运动指令。工业机器人执行 Lin 指令时，其末端从起点位置以直线方式运动到目标位置，并按照姿态连续插补方式从起点姿态过渡到目标点姿态，运动过程中轨迹保持直线不变。一般来说，对路径要求高的场合使用此指令，如搬运、焊接、涂胶等。

Lin 指令的运动轨迹如图 6-4 所示。P1 点为第一条 Lin 指令的起点，P2 点为第一条 Lin 指令的终点，同时，P2 点又是第二条 Lin 指令的起点，P3 点为第二条 Lin 指令的终点。

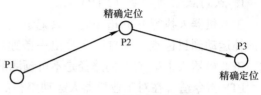

图 6-4　Lin 指令的运动轨迹

（1）Lin 指令的格式

Lin(位置变量 pos,[动态参数变量 dyn],[逼近参数 ovl])

（2）指令格式说明

1）位置变量（pos）表示工业机器人末端到达目标点的位置和姿态，是工业机器人执行运动指令后到达的目标点。位置变量既可以用关节坐标（a_1，a_2，a_3，a_4，a_5，a_6）表示，也可以用直角坐标（x，y，z，a，b，c）表示。默认情况下，Lin 指令的位置变量参数采用直角坐标表示。

同样的，位置变量数值的输入也可以采用示教器直接输入、位置点示教输入及赋值指令行赋值输入三种方式。

2）动态参数变量 dyn 和逼近参数 ovl 可选，由用户选择是否使用。

（3）Lin 指令举例

1）Lin(cp0)//工业机器人从当前位置直线运动到 cp0 点。

2）Lin(cp0,d0)//工业机器人从当前位置直线运动到 cp0 点，运动速度为动态参数变量 d0 的值。

3）Lin(cp0,,ov0)//工业机器人从当前位置直线运动到 cp0 点，按照逼近参数变量 ov0 的值逼近目标点。

4）Lin(cp0,d0,ov0)//工业机器人以 d0 的运动速度、ov0 的逼近方式，从当前位置直线运动到 cp0 点。

3. 圆弧运动指令（Circ）

圆弧运动指令（Circ）是使工业机器人末端从起点沿着一条圆弧运动到目标点的指令，这条轨迹通过起始点、辅助点和目标点来描述。在圆弧指令中，起始点确定圆弧的起点，辅助点确定圆弧的曲率，目标点确定圆弧的终点，如图 6-5 所示。

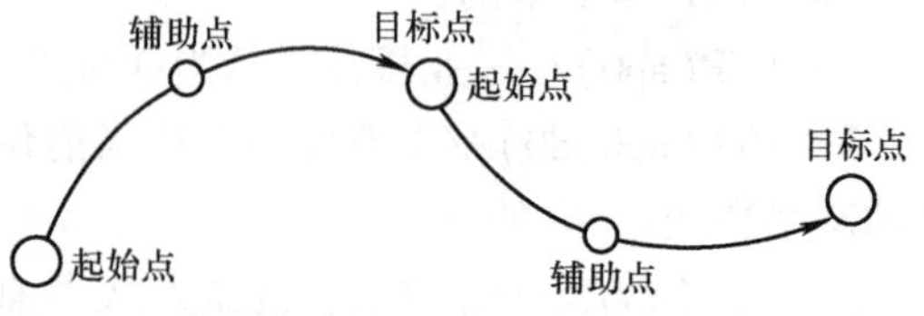

在进行圆弧上各点的示教时，为了使运动轨迹更准确，起始点、辅助点和目标点必须能够明显地被区分开，在运动范围内，起始点、辅助点和目标点之间的距离越大越好。

图 6-5　Circ 指令的运动轨迹

（1）Circ 指令的格式

Circ(位置变量 pos1,位置变量 pos2,[动态参数变量 dyn],[逼近参数 ovl])

（2）指令格式说明　位置变量pos1：表示工业机器人末端到达圆弧过渡点的位置和姿态，pos2表示工业机器人末端到达目标点的位置和姿态，是工业机器人执行运动指令后到达的目标点。位置变量既可以用关节坐标（a_1，a_2，a_3，a_4，a_5，a_6）表示，也可以用直角坐标（x，y，z，a，b，c）表示。默认情况下，Circ指令的位置变量用直角坐标表示。

位置变量数值的获得方式有三种：示教器直接输入法、位置点示教法及赋值语句赋值输入法。

（3）Circ指令举例

1）Circ(cp0,cp1)//工业机器人按照圆弧运动的方式从当前位置开始，经过辅助点cp0，运动到目标点cp1。

2）Circ(cp0,cp1,d0)//工业机器人按照圆弧运动的方式从当前位置开始，经过辅助点cp0，运动到目标点cp1，运动速度为动态参数变量d0的值。

3）Circ(cp0,cp1,,ov0)//工业机器人按照圆弧运动的方式从当前位置开始，经过辅助点cp0，运动到目标点cp1，按照逼近参数变量ov0的值逼近目标点。

4）Circ(cp0,cp1,d0,ov0)//工业机器人以d0的运动速度、ov0的逼近方式，从当前位置按照圆弧运动的方式经过辅助点cp0后，运动到目标点cp1。

要使工业机器人末端完成一个完整圆的运动，必须执行两条圆弧运动指令，并且第二条圆弧指令的起始点为第一条圆弧指令的目标点。

4. 动态参数变量dyn和逼近参数ovl

上述三种运动指令中如果没有运动速度要求，可以不添加动态参数变量和逼近参数，此时工业机器人的运动速度是按照其最大运动速度的百分比来确定的；如果需要自定义工业机器人的运动速度，则应在运动指令中添加动态参数变量和逼近参数。

（1）动态参数变量　动态参数变量也称为速度参数变量，主要用于控制工业机器人运动时的速度。动态参数变量包括12个参数，如图6-6所示。

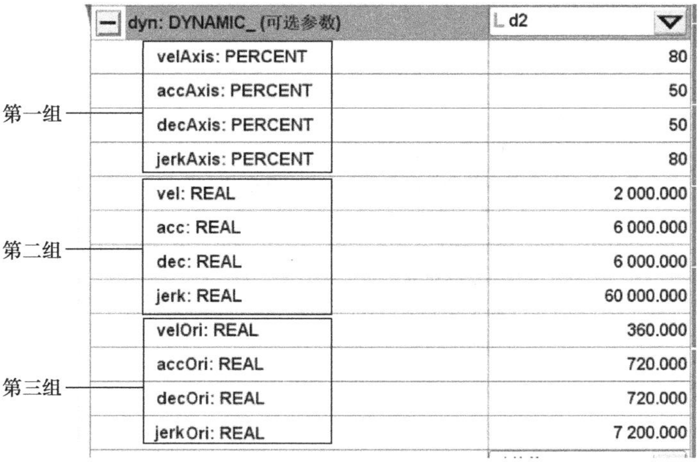

第一组的四个参数velAxis、accAxis、decAxis、jerkAxis分别表示在自动运行模式下，工业机器人末端按照轴运动的速度、加速度、减速度和加加速度。这些参数的数据类型为百分比类型，最大值为100。

第二组的四个参数vel、acc、dec、jerk分别表示在自动

dyn: DYNAMIC_ (可选参数)	L d2
velAxis: PERCENT	80
accAxis: PERCENT	50
decAxis: PERCENT	50
jerkAxis: PERCENT	80
vel: REAL	2 000.000
acc: REAL	6 000.000
dec: REAL	6 000.000
jerk: REAL	60 000.000
velOri: REAL	360.000
accOri: REAL	720.000
decOri: REAL	720.000
jerkOri: REAL	7 200.000

第一组——velAxis、accAxis、decAxis、jerkAxis
第二组——vel、acc、dec、jerk
第三组——velOri、accOri、decOri、jerkOri

图6-6　工业机器人动态参数展开界面

运行模式下，工业机器人末端按照线性运动的速度、加速度、减速度和加加速度。这些参数的数据类型为浮点数型，单位分别是mm/s、mm/s^2、mm/s^2、mm/s^3。

第三组的四个参数 velOri、accOri、decOri、jerkOri 分别表示在自动运行模式下，工业机器人末端姿态变化的速度、加速度、减速度和加加速度。这些参数的数据类型也是浮点数型，单位分别是°/s、°/s²、°/s²、°/s³。

（2）逼近参数　逼近参数 ovl 用于指定工业机器人在指定相邻轨迹处的过渡形式，一般有准确停止和圆弧过渡两种类型。如果不设置逼近参数，则工业机器人会精确地停止在当前目标点；如果设置了逼近参数，那么工业机器人会按照圆弧形式过渡，即工业机器人运动到目标点时不会精确地停止，而是以圆弧的形式逼近目标点，逼近到一定程度后不做停留，直接运动到下一个目标点。

如图 6-7 所示，工业机器人从 P1 点过渡到 P2 点再运动到 P3 点，可由 L1、L2 和 L3 三条轨迹完成。三条轨迹中 L1 为运动指令中不设置逼近参数的轨迹，工业机器人精确定位 P2 点，经停 P2 点后继续运动到 P3 点；L2 为运动指令中设置逼近参数的轨迹，工业机器人按照圆弧方式逼近过渡点 P2，不做停留，以圆弧方式离开，继续运动到 P3 点；L3 轨迹的运动指令同样设置逼近参数，只是 L3 轨迹的逼近半径较 L2 更大一些。

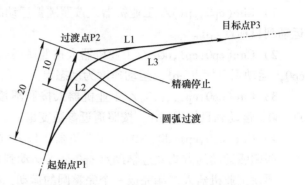

图 6-7　指定逼近参数的工业机器人过渡轨迹

逼近参数有三种类型，分别是绝对逼近参数 OVLABS、相对逼近参数 OVLREL 和 OVL-SUPPOS。常用的逼近参数类型为 OVLABS。

OVLABS 定义了工业机器人运动逼近所允许的最大偏差，共有四个参数，如图 6-8 所示。

名字	数值
PTP(ap1,,oa0)	
⊞ pos: POSITION_ (新建)	└ ap1 ▽
dyn: DYNAMIC_ (可选参数)	无数值 ▽
⊟ ovl: OVERLAP_ (可选参数)	└ oa0 ▽
posDist: REAL	0.000
oriDist: REAL	360.000
linAxDist: REAL	10,000.000
rotAxDist: REAL	360.000
vConst: BOOL	☐

图 6-8　OVLABS 展开界面

其中，posDist 表示工业机器人距离目标位置的最大值，单位为 mm。即当工业机器人末端距离目标位置 posDist 时，运动轨迹按照相应的圆弧完成圆弧逼近。oriDist 表示工业机器人末端的姿态距目标姿态的最大值，即当工业机器人末端的姿态与目标姿态相距 oriDist 时，运动轨迹开始动态逼近。linAxDist 与 rotAxDist 表示附加轴的动态逼近参数。vConst 是速度常量选项，勾选该选项后，工业机器人逼近目标点时的运动速度为常量；如果没有勾选该选项，则工业机器人在逼近过程中会有减速、加速过程。

相对逼近参数 OVLREL 用来定义工业机器人运动逼近的百分比，取值范围是 0~200。当 OVLREL 等于 0 时，相当于没有使用逼近参数；当 OVLREL 不等于 0 时，按照逼近参数的形式进行圆弧过渡。相对逼近参数的数值越大，圆弧过渡的效果就越明显，使用时的具体数值根据工艺需求而定，一般默认值是 100。

5. 子程序调用指令（CALL）

KAIRO 程序可以根据不同的用途创建多个程序模块，如专门用于主控制的程序模块、用于位置计算的程序模块、用于存放数据的程序模块等，这样便于归类管理具有不同用途的例行程序与数据。每个程序模块可以包含程序数据、例行程序、中断程序和功能程序四种对象，但这四种对象不一定同时存在于一个程序模块中。程序模块之间的程序数据、例行程序、中断程序和功能程序是可以互相调用的。CALL 指令就是一种调用程序模块的指令，其指令格式如下：

```
CALL（子程序文件名）
```

子程序文件名为被调用子程序的文件名。执行 CALL 指令后，程序会跳转到被调用的子程序中，当子程序的指令都执行结束后，会自动跳转回调用程序中，继续执行上一级的程序。

【任务实施】

1. 工业机器人程序的设计与编写

（1）绘制工业机器人程序流程图　根据工业机器人的运动轨迹编写程序时，首先根据控制要求绘制工业机器人程序流程图，然后编写主程序和子程序。根据工作任务 1 要求，工业机器人需要完成正方形、三角形和圆形图形的绘制。为了使工业机器人程序结构清晰，可设置正方形子程序、三角形子程序和圆形子程序，主程序调用各子程序即可。工业机器人程序流程图如图 6-9 所示。

（2）规划工业机器人运动轨迹和示教点　根据绘图模块上的图形分布情况，工业机器人在绘制正方形时，绘图笔从原点快速运动到 P1 点，然后按照直线运动方式依次经过 P2、P3、P4 点，再直线返回 P1 点，最后快速运动到原点位置。另外，为了安全地完成图形绘制，绘图笔应先运动到图形上方后，再垂直下降到绘图起点 P1。同样，在绘图结束后，绘图笔也须先垂直上升到 P1 点上方的安全点，再回到原点。同理，当工业机器人绘制三角形和圆形时，也应采用这种方式。

工业机器人完成各种运动轨迹前，需要确定图形中的重要示教点，见表 6-1。

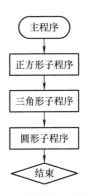

图 6-9　工业机器人程序流程图

表 6-1　工业机器人运动时的示教点

序号	图形中的点	示教点名称	注　释	备　注
1	图形上方	ap0	工业机器人初始零点	关节坐标为 (0,0,0,0,-90,0)
2	正方形起点上方	ap1	正方形 P1 点上方 50mm 处	示教获得
3	P1 ～ P4	cp1 ～ cp4	正方形的四个顶点	示教获得
4	三角形起点上方	ap2	三角形 P5 点上方 50mm 处	示教获得
5	P5 ～ P7	cp5 ～ cp7	三角形的三个顶点	示教获得
6	圆形起点上方	ap3	圆形 P8 点上方 50mm 处	示教获得
7	P8 ～ P10	cp8 ～ cp10	半个圆弧的起点、过渡点和终点	示教获得
8	P10、P11、P8	cp10、cp11、cp8	另外半个圆弧的起点、过渡点和终点	示教获得

（3）编写程序　根据项目要求，分别编写正方形子程序、三角形子程序、圆形子程序和主程序。

1）编写正方形子程序 fang：

```
PTP(ap0)      //工业机器人从原点位置出发
PTP(ap1)      //工业机器人运动到正方形 P1 点上方处,距离 P1 点约 50mm
Lin(cp1)      //工业机器人垂直下降到 P1 点处
Lin(cp2)      //工业机器人直线运动到 P2 点处
Lin(cp3)      //工业机器人直线运动到 P3 点处
Lin(cp4)      //工业机器人直线运动到 P4 点处
Lin(cp1)      //工业机器人直线运动到 P1 点处
Lin(ap1)      //工业机器人垂直运动到正方形 P1 点上方处
PTP(ap0)      //工业机器人返回原点位置
```

2）编写三角形子程序 sanjiao：

```
PTP(ap0)      //工业机器人从原点位置出发
PTP(ap2)      //工业机器人运动到三角形 P5 点上方处,距离 P5 点约 50mm
Lin(cp5)      //工业机器人垂直下降到 P5 点处
Lin(cp6)      //工业机器人直线运动到 P6 点处
Lin(cp7)      //工业机器人直线运动到 P7 点处
Lin(cp5)      //工业机器人直线运动到 P5 点处
Lin(ap2)      //工业机器人垂直运动到三角形 P5 点上方处
PTP(ap0)      //工业机器人返回原点位置
```

3）编写圆形子程序 yuan：

```
PTP(ap0)          //工业机器人从原点位置出发
PTP(ap3)          //工业机器人运动到圆形 P8 点上方处,距离 P8 点约 50mm
Lin(cp8)          //工业机器人垂直下降到 P8 点处
Circ(cp9,cp10)    //工业机器人按照圆弧方式经过 P9 点,再以圆弧方式运动到 P10 点处
```

```
Circ(cp11,cp8)      //工业机器人按照圆弧方式经过 P11 点,再以圆弧方式运动到 P8 点处
PTP(ap3)            //工业机器人垂直运动到圆形 P8 点上方处
PTP(ap0)            //工业机器人返回原点位置
```

4）编写主程序：

```
CALL sanjiao        //调用绘制三角形子程序
CALL fang           //调用绘制正方形子程序
CALL yuan           //调用绘制圆形子程序
```

（4）将指令添加到示教器中

1）新建工程和程序文件。

① 单击主菜单键，单击 图标，选择"项目"选项，如图 6-10 所示。

② 单击右下角的"文件"按钮，选择"新建项目"选项，如图 6-11 所示。

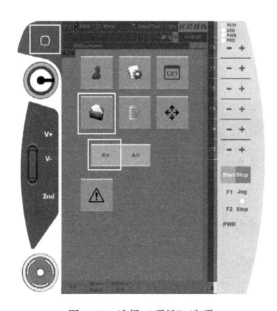

图 6-10　选择"项目"选项

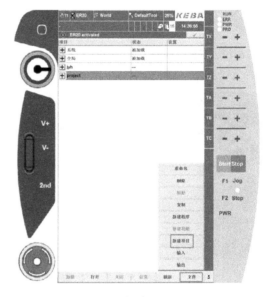

图 6-11　"新建项目"界面

③ 输入新建项目名称"huitu"，同时建立主程序文件，文件名为"main"，如图 6-12 所示。

④ 在"huitu"项目中添加其他子程序文件，分别命名为"fang""yuan"和"sanjiao"。程序列表如图 6-13 所示。

2）添加正方形子程序。

① 选择"fang"子程序，单击左侧"加载"按钮，进入"fang"子程序编辑界面，如图 6-14 所示。

② 单击"新建"按钮，选择运动指令组 PTP 指令，如图 6-15 所示；单击"确定"按钮，进入 PTP 指令示教点设置界面，如图 6-16 所示。

图 6-12 新建"huitu"项目中的"main"程序

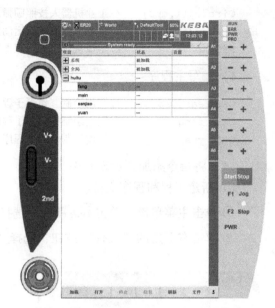

图 6-13 程序列表

图 6-14 "fang"子程序编辑界面

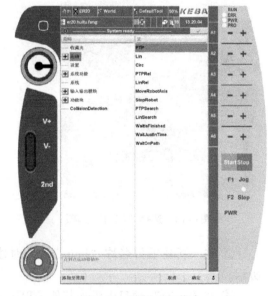

图 6-15 选择 PTP 指令

③ 手动操作 工业机器人，将其移动到原点位置，关节坐标为 (0,0,0,0,-90,0)；单击"示教"按钮，记录当前位置；单击"确认"按钮完成 PTP 指令的添加，如图 6-17 所示。

④ 手动操作工业机器人，将其移动到绘图平台 P1 点上方 50mm 的位置，添加第二条 PTP 指令，过程同上，添加后如图 6-18 所示。

⑤ 单击"新建"按钮，选择运动指令组 Lin 指令，如图 6-19 所示，单击"确定"按钮添加。

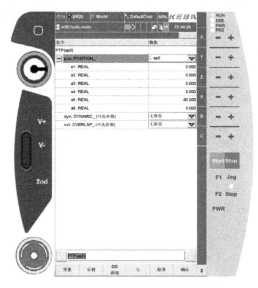

图 6-16　PTP 指令示教点设置界面

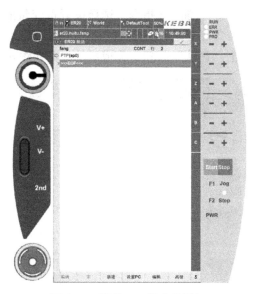

图 6-17　完成 PTP 指令的添加

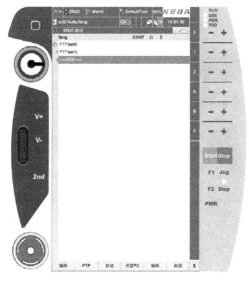

图 6-18　完成第二条 PTP 指令的添加

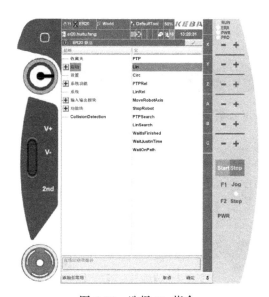

图 6-19　选择 Lin 指令

⑥ 进入 Lin 指令示教点设置界面，如图 6-20 所示。按照直角坐标系手动操作工业机器人朝 Z 轴负方向运动，至正方形的起点 P1 位置，单击"示教"按钮，记录位置。单击"确认"按钮后，完成 Lin 指令的添加，如图 6-21 所示。

⑦ 同理，单击"新建"按钮，添加 Lin 指令，手动操作工业机器人移动到 P2 点，单击"示教""确认"按钮后，工业机器人记录下 P2 点的位置；单击"新建"按钮，添加 Lin 指令，手动操作工业机器人移动到 P3 点，单击"示教"按钮记录下 P3 点的位置；单击"新建"按钮，添加 Lin 指令，手动操作机器人移动到 P4 点，单击"示教"按钮记录 P4 点的位置。添加后示教器界面如图 6-22 所示。

⑧ 添加 Lin 指令，选择位置点变量的 cp1 点，单击"确认"按钮；添加 PTP 指令，选择位置点变量的 ap1 点，单击"确认"按钮；最后新建 PTP 指令，选择之前建立的 ap0 点，单击"确认"按钮。完成后的界面如图 6-23 所示。

图 6-20　Lin 指令示教点设置界面

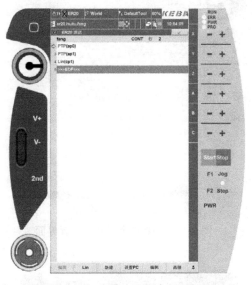

图 6-21　完成 Lin 指令的添加

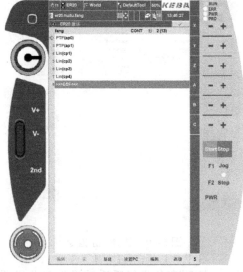

图 6-22　完成四个顶点的示教

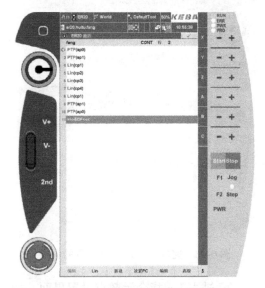

图 6-23　完成正方形的示教编程

3）添加三角形子程序。

① 选择"sanjiao"子程序，单击左侧"加载"按钮，进入"sanjiao"子程序。

② 参考正方形子程序的添加方式，完成三角形子程序的指令添加。

4）添加圆形子程序。

① 选择"yuan"子程序，单击左侧"加载"按钮，进入"yuan"子程序。

② 手动操作工业机器人，将其移动到原点位置，关节坐标为 (0, 0, 0, 0, −90, 0)；单击"示教"按钮，记录当前位置，单击"确认"按钮，完成 PTP 指令的添加。

③ 手动操作工业机器人，将其移动到绘图平台上圆形 P8 点上方 50mm 的位置，添加第二条 PTP 指令，过程同上。

④ 手动操作工业机器人，将其移动到绘图平台上圆形 P8 点位置，添加第二条 Lin 指令，过程同上。添加后如图 6-24 所示。

⑤ 单击"新建"按钮，选择运动指令组 Circ 指令，单击"确认"按钮添加，如图 6-25 所示。

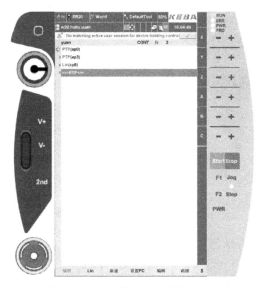

图 6-24　工业机器人运动到 P8 点

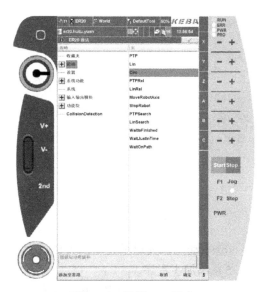

图 6-25　选择 Circ 指令

⑥ 手动操作工业机器人，将绘图笔移动到 P9（圆弧过渡点）位置，单击"示教"按钮，如图 6-26 所示；再次手动操作工业机器人，将绘图笔移动到 P10（第一段圆弧的结束点）位置，如图 6-27 所示。单击"示教"按钮，完成圆弧指令的添加，如图 6-28 所示。

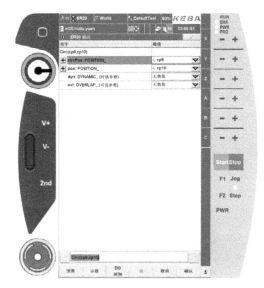

图 6-26　示教 Circ 指令的过渡点

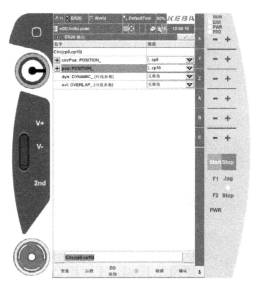

图 6-27　示教 Circ 指令的结束点

⑦ 同理，完成第二段圆弧、工业机器人返回起点安全位置和返回原点的示教编程，完成后如图 6-29 所示。

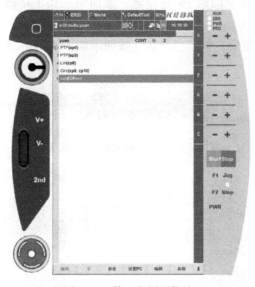

图 6-28　第一段圆弧轨迹

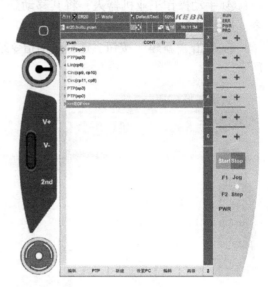

图 6-29　完整圆形的示教编程

⑧ 手动调试圆形子程序的方法同上，请读者自行学习。

5）添加主程序。

① 选择"main"程序，单击左侧"加载"按钮，进入"main"程序。

② 单击"新建"按钮，选择系统指令组 CALL 指令，如图 6-30 所示，单击"确定"按钮添加。

③ 确定后弹出子程序调用列表，选择"fang"子程序，单击"　✓　"按钮确认，完成子程序的选择，如图 6-31 所示。

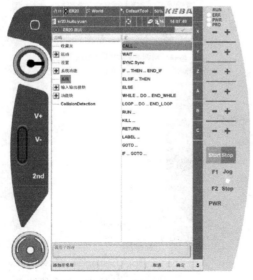

图 6-30　选择 CALL 指令

图 6-31　选择子程序

④ 同理，再次添加 CALL 指令，依次选择 "yuan" 和 "sanjiao" 子程序，完成主程序指令的编辑，如图 6-32 所示。

2. 手动模式调试程序

采用手动模式调试工业机器人程序时，一般需要按照单步执行方式将程序运行一遍。在运行过程中，根据项目要求添加或修改示教点，实现程序最终要求。手动模式调试程序的过程如下：

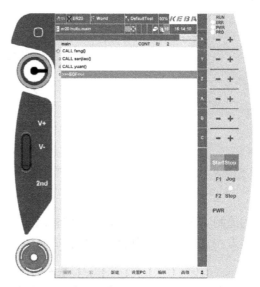

图 6-32　完成主程序的编辑

（1）加载主程序文件　工业机器人程序有且只有一个主程序，它是整个程序的入口，因此工业机器人通电后应首先加载主程序文件。加载后单击"设置 PC"按钮，使程序计数器 PC 箭头移动到主程序的第一行指令处，为单步执行程序做好准备。

（2）单步执行程序　单击示教器侧面的"Jog"按钮，将运行模式调至"STEP"模式，使工业机器人处于单步执行状态。此时，操作者轻压使能开关，工业机器人伺服通电；按下"Start"按钮，工业机器人将按照程序要求依次单步执行程序中的各条指令。注意：在单步执行状态下，每按一下"Start"按钮，工业机器人执行一条程序，移动一个程序点。操作者在工业机器人运行过程中需要不断检查各程序点的位置、速度、运动姿态等状态，如果有与实际要求不一致的，需重新编辑和修改运动程序和运动变量。若工业机器人在单步执行模式下运行正常，则可采用连续执行模式进行调试。

（3）连续执行程序　单击"Jog"按钮，将运行模式调至"CONT"模式，使工业机器人处于连续执行状态。此时，操作者轻压使能开关，工业机器人伺服通电；按下"Start"按钮，工业机器人连续执行程序。若工业机器人在连续执行模式下运行正常，则完成其手动调试。

3. 工业机器人自动运行调试

1）将工业机器人示教器的模式选择开关调至"自动"模式。

2）加载执行"main"主程序，PC 位置指向"main"第一行。

3）调节示教器背面的速度调节按钮，将工业机器人的速度下调至 25% 以下。

4）单击"PWR"按钮，使工业机器人伺服电动机通电；单击"Start"按钮，工业机器人开始自动运行程序。此时，工业机器人将自动完成三角形、正方形、圆形的运动轨迹，且在运行后返回原点，停止运动。

6.2.2　工作任务 2

工作任务 2：编写工业机器人示教程序，使绘图笔从工业机器人原点出发，完成图 6-33 所示图形的运动轨迹。

由图 6-33 可知，所要绘制图形是由多条直线轨迹组成的，因此应采用 Lin 指令完成轨

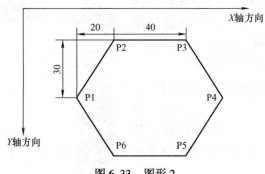

图 6-33　图形 2

迹的绘制。图形上各顶点的相对位置已知，可以使用前一个点作为基准点，根据其他顶点与基准点在直角坐标系中的偏移量，确定每个点的位置。各点的偏移量见表 6-2。

表 6-2　六边形顶点的偏移量

序号	图形中的点	相对偏移点	偏　移　量
1	P1	无	无
2	P2	P1	X 方向偏移 20mm，Y 方向偏移 −30mm
3	P3	P2	X 方向偏移 40mm
4	P4	P3	X 方向偏移 20mm，Y 方向偏移 30mm
5	P5	P4	X 方向偏移 −20mm，Y 方向偏移 30mm
6	P6	P5	X 方向偏移 −40mm

【相关知识】

1. 赋值指令

赋值指令是用于对程序数据进行赋值的指令。其右侧可以是一个常量，也可以是一个变量，还可以是表达式。赋值指令的左侧只能是一个变量。

（1）赋值指令的格式

变量：= 变量（表达式）

（2）赋值指令举例

1）num1：= 5//常数 5 赋值给变量 num1

2）num2：= num2 + 1//num2 + 1 的值赋值给 num2

3）ap0：= ap2//关节坐标型变量 ap2 的数值赋值给关节坐标型变量 ap0，ap2 点的六个分量 a1 ~ a6 全部赋值给 ap0。

4）cp1：= cp1 − cp2//直角坐标型变量 cp1 − cp2 的差赋值给直角坐标型变量 cp1，该差值为 cp1 与 cp2 的六个分量 x、y、z、a、b、c 各自相减的值。

5）ap0. a1：= ap1. a2 + 10//ap1 的 a2 轴分量 + 10°赋值给 ap0 的 a1 分量。

6）cp0. x：= cp1. x − 100//cp1 的 X 方向分量 − 100 mm 赋值给 cp0 的 X 分量。

2. 相对运动指令

相对运动指令用来定义相对当前位置发生的偏移，相对偏移量既可以是距离，也可以是角度。相对运动指令共有两种，分别是 PTPRel 指令和 LinRel 指令。

（1）关节相对运动指令（PTPRel） 关节相对运动指令为 PTP 插补相对偏移指令，执行该指令后，工业机器人以当前位置为起点位置，六个轴相对偏移一定的角度。

1）指令格式：

`PTPRel(关节偏移型变量 da,[动态参数变量 dyn],[逼近参数 ovl])`

2）指令格式说明。

① 关节偏移型变量（da）：机器人相对当前位置六个轴的角度偏移量，该变量用关节坐标（da1,da2,da3,da4,da5,da6）表示。如设置 da1 的值为 30，那么执行 PTPRel 指令时，工业机器人的 J_1 轴相对于原位置沿正方向转动30°，其他轴无转动。

关节偏移型变量数值的获得方式有两种：示教器直接输入法和赋值语句赋值输入法。

② 动态参数变量 dyn 和逼近参数 ovl 的意义同上。

3）PTPRel 指令举例。

① PTPRel(da1)//工业机器人以当前位置为起点，六个轴相对偏移 da1 的角度。

② PTPRel(da1,d0)//工业机器人以当前位置为起点，六个轴相对偏移 da1 的角度，运动速度为动态参数变量 d0 的值。

③ PTPRel(da1,,ov0)//工业机器人以当前位置为起点，六个轴相对偏移 da1 的角度，按照逼近参数 ov0 的值逼近目标点。

④ PTPRel(da1,d0,ov0)//工业机器人以 d0 的运动速度、ov0 的逼近方式，以当前位置为起点，六个轴相对偏移 da1 的角度。

（2）线性相对运动指令（LinRel） 线性相对运动指令为线性插补相对偏移指令，执行该指令后，工业机器人相对当前位置偏移一定的距离和角度。

1）指令格式：

`LinRel(相对偏移变量 dist,[动态参数变量 dyn],[逼近参数 ovl])`

2）指令格式说明。

① 相对偏移变量（dist）：参数 dist 中的 dx、dy、dz 分别表示空间坐标系中在 X、Y、Z 方向上的相对偏移量，单位是 mm；da、db、dc 表示工业机器人姿态的相对偏移量，单位是°。

相对偏移变量数值的获得方式有三种：示教器直接输入法、位置点示教法以及赋值语句赋值输入法。

② 动态参数变量 dyn 和逼近参数 ovl 的意义同上。

3）LinRel 指令举例。

① LinRel(cd0)//工业机器人以当前位置为起点，相对偏移 cd0 的距离或角度。

② LinRel(cd0,d0)//工业机器人以当前位置为起点，相对偏移 cd0 的距离或角度，运动速度为动态参数变量 d0 的值。

③ LinRel(cd0,,ov0)//工业机器人以当前位置为起点，相对偏移 cd0 的距离或角度，按照逼近参数 ov0 的值逼近目标点。

④ LinRel(cd0,d0,ov0)//工业机器人以 d0 的运动速度、ov0 的逼近方式，以当前位置为起点，相对偏移 cd0 的距离或角度。

【任务实施】

1. 工业机器人程序的设计与编写

（1）绘制工业机器人程序流程图　根据工作任务 2 的要求，绘图笔应从原点直线运动到 P1 点上方，再垂直下降到 P1 点，然后按照直线运动的方式依次经过六边形的各个顶点，再直线返回到 P1 点，最后返回原点位置。P2～P6 点的位置根据 P1 点的位置计算赋值得到。图形 2 的工业机器人程序流程图如图 6-34 所示。

（2）规划工业机器人运动轨迹和示教点　根据绘图模块上的图形和示教点的相对位置，可以 P1 点为参考点，根据相对偏移量计算其他顶点的位置。六边形的示教点见表 6-3。

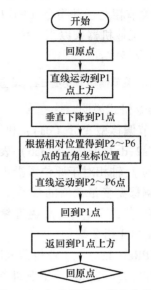

图 6-34　工作任务 2 程序流程图

表 6-3　六边形的示教点

序号	图形中的点	示教点名称	注　　释	备　　注
1	原点	ap0	工业机器人初始零点	关节坐标为 $(0,0,0,0,-90,0)$
2	P1 点上方	cp0	六边形 P1 点上方 50mm 处	示教获得
3	P1	cp1	六边形起始点 P1	示教获得
4	P2	cp2	相对 cp1 点 X 方向偏移 20mm，Y 方向偏移 -30mm	通过相对尺寸关系计算位置坐标
5	P3	cp3	相对 cp2 点 X 方向偏移 40mm	
6	P4	cp4	相对 cp3 点 X 方向偏移 20mm，Y 方向偏移 30mm	
7	P5	cp5	相对 cp4 点 X 方向偏移 -20mm，Y 方向偏移 30mm	
8	P6	cp6	相对 cp5 点 X 方向偏移 -40mm	

（3）用赋值指令编写程序

```
PTP(ap0)//工业机器人从原点出发
Lin(cp0)//工业机器人运动到六边形的起始点 P1 上方
Lin(cp1)//垂直下降到 P1 点
cp2：=cp1//将 P1 点的位置赋值给 P2 点
cp3：=cp1//将 P1 点的位置赋值给 P3 点
cp4：=cp1//将 P1 点的位置赋值给 P4 点
cp5：=cp1//将 P1 点的位置赋值给 P5 点
cp6：=cp1//将 P1 点的位置赋值给 P6 点
```

cp2. x：= cp1. x + 20

cp2. y：= cp1. y - 30//根据 P2 点和 P1 点的相对位置计算出 P2 点的坐标

cp3. x：= cp2. x + 40//根据 P3 点和 P2 点的相对位置计算出 P3 点的坐标

cp4. x：= cp3. x + 20

cp4. y：= cp3. y + 30//根据 P4 点和 P3 点的相对位置计算出 P4 点的坐标

cp5. x：= cp4. x - 20

cp5. y：= cp4. y + 30//根据 P5 点和 P4 点的相对位置计算出 P5 点的坐标

cp6. x：= cp5. x - 40//根据 P6 点和 P5 点的相对位置计算出 P6 点的坐标

Lin(cp2)//直线运动到 P2 点

Lin(cp3)//直线运动到 P3 点

Lin(cp4)//直线运动到 P4 点

Lin(cp5)//直线运动到 P5 点

Lin(cp6)//直线运动到 P6 点

Lin(cp1)//返回 P1 点

Lin(cp0)//返回 P1 点上方

PTP(ap0)//工业机器人返回原点位置

（4）将指令添加到示教器中

1）新建工程和程序文件。

① 单击主菜单键，单击 图标，选择"项目"选项；单击右下角"文件"按钮，选择"新建项目"选项。

② 输入新建项目名称"huitu2"，建立主程序文件，文件名为"main"。

③ 选择"main"程序，单击左侧"加载"按钮，进入"main"程序编辑界面。

2）添加运动指令。

① 单击"新建"按钮，选择运动指令组中的 PTP 指令，单击"确定"按钮添加。手动操作工业机器人，使其运行到原点位置，关节坐标为（0,0,0,0,-90,0），单击"示教"按钮，记录当前位置。

② 单击"新建"按钮，选择运动指令组中的 Lin 指令，单击"确定"按钮添加。手动操作工业机器人，使其运行到 P1 点上方位置，单击"示教"按钮，记录当前位置。

③ 单击"新建"按钮，选择 Lin 指令，单击"确定"按钮添加。按照直角坐标系手动操作工业机器人朝 Z 轴负方向运动，至 P1 点位置，单击"示教"按钮并记录位置 cp1。添加后指令界面如图 6-35 所示。

④ 单击主菜单键，进入变量管理界面。

⑤ 选择"main"主程序，单击"变量"按钮，选择"新建"选项。

⑥ 选择"位置"变量中的 CARTPOS 型变量，变量名称为 cp2，单击"确认"按钮。

⑦ 同理，建立 cp3 ~ cp6 变量，然后单击"返回"按钮，返回程序编辑界面。

⑧ 添加赋值指令。过程如下：

a. 单击"新建"按钮，选择系统功能指令组中的赋值指令，如图 6-36 所示。

b. 单击"确定"按钮后，触摸屏下方弹出赋值指令表达式，如图 6-37 所示。

c. 选择"：="左侧的空白位置，单击左侧的"更改"按钮，选择需要添加的变量 cp2，单击"确认"按钮后如图 6-38 所示。

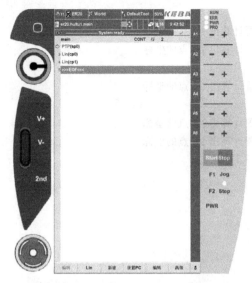

图 6-35　工业机器人运动到六边形起点

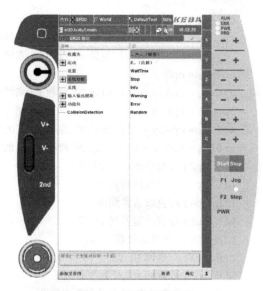

图 6-36　选择赋值指令

d. 选择"：＝"右侧的空白位置，单击"替换"按钮，选择"变量"选项，然后选择需要添加的变量 cp1，单击"确认"按钮，如图 6-39 所示。

图 6-37　赋值指令表达式

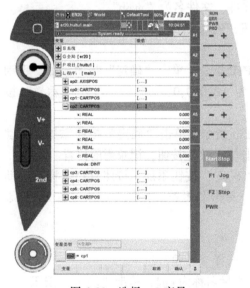

图 6-38　选择 cp2 变量

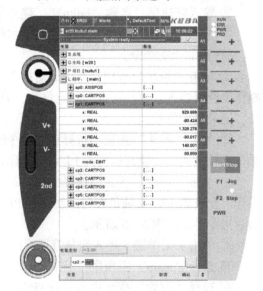

图 6-39　选择 cp1. x 分量

e. 完成一条赋值指令，如图 6-40 所示。

⑨ 采用同样的方法完成其他赋值指令的添加，如图 6-41 所示。

⑩ 添加带运算表达式的赋值指令，步骤如下：

a. 单击"新建"按钮，选择系统功能指令组中的赋值指令。

b. 单击"确定"按钮后，触摸屏下方弹出赋值指令表达式。

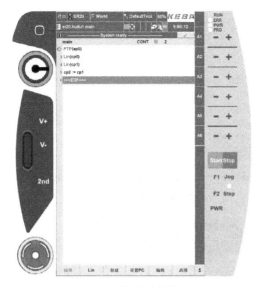

图6-40　完成赋值指令

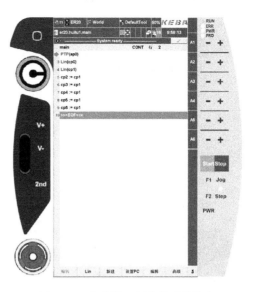

图6-41　完成第一部分的赋值指令

c. 选择赋值运算符"：="左侧的空白位置，单击左侧"更改"按钮，选择需要添加的变量 cp2.x，单击"确认"按钮，如图6-42所示。

d. 选择赋值"：="右侧的空白位置，单击"替换"按钮，选择"变量"选项，选择需要添加的变量 cp1.x，单击"确认"按钮，如图6-43所示。

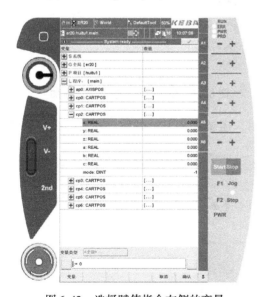

图6-42　选择赋值指令左侧的变量

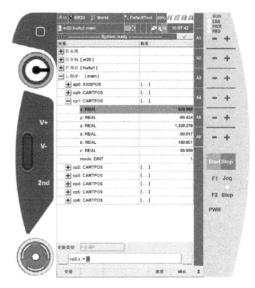

图6-43　选择赋值指令右侧的变量

e. 单击"新增"按钮，弹出操作符窗口，如图6-44所示。选择"+"运算符并添加到表达式中。

f. 选择添加的赋值表达式中新添加的数据0，如图6-45所示。单击"更改"按钮，通过软键盘将数值修改为20，单击"确定"按钮完成添加，如图6-46所示。同理，完成其他赋值语句的添加，如图6-47所示。

图 6-44 操作符窗口

图 6-45 赋值指令表达式

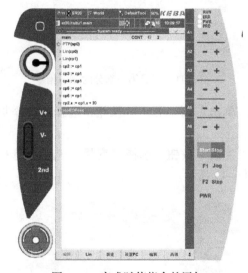

图 6-46 完成赋值指令的添加

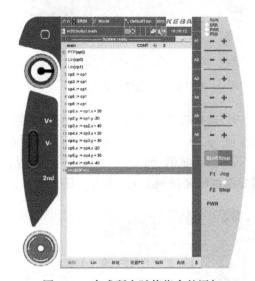

图 6-47 完成所有赋值指令的添加

⑪ 工业机器人计算出轨迹中六个顶点的位置后，需要添加 Lin 指令，按照直线运动的方式完成轨迹。Lin 指令的添加过程如下：

a. 添加 Lin 指令，单击位置变量列表，选择 cp2 点，单击"确认"按钮，如图 6-48 所示。

b. 按同样的方法完成其他 Lin 指令的添加，如图 6-49 所示。

⑫ 完成绘图笔直线运动到 P1 点上方安全位置的 Lin 指令；完成工业机器人回到原点的 PTP 指令。至此，完成整个图形的绘制程序，如图 6-50 所示。

（5）用相对运动指令编写程序 图形 2（图 6-33）除了可以用赋值指令编程实现外，还可以使用相对运动指令编程实现，参考程序如下：

```
PTP(ap0)//工业机器人从原点出发
Lin(cp0)//工业机器人直线运动到图形起点的上方
Lin(cp1)//工业机器人直线运动到图形起点
```

图 6-48 选择 cp2 点

LinRel(cd0)//工业机器人相对X正方向偏移20mm，Y负方向偏移30mm
LinRel(cd1)//工业机器人相对X正方向偏移40mm
LinRel(cd2)//工业机器人相对X正方向偏移20mm，Y正方向偏移30mm
LinRel(cd3)//工业机器人相对X负方向偏移20mm，Y正方向偏移30mm
LinRel(cd4)//工业机器人相对X负方向偏移40mm
Lin(cp1)//工业机器人返回起点
Lin(cp0)//工业机器人直线运动到起点上方安全点
PTP(ap0)//工业机器人返回原点位置

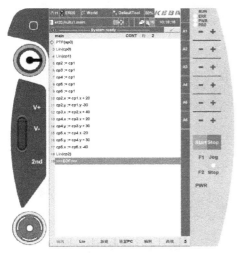

图6-49 完成Lin指令的添加

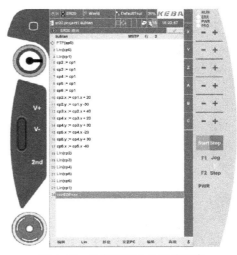

图6-50 绘制图形2的最终程序

程序添加过程如下：

1）新建项目文件"huitu2"和程序文件"main1"。

2）示教编写工业机器人从原点出发运动到P1点上方，然后垂直下降到P1点处的程序，完成ap0、cp0和cp1点的示教编程，如图6-51所示。

3）单击"新建"按钮，选择运动指令组中的LinRel指令，单击"确定"按钮添加，如图6-52所示。

图6-51 工业机器人运动到六边形起点

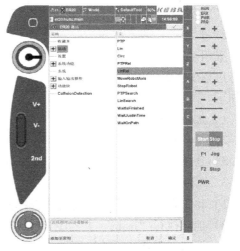

图6-52 添加LinRel指令

4）单击 dist 数据前的"＋"号，dx 赋值 20，dy 赋值 －30，单击"确定"按钮，完成 LinRel（cd0）指令的添加，如图 6-53 所示。

5）同理，完成 LinRel(cd1)～LinRel(cd4) 指令的添加，之后添加工业机器人返回图形起点和返回原点的指令，如图 6-54 所示。各位置的偏移量见表 6-4。

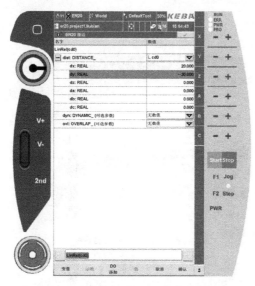

图 6-53　LinRel（cd0）指令的添加

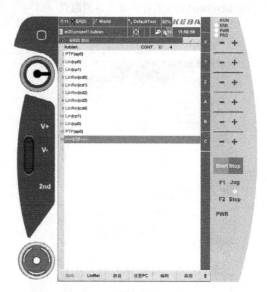

图 6-54　完成指令的添加

表 6-4　图形 2 程序中的相对运动指令和相对偏移量

序号	相对运动指令	相对偏移参考点	偏移量变量	注　释
1	LinRel（cd0）	cp1	cd0	dx 赋值 20，dy 赋值 －30
2	LinRel（cd1）	cp2	cd1	dx 赋值 40
3	LinRel（cd2）	cp3	cd2	dx 赋值 20，dy 赋值 30
4	LinRel（cd3）	cp4	cd3	dx 赋值 －20，dy 赋值 30
5	LinRel（cd4）	cp5	cd4	dx 赋值 －40

2. 手动模式调试程序

采用手动模式调试工业机器人程序时，一般需要按照单步执行方式将程序运行一遍。在运行过程中，根据项目要求添加或修改示教点，实现程序最终要求。手动模式调试程序的过程如下：

1）加载主程序文件。

2）单步执行工业机器人程序。

3）连续执行工业机器人程序。

3. 机器人自动运行调试

1）将工业机器人示教器的模式选择开关调至"自动"模式。

2）加载执行"main"主程序，PC 位置指向"main"第一行。

3）调节示教器背面的速度调节按钮，将工业机器人的速度下调至 25% 以下。

4）单击"PWR"按钮，使工业机器人伺服电动机通电；单击"Start"按钮，工业机器人开始自动运行程序。此时，工业机器人将自动完成六边形的运动轨迹，且在运行后返回原点，停止运动。

6.2.3 工作任务3

工作任务3：定义一个整型变量i0，当变量i0的值为0时，工业机器人按照正方形轨迹绘图；当变量i0的值为1时，工业机器人按照三角形轨迹绘图；当i0为其他数值时，工业机器人按照圆形轨迹绘图，图形如图6-2所示。

【相关知识】

KAIRO编程语言可以由IF语句构成分支结构指令，该指令有三种类型，分别是单分支结构指令、双分支选择结构指令和多分支选择结构指令。

1. 单分支结构指令（IF...THEN...END_IF）

（1）指令格式

```
IF 表达式 THEN
    语句
END_IF
```

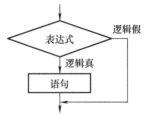

图6-55 单分支结构指令流程图

（2）指令说明 如果表达式为逻辑真TRUE，则执行IF后紧跟的语句；如果表达式为逻辑假，则不执行语句，流程图如图6-55所示。

单分支结构指令用于条件跳转控制，IF后面的条件判断表达式必须是BOOL型。每条指令必须以关键字END_IF作为条件控制结束。

只有在IF和END_IF之间包含的语句具有判断功能，END_IF后面的语句属于顺序结构，无论条件是否满足都要执行。

（3）指令举例

```
i:=1
IF i=1 THEN
    PTP(ap0)
    PTP(ap1)
END_IF
PTP(ap2)
```

// 当i=1时，工业机器人执行PTP（ap0）、PTP（ap1）指令；当i不等于1时，工业机器人不执行PTP（ap0）、PTP（ap1）指令，直接跳转执行PTP（ap2）。

2. 双分支选择结构指令（IF...THEN...ELSE...END_IF）

（1）指令格式

```
IF 表达式 THEN
    语句1
ELSE
    语句2
END_IF
```

（2）指令说明　如果表达式为逻辑真 TRUE，则执行 IF 后紧跟的语句 1；否则（即表达式为逻辑假），执行 ELSE 后面的语句 2，流程图如图 6-56 所示。

（3）指令举例

```
i:=1
IF i=1 THEN
    PTP(ap0)
    PTP(ap1)
ELSE
    PTP(ap3)
    PTP(ap4)
END_IF
```

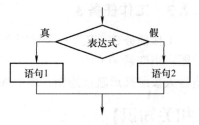

图 6-56　双分支选择结构指令流程图

// 当 i = 1 时，工业机器人执行 PTP（ap0）、PTP（ap1）指令；当 i 不等于 1 时，工业机器人执行 PTP（ap3）、PTP（ap4）指令。

3. 多分支选择结构指令（ELSIF…THEN）

（1）指令格式

```
IF  表达式1  THEN
    语句1
ELSIF 表达式2  THEN
    语句2
ELSIF 表达式3  THEN
    语句3
      ⋮
ELSE 语句n
END_IF
```

（2）指令说明　如果表达式 1 为逻辑真，则执行语句 1，否则（表达式 1 为逻辑假）向下判断表达式 2 的值；如果表达式 2 为逻辑真，则执行语句 2，否则（表达式 2 为逻辑假）继续判断表达式 3 的值……若所有表达式都为假，则执行 ELSE 后面的语句 n。流程图如图 6-57 所示。

（3）指令举例

```
i:=0
IF i=1 THEN
    PTP(ap0)
    PTP(ap1)
ELSIF i=2 THEN
    PTP(ap3)
    PTP(ap4)
ELSIF i=3 THEN
    PTP(ap5)
    PTP(ap6)
ELSE
    PTP(ap7)
    PTP(ap8)
END_IF
```

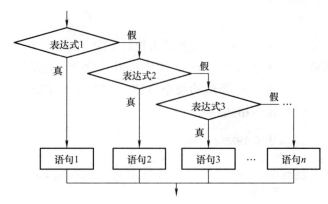

图 6-57　多分支选择结构指令

// 当 i = 1 时，工业机器人执行 PTP（ap0）、PTP（ap1）指令；否则，当 i = 2 时，工业机器人执行 PTP（ap3）、PTP（ap4）指令；否则，当 i = 3 时，工业机器人执行 PTP（ap5）、PTP（ap6）指令；否则，工业机器人执行 PTP（ap7）、PTP（ap8）指令。

【任务实施】

1. 工业机器人程序的设计与编写

（1）绘制工业机器人程序流程图

根据工作任务 3 的要求，绘图笔根据控制变量的不同选择执行不同的轨迹，当控制变量 i0 为 0 时，执行正方形子程序；当控制变量 i0 为 1 时，执行三角形子程序；当控制变量 i0 为其他值时，执行圆形子程序。流程图如图 6-58 所示。

（2）规划工业机器人运动轨迹和示教点　根据任务要求，三个图形的子程序同工作任务 1，示教点位置也和工作任务 1 中的示教位置相同，见表 6-1。

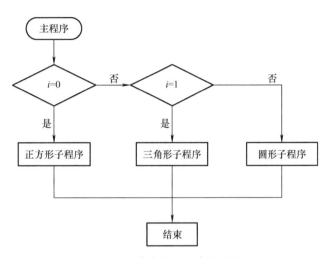

图 6-58　工作任务 3 程序流程图

（3）编写程序　根据任务要求，主程序根据整型变量 i0 的不同，选择执行不同图形的子程序，构成多分支选择结构。主程序的参考程序如下：

```
IF i0 = 0 THEN          //当控制变量 i0 为 0 时,执行正方形子程序
    CALL  fang
ELSIF i0 = 1 THEN       //当控制变量 i0 为 1 时,执行三角形子程序
    CALL sanjiao
ELSE THEN               //当控制变量 i0 为其他值时,执行圆形子程序
    CALL yuan
END_IF
```

（4）将指令添加到示教器中

1）新建工业机器人项目文件"huitu3"和程序文件"main"。

2）定义整型变量 i0，并赋值为 0，定义过程参考整型变量的建立过程。

3）单击"新建"按钮，选择系统指令组中的 IF 指令，如图 6-59 所示。

4）单击"确定"按钮添加，屏幕下方弹出 IF 指令表达式，如图 6-60 所示。

5）选择 IF 指令的条件表达式，单击"替换"按钮，选择"变量"选项，如图 6-61 所示；选择变量 i0，单击"确认"按钮，完成后如图 6-62 所示。

6）单击"新增"按钮，选择" = "运算符，如图 6-63 所示。

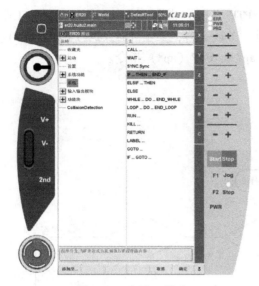

图 6-59　选择 IF 指令

图 6-60　IF 指令表达式

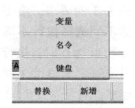

图 6-61　单击"替换"按钮

图 6-62　添加条件表达式

图 6-63　添加运算符

7）单击"更改"按钮，将所选数字修改为 0，如图 6-64 所示。完成 IF 语句的编写，如图 6-65 所示。

图 6-64　更改数字

图 6-65　完成 IF 语句的编写

8）选中 END_IF 指令，在 IF 语句中添加分支语句。单击"新增"按钮，选择"CALL"指令，选择需要调用的子程序 fang，执行后如图 6-66 所示。

9）选中 END_IF 指令，单击"新增"按钮，选择系统指令组中的 ELSIF 指令，如图 6-67 所示。屏幕下方弹出 ELSIF 选择表达式，如图 6-68 所示。

图 6-66　添加 CALL 指令

10）选择 ELSIF 后的条件表达式，单击"替换"按钮，选择"变量"选项，选择 i0 变量；单击"确认"按钮，完成后如图 6-69 所示。

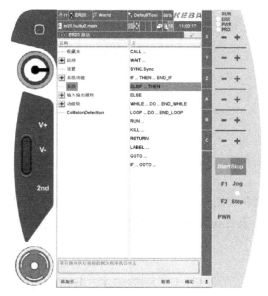

图 6-67 添加 ELSIF 指令

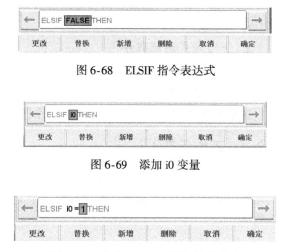

图 6-68 ELSIF 指令表达式

图 6-69 添加 i0 变量

图 6-70 完成 ELSIF 后的条件表达式

11）单击"新增"按钮，选择"="运算符，单击"更改"按钮，将所选数字修改为1，如图 6-70 所示。

12）完成后单击"确定"按钮，如图 6-71 所示。

13）选中 END_IF 指令，在 ELSIF 语句中添加分支语句。单击"新增"按钮，选择"CALL"指令，选择需要调用的子程序 sanjiao，执行后如图 6-72 所示。

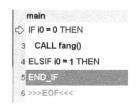

图 6-71 完成 ELSIF 分支指令

图 6-72 添加三角形子程序

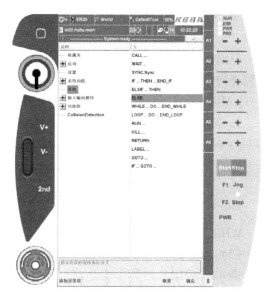

图 6-73 添加 ELSE 指令

14）选中 END_IF 指令，单击"新增"按钮，选择系统指令组中的 ELSE 指令，如图 6-73 所示；添加最后一个分支，完成主程序的添加，添加后如图 6-74 所示。

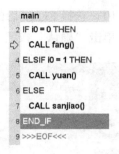

图 6-74　完成主程序的添加

注：对三角形、正方形和圆形子程序的编写和添加参考工作任务 1 完成。

2. 手动模式调试程序

手动调试程序方法同工作任务 1。

3. 工业机器人自动运行调试

工业机器人自动运行调试方法同工作任务 1。

6.2.4　工作任务 4

工作任务 4：编写工业机器人程序，使绘图笔在绘图平台上依次绘制出三个连续的相同的矩形，如图 6-75 所示。要求只示教一个 P1 点，其他位置根据图形中各点的相对偏移量计算得到。

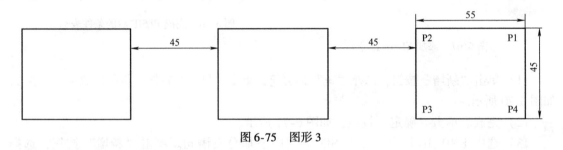

图 6-75　图形 3

【相关知识】

根据任务要求，图形 3 是由三个轨迹相同的矩形组成的，可以采用循环结构指令完成相同轨迹的绘制。

KAIRO 编程语言的循环结构指令有两种：WHILE 指令和 LOOP 指令。

1. WHILE 指令

（1）指令格式

```
WHILE 表达式 DO
      语句
END_WHILE
```

WHILE 指令流程图如图 6-76 所示。

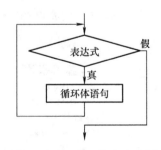

图 6-76　WHILE 指令流程图

（2）指令说明　WHILE 指令在满足条件的时候循环执行子语句。WHILE 语句中表达式（即循环条件）的结构为布尔量型，一般为关系表达式或逻辑表达式。该指令必须以关键字 END_WHILE 作为结尾，表示循环结束。

如果 WHILE 后的表达式的初始值为 FALSE，则循环体一次都不执行。在循环体中应有改变条件表达式和使循环趋向于结束的语句，以免形成死循环。除了一些特殊情况，编程时一定要避免形成死循环。

（3）指令举例

1）WHILE TRUE DO

```
    PTP(ap0)
    PTP(ap1)
```

END_WHILE//工业机器人无限循环执行 PTP（ap0）和 PTP（ap1）语句。

2）i0：=0

```
WHILE i0 < 4 DO
    PTP(ap0)
    PTP(ap1)
    i0：= i0 + 1
```

END_WHILE//工业机器人循环执行 4 次 PTP（ap0）和 PTP（ap1）语句，i0 从 0 变化到 3。

2. LOOP 指令

（1）指令说明　LOOP 指令在满足条件时循环执行子语句。表达式的值一般是整型数据，表达式的值是几，语句就执行几次。该指令必须以关键字 END_LOOP 作为结尾。

（2）指令格式

```
LOOP 表达式 DO
    语句
END_LOOP
```

（3）指令举例

```
LOOP 10 DO
    PTP(ap0)
    PTP(ap1)
```

END_ LOOP//工业机器人循环执行 10 次 PTP（ap0）和 PTP（ap1）语句。

【任务实施】

1. 工业机器人程序的设计与编写

（1）绘制工业机器人程序流程图　根据任务要求，轨迹中只允许示教 P1 点，其他点的位置都是在 P1 点的基础上根据位置偏移量计算得到的。要完成三个相同矩形的绘制，可以调用循环语句，执行三次矩形程序。每执行一次矩形程序，矩形左上角顶点便沿着 X 轴方向偏移 100mm（45mm + 55mm）。工作任务 4 程序流程图如图 6-77 所示。

（2）规划工业机器人运动轨迹和示教点　根据绘图模块上的图形分布和示教点的相对位置，可以第一个矩形的顶点 P1 为参考点，图形中的其他顶点根据 P1 由相对偏移量计算得到。工作任务 4 示教点见表 6-5。

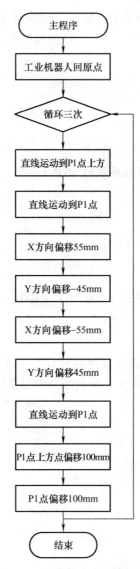

图 6-77　工作任务 4 程序流程图

表 6-5　工作任务 4 示教点

序号	图形中的点	示教点名称	注　　释	备　　注
1	零点上方	ap0	工业机器人初始零点	关节坐标为 $(0,0,0,0,-90,0)$
2	P0	cp0	矩形 P1 点上方 50mm 处	示教获得
3	P1	cp1	第一个矩形的起点	示教获得
4	P2	cd0	相对 P1 点 dx 赋值 55	相对偏移获得
5	P3	cd1	相对 P2 点 dy 赋值 -45	
6	P4	cd2	相对 P3 点 dx 赋值 -55	
7	P1	cd3	相对 P4 点 dy 赋值 45	

（3）编写程序

```
PTP(ap0)//工业机器人从原点出发
LOOP  3  THEN   //循环执行三次
    Lin(cp0)//直线运动到 P0 点
    Lin(cp1)//直线运动到 P1 点
    LinRel(cd0)//相对 P1 点 X 正方向偏移 55mm,直线运动到 P2 点
    LinRel(cd1)//相对 P2 点 Y 负方向偏移 45mm,直线运动到 P3 点
    LinRel(cd2)//相对 P3 点 X 负方向偏移 55mm,直线运动到 P4 点
    LinRel(cd3)//相对 P4 点 Y 正方向偏移 45mm,直线运动到 P1 点
    Lin(cp0)//直线运动到 P0 点
    cp0.x: = cp0.x +100//P0 点 X 方向增加 100mm
    cp1.x: = cp1.x +100//P1 点 X 方向增加 100mm
END_LOOP//循环结束语句
PTP(ap0)//工业机器人返回原点位置
```

（4）将程序添加到示教器中

1）单击 主菜单键，单击 图标，选择"项目"选项；单击右下角的"文件"按钮，选择"新建项目"选项。

2）输入新建项目名称"huitu4"，建立主程序文件"main"。

3）选择"main"程序，单击左侧"加载"按钮，进入"main"程序。

4）单击"新建"按钮，选择运动指令组中的 PTP 指令，单击"确定"按钮添加。手动操作工业机器人，使其运行到原点位置，关节坐标为（0,0,0,0,-90,0），单击"示教"按钮，记录当前位置。

5）单击"新建"按钮，选择系统指令组中的 LOOP 指令，如图 6-78 所示，单击"确定"按钮添加，循环次数表达式如图 6-79 所示。

6）屏幕下方弹出 LOOP 循环次数表达式，单击"替换"按钮，选择"键盘"选项，将数字修改为 3；单击"确认"按钮，完成循环语句的添加，如图 6-80 所示。

7）选择"END_LOOP"语句，程序插入点指向"END_LOOP"上方；单击"新建"按钮，选择运动指令组，选择 Lin 指令，单击"确定"按钮添加，手动操作工业机器人，使其运行到 P1 点上方位置，单击"示教"按钮记录位置，如图 6-81 所示。

8）单击"新建"按钮，选择 Lin 指令，单击"确定"按钮添加。按照直角坐标系手动操作工业机器人朝 Z 轴负方向运动，至 P1 点位置，单击"示教"按钮记录位置。

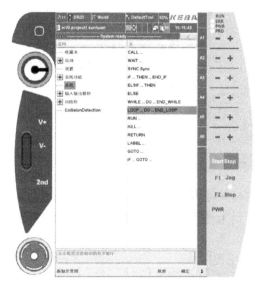

图 6-78　选择 loop 指令

9）单击"新建"按钮，选择运动指令组中的 LinRel 指令，单击"确定"按钮添加。单击 cd0 数据前的"+"，dx 赋值 55，单击"确定"按钮，完成 LinRel(cd0) 指令的添加。

10）同理，添加 LinRel(cd1)，dy 赋值 –45，单击"确定"按钮；添加 LinRel(cd2)，dx 赋值 –55，单击"确定"按钮；添加 LinRel(cd3)，dy 赋值 45，单击"确定"按钮。

11）单击"新建"按钮，选择赋值指令，完成"cp0. x: = cp0. x + 100"和"cp1. x: = cp1. x + 100"赋值运算。

12）新建 Lin 指令，手动操作工业机器人运动到 P1 点上方安全位置，在循环结束符"END_LOOP"下新建 PTP 指令，使工业机器人回到原点位置，如图 6-82 所示。

图 6-79　循环次数表达式

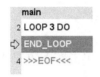

图 6-80　完成 LOOP 指令的添加

图 6-81　在 LOOP 指令中添加循环体指令

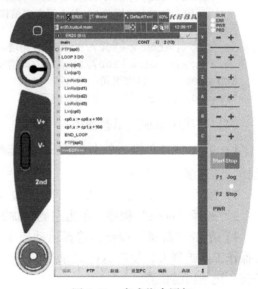

图 6-82　完成指令添加

2. 手动模式调试程序

手动模式调试程序方法同工作任务 1。

3. 工业机器人自动运行调试

工业机器人自动运行调试方法同工作任务 1。

思 考 与 练 习

一、填空题

1. 使姿态更加合理，避免产生碰撞和奇点而设置的点称为_____。

2. 工业机器人经常使用的程序可以设置为主程序，每台工业机器人可以设置_____个主程序。

3. 对于程序：

```
WHILE i0 <=5 DO
Lin(ap0)
Lin(ap1)
i0:=i0 +1
END_WHILE
```

工业机器人在 ap0 点和 ap1 点之间往返运动_____次。

4. 工业机器人调用 CALL 指令，跳转到子程序中，执行完子程序后，将跳转到_____。

二、选择题

1. 下列属于直线运动指令的是（　　）。

A. PTP　　　　　　B. Lin　　　　　　C. Circ　　　　　　D. LinRel

2. 下列属于圆弧运动指令的是（　　）。

A. PTP　　　　　　B. Lin　　　　　　C. Circ　　　　　　D. LinRel

3. 下列属于关节运动指令的是（　　）。

A. PTP　　　　　　B. Lin　　　　　　C. Circ　　　　　　D. LinRel

4. 对于指令 PTPRel（cp0），cp0 赋初值时 dx 赋值 –500，dy 赋值 –20，下列说法正确的是（　　）。

A. 工业机器人以当前位置为基准点，沿着 X 轴正方向偏移 500mm，沿着 Y 轴正方向偏移 20mm

B. 工业机器人以当前位置为基准点，沿着 X 轴负方向偏移 500mm，沿着 Y 轴正方向偏移 20mm

C. 工业机器人以当前位置为基准点，沿着 X 轴负方向偏移 500mm，沿着 Y 轴负方向偏移 20mm

D. 工业机器人以当前位置为基准点，沿着 X 轴正方向偏移 500mm，沿着 Y 轴负方向偏移 20mm

5. 当工业机器人的运动指令中设置了逼近参数时，关于其运动特点描述错误的是（　　）。

A. 工业机器人 TCP 不到达目标点

B. 转弯区数值越大，工业机器人的动作路径越圆滑、越流畅

C. 在过渡点速度降为零

D. 保持匀速经过过渡点

6. 运动指令中不设置逼近参数时，运动特点不包括以下（　　）。

A. 在目标点速度降为零　　　　　B. 工业机器人动作有停顿

C. 工业机器人 TCP 不到达目标点　　D. 应用在一段路径的最后一个点

7. 下列属于多分支选择结构指令的是（　　）。

A. IF...THEN

B. WHILE. DO.

C. IF...THEN...ELSIF...THEN...ELSE..

D. CALL

8. 工业机器人执行运动指令 Lin（ap0，d0，ov0），其中 d0 赋值 500，ov0 赋值 100，则该指令表示（　　）。

A. 工业机器人直线运动到 ap0 点，运动速度为 500mm/s，距离 ap0 点 100mm 时开始逼近转弯

B. 工业机器人快速运动到 ap0 点，运动速度为 500mm/s，距离 ap0 点 100mm 时开始逼近转弯

C. 工业机器人直线运动到 ap0 点，运动速度为 100mm/s，距离 ap0 点 500mm 时开始逼近转弯

D. 工业机器人直线运动到 ap0 点，运动加速度为 500mm/s²，距离 ap0 点 100mm 时开始逼近转弯

三、实践操作题

1. 利用 HR20－1700－C10 工业机器人绘图工作站的机器人建立一个示教程序，示教项目名为"robot"，项目中包含四个程序文件，其中三个子程序分别命名为"yueya""banyuan"和"xin"，主程序命名为"main"。

2. 采用示教编程方式使工业机器人末端绘图笔完成图 6-83 中三个图形的绘制，三个子程序分别命名为"yueya""banyuan"和"xin"。

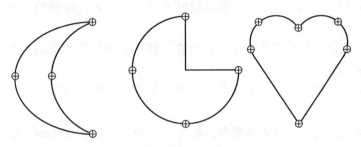

图 6-83　子程序的图形

3. 建立一个整型变量 state，当 state 变量的值为 1 时，工业机器人运行 yueya 子程序；当 state 变量的值为 2 时，工业机器人运行 banyuan 子程序；当 state 变量的值为 3 时，机器人运行 xin 子程序。

4. 利用相对运动指令，只示教编程 P1 点，使工业机器人沿长 100mm、宽 50mm 的矩形路径运动，如图 6-84 所示。

5. 利用相对运动指令，编写程序操作工业机器人，使其沿圆心为 P 点、半径为 80mm 的圆运动（只示教圆心 P），如图 6-85 所示。

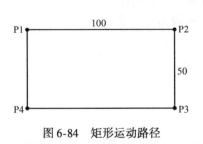

图 6-84　矩形运动路径

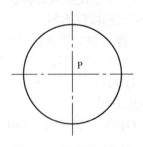

图 6-85　圆形运动轨迹

- 知识目标：掌握工业机器人搬运工作站的组成和特点；掌握 HR20 工业机器人搬运工作站 TCP 和工件坐标系的设定方法；掌握 HR20 工业机器人输入输出模块的使用方法，并会使用 I/O 信号驱动不同类型的执行器；掌握 HR20 工业机器人搬运工作站的工作方法及程序编制方法。
- 能力目标：能够完成 HR20 工业机器人搬运工作站的操作，设计编写简单的搬运程序；能够完成 HR20 工业机器人 TCP 和工件坐标系的标定。

7.1 搬运机器人的分类及特点

搬运机器人作为先进的自动化设备，具有通用性强、工作稳定等优点，并且操作简便、功能丰富。目前，国内应用广泛的搬运机器人仍然是示教-再现型机器人，这种搬运机器人的主要特点如下：

1）动作稳定，搬运准确性高。

2）生产率高，免去了劳动者繁重的体力劳动，可实现无人或少人生产。

3）改善了工人的工作条件，使其摆脱了有毒、有害环境。

4）柔性高、适应性强，可实现多形状、不规则物料的搬运。

5）定位准确，保证了批量一致性。

6）制造成本低，生产效益好。

搬运机器人的结构形式和其他类型的工业机器人相似，只是在实际制造中逐渐演变出多种机型，以适应不同场合的需要。从结构形式上看，搬运机器人可分为龙门式搬运机器人和关节式搬运机器人。

1. 龙门式搬运机器人

龙门式搬运机器人（图7-1）的坐标系主要由 X 轴、Y 轴和 Z 轴组成。它多采用模块化结构，可依据负载位置、大小等选择对应的直线运动单元及组合结构形式（如在移动轴上添加回转轴便可成为四轴或五轴搬运机器人）。龙门式搬运机器人的结构形式决定了其负载能力，可实现大物料、重吨位搬运，采用直角坐标系，编程方便快捷，因此广泛应用于生产线转运及机床上下料等大批量生产过程中。

图7-1 龙门式搬运机器人

2. 关节式搬运机器人

关节式搬运机器人（图7-2）是当今工业中常见的机器人，它有5~6个轴，其行为动作类似于人的手臂，具有结构紧凑、占地空间小、相对工作空间大、自由度高等特点，适用于几乎任何轨迹或角度的工作。采用标准关节式搬运机器人配合供料装置，就可以组成一个自动化加工单元。一个关节式搬运机器人可以服务于多种类型加工设备的上下料，从而降低了自动化成本。采用关节式搬运机器人，自动化加工单元的设计制造周期短、柔性大，产品转型方便，甚至可以实现产品形状上较大变化的转型要求。有的关节式搬运机器人可以内置视觉系统，对于一些特殊的产品，还可以通过增加视觉识别装置对工件的放置位置、相位、正反面等进行自

图7-2　关节式搬运机器人

动识别和判断，并可根据结果做出相应的动作，实现了智能化的自动化生产。同时，可以使搬运机器人在装夹工件之余，进行工件的清洗、吹干、检验和去飞边等作业，大大提高了搬运机器人的利用率。关节式搬运机器人可以落地安装、天吊安装或者安装在运动轨迹上，以服务于更多的加工设备。

综上所述，龙门式搬运机器人和关节式搬运机器人在实际应用中都有如下特征：

1）能够实时调节动作节拍、移动速率、末端执行器的动作状态。

2）可更换不同末端执行器以适应物料形状的不同要求，操作方便快捷。

3）具有物品传送装置，其形式要根据物品的特点选用或设计，能够与传送带、移动滑轨等辅助设备集成为一体，实现柔性化生产。

4）有些物品在传送过程中还要经过整形，以保证码垛质量，可以实现物品的准确定位，以便于搬运机器人抓取。

7.2　HR20 – 1700 – C10 工业机器人搬运工作站的组成

工业机器人搬运工作站是包含相应附属装置及周边设备的一个完整系统。以关节式搬运机器人为例，其工作站主要由机器人、控制系统（包括控制柜）、搬运系统（包括气体发生装置、真空发生装置和末端执行器等）和安全保护装置等组成。操作者可通过示教器和操作面板进行搬运机器人运动位置和动作程序的示教，设定运动速度、搬运参数等。

1. HR20 – 1700 – C10 工业机器人

HR20 – 1700 – C10 工业机器人搬运工作站的机器人为 HR20 关节式搬运机器人。搬运机器人本体的最大负荷为 20kg，臂展大于 1.7m。搬运机器人第六轴安装有快换夹具主手爪用于完成工件的吸取，如图7-3 所示。

2. 末端执行器

HR20 – 1700 – C10 工业机器人搬运工作站的搬运对象为有机玻璃托盘和铝制礼品盒

（图7-4），材质较轻，采用夹持式机械手抓取会造成工件变形，因此采用两个真空吸盘完成搬运对象的抓取和放置，单吸盘吸取不同形状的礼品盒，并按照要求的码垛方式对礼品盒进行摆放；双吸盘手爪则用于吸取工作托盘，并将托盘回收入库，如图7-5和图7-6所示。搬运机器人末端的真空吸盘采用真空发生器和电磁阀驱动，末端气路连接如图7-7所示。

图7-3　HR20-1700-C10搬运机器人

图7-4　搬运的铝制礼品盒

图7-5　单吸盘吸取礼品盒

图7-6　双吸盘吸取托盘

3. 执行器气路驱动装置

搬运机器人末端真空吸盘的气路驱动装置主要由真空发生装置、气体发生装置、电磁阀等组成，主气路连接方式如图7-8所示。主气路通过两个二位三通电磁阀YV1和YV2，各自驱动一个真空发生器。真空发生器中有气流流过时（图7-9中气流从A流到B），喷管高速喷射压缩空气，形成射流，产生卷吸流动，在卷吸作用下，吸附腔内的压力降至大气压以下，形成真空，真空吸盘即可吸取物体。

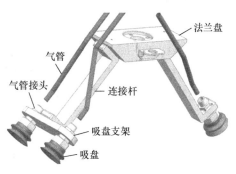

图7-7　工具末端气路连接图

单向电磁阀是一种用来控制气流导通和断开的气动元件，如图 7-10 所示。电磁阀内部有密闭的腔，在不同位置开有通孔，每个孔连接不同的气路。空腔中间是活塞，上部为电磁线圈。当电磁线圈通电时，电磁线圈产生电磁力将活塞从阀座上提起，阀门打开，气路流通；线圈断电时，电磁力消失，弹簧把关闭件压在阀座上，阀门关闭，气路关闭。单向电磁阀的工作原理如图 7-11 所示。

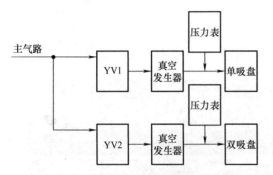

图 7-8　手爪吸盘的气路连接示意图

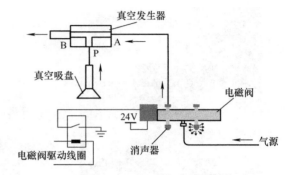

图 7-9　真空吸盘工作示意图

图 7-10　单向电磁阀实物图

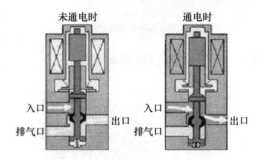

图 7-11　单向电磁阀的工作原理

7.3　HR20 搬运机器人手爪的 TCP 设置与演示

7.3.1　HR20 搬运机器人手爪的 TCP 设置

工业机器人作业示教的一项重要内容就是确定工具手末端的工具中心点（TCP）的位姿。末端执行器不同，工具中心点的设置位置也不同。如果工业机器人安装的是吸附式末端，则 TCP 设在法兰中心线与吸盘平面的交点处；如果安装的是夹钳式末端，则 TCP 设在法兰中心线与手爪前端面的交点处。如果工业机器人没有安装工具，则默认 TCP 位置为腕部中心点。

使用新的工具时，工业机器人系统需要对 TCP 位置进行重新设置，即将 TCP 从工业机器人腕部中心点位置，移动到新工具末端位置，这个移动过程称为工具坐标系的标定，如图 7-12 所示。

工具坐标系的标定有两种方式，分别是位置数据输入法和工具三点校验法。

1. 位置数据输入法

如果已知安装工具的位置和尺寸，则可以通过尺寸和位置计算，推算出新的 TCP 位置相对原 TPC 位置偏移的距离。用户将该偏移量数值输入搬运机器人系统中，即可完成新 TCP 的标定，这种方法称为位置数据输入法。以图 7-13 所示的搬运薄板的真空吸盘为例，安装吸盘后 TCP 应设定在吸盘的接触面上，TCP 只是从默认腕部中心朝着 Z 轴正方向偏移了 300mm。因此，将 Z 轴方向的偏移量输入系统中就能完成新的 TCP 的标定。

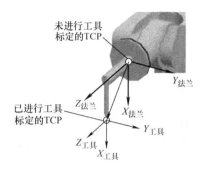

图 7-12　带工具的工具坐标系位置和
默认工具坐标系位置的关系

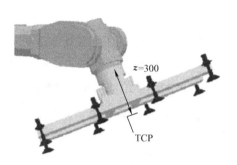

图 7-13　位置数据输入法

2. 工具三点校验法

对于未知位置的工具末端的标定，需要采用工具三点校验法。工具三点校验法以一个精确的固定点为参考点，操作搬运机器人工具末端去触碰固定点，使工具尖端点和固定点在空间上重合，如图 7-14 所示。工具尖端点每一次与固定点接触，搬运机器人都会记录当前位姿数据，经过三次接触，将三个接触点的位姿数据输入搬运机器人系统中，系统通过计算求出并保存当前 TCP 与默认 TCP 之间的偏差，并通过该偏差得到新的 TCP 位置。

a) 第一种姿态对准固定点　　　　b) 第二种姿态对准固定点　　　　c) 第三种姿态对准固定点

图 7-14　工具三点校验法

在 HR20-1700-C10 工业机器人搬运工作站中，搬运机器人使用双臂手爪的两个末端进行工件和托盘的抓取和放置，两个 TCP 分别位于单吸盘的中心位置以及双吸盘之间的中点处。由于吸盘末端位置未知，因此采用工具三点校验法对 TCP 进行标定。

该搬运工作站配有用于标定吸盘工具坐标系的标定尖针，包括活动端标定尖针和固定端标定尖针，如图 7-15 所示。标定 TCP 时，将搬运机器人的单、双吸盘手爪拆卸下来，再将活动端标定尖针安装在单、双吸盘的连接杆上，代替工作时使用的单、双吸盘。固定端标定

尖针则安装在工作台中间的 M8 螺孔中。按
照工具三点校验法将活动端标定尖针与固定
端标定尖针对准后，即可完成吸盘 TCP 的
标定。

单吸盘 TCP 的标定过程如下：

1) 将单吸盘拆下，安装标定尖针，代
替原单吸盘中心位置。

2) 建立新的工具坐标 (TOOL) 型变

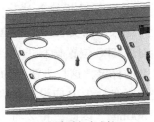

a) 活动端标定尖针　　　　　b) 固定端标定尖针

图 7-15　标定尖针

量。TOOL 型变量是用于描述搬运机器人 TCP 的变量。当搬运机器人建立一个新的 TCP 时，
需要针对该 TCP 建立一个新的 TOOL 型变量。建立过程如下：

① 单击主菜单键，单击 图标，选择"变量监控"选项，进入变量管理界面。

② 单击屏幕下方的"新建"按钮，选择"坐标系统和工具"中的"TOOL"型变量，
如图 7-16 所示。系统默认将新建的 TOOL 型变量命名为 t0，单击"确认"按钮，进入变量
监控界面，如图 7-17 所示。

③ 单击 t0 变量前的" + "，展开列表。TOOL 型变量有 9 个分量，前 6 个分量代表标定
TCP 相对默认 TCP 的偏移量（x、y、z、a、b、c 分别代表偏移的距离和角度）。若新的 TCP
位置已知，则可采用位置数据输入法，按顺序输入 x、y、z、a、b、c 的偏移量；若新的
TCP 位置未知，则采用工具三点校验法。

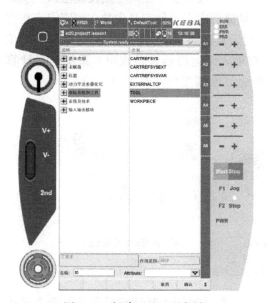

图 7-16　新建 TOOL 型变量

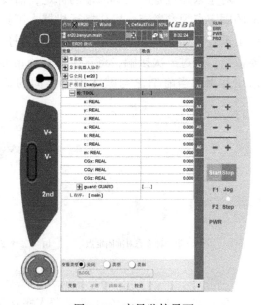

图 7-17　变量监控界面

3) 单击 t0 变量，进入工具手示教界面，如图 7-18 所示。界面上方的"工具手选择"
输入框用于输入需要标定的 TOOL 型变量名称；"工具手设置"选项区用于设置新 TCP 相对
工具坐标系原点的偏移量，单击右下角的"设置"按钮，进入工具坐标标定界面，如图 7-19
所示。

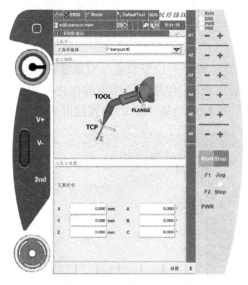

图 7-18　工具手示教界面

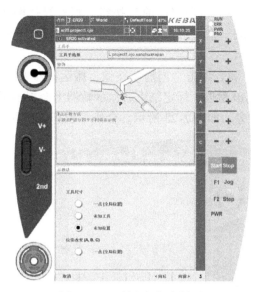

图 7-19　工具坐标标定界面

4）在"工具尺寸"区选择"未知位置"单选项，单击"向前"按钮，开始标定第一个示教接近点。

5）选择合适的手动操作模式，操作搬运机器人末端的标定尖针贴近固定端标定尖针，直到两个尖端相碰。单击"示教"按钮，记录搬运机器人的第一种姿态，示教器界面如图 7-20 所示。

6）单击"向前"按钮，手动操作搬运机器人改变其姿态，再次使搬运机器人末端标定尖针贴近固定端标定尖针，直到两尖端相碰。单击"示教"按钮，记录搬运机器人的第二种姿态，如图 7-21 所示。

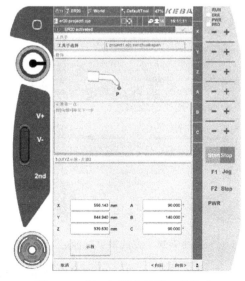

图 7-20　搬运机器人的第一种姿态

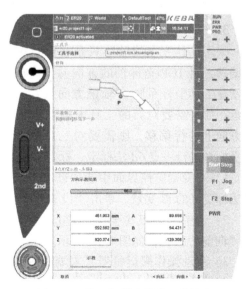

图 7-21　搬运机器人的第二种姿态

7）单击"向前"按钮，再次操作搬运机器人末端标定尖针贴近 TCP 固定端标定尖针尖端，直到两尖端相碰。单击"示教"按钮，记录搬运机器人的第三种姿态，如图 7-22 所示。

8）单击"向前"按钮，搬运机器人系统保存示教的机器人位姿数据，对新建的 TCP 变量 t0 赋值。标定结束后，示教器上会提示标定"质量信息"，包括标定结果的合格率和位置误差，如图 7-23 所示。合格率越高、位置误差越小，所标定的新 TCP 的位置越准确。

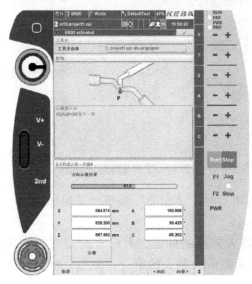

图 7-22　搬运机器人的第三种姿态

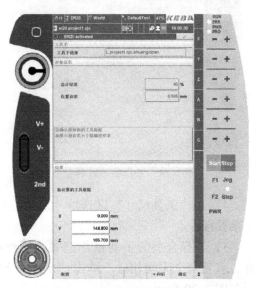

图 7-23　完成标定后的界面

9）单击"确定"按钮，完成标定，即完成了新建 TCP 变量 t0 的 X、Y、Z 偏移量的赋值，如图 7-24 所示。

3. 一点 6d 法表示机器人工具坐标系

采用工具三点校验法只是将原点位置进行了偏移，而 TCP 坐标轴的方向并没有改变，此时新建工具坐标系的 Z 轴正方向依然垂直于法兰盘。如果需要对新的工具末端与原 TCP 在坐标方向上进行偏移，则需要对三点标定后的工具坐标系进行一点 6d 法标定。标定过程如下：

1）在变量监控界面中选中已用工具三点校验法标定好的 t0 变量，单击"设置"按钮。

2）选中"一点（全局位置）"单选项，单击"向前"按钮，如图 7-25 所示。

3）手动操作搬运机器人末端，使其坐标轴

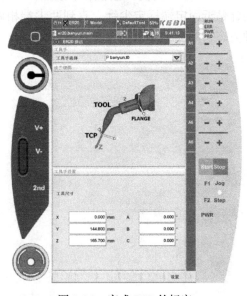

图 7-24　完成 TCP 的标定

方向与世界坐标系的坐标轴方向一致（使搬运机器人末端的 Z 轴与世界坐标系的 Z 轴方向一致，X 轴与世界坐标系的 X 轴方向一致）；单击"示教"按钮，再单击"向前"按钮，如图 7-26 所示。

4）单击"确定"按钮，完成坐标系轴方向的修改，如图7-27所示；标定后搬运机器人的TCP位置如图7-28所示。

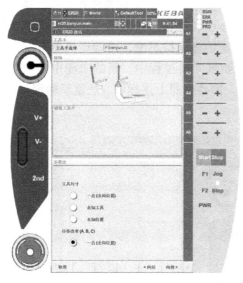

图7-25 选择一点6d法进行标定

图7-26 搬运机器人TCP坐标轴与世界坐标轴平行

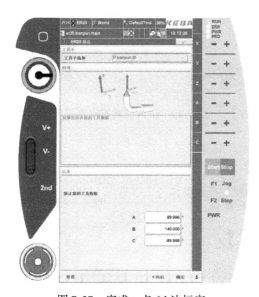

图7-27 完成一点6d法标定

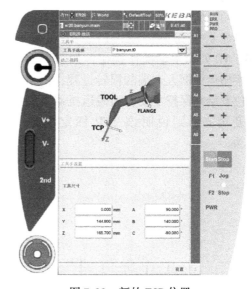

图7-28 新的TCP位置

4. TCP标定时的注意事项

1）进行TCP标定时，示教的三个点的位置和姿态要尽量不同。若前后两点的姿态接近，则搬运机器人会提示姿态过于接近，无法自动计算。此时需要修改机器人的姿态，直到与上一个姿态的偏差足够大，单击"示教"按钮，完成姿态记录。

2）搬运机器人工具尖端接近参考点时，要降低速度以防止碰撞。

3）一般情况下，将TCP垂直于接触点的位置作为第一点的标定位置；第二、第三点的标定也需采用不同姿态对准接触点，尽量保持各个姿态有较大差别。

7.3.2 TCP 手动操作演示

工具坐标建立后，可将搬运机器人从手动操作模式切换至工具坐标系操作模式，通过操作搬运机器人沿 A、B、C 方向的回转，测试工具中心点的位置是否准确。在搬运机器人沿着 A、B、C 方向回转的过程中，若新的末端中心位置始终保持不变，而搬运机器人围绕尖端改变姿态，则说明该 TCP 标定准确、建立成功；如果回转过程中，新的末端中心位置发生了较大幅度的偏移，则说明 TCP 标定数据不准确，需要按照上述标定方法重新标定。

TCP 手动操作演示过程如下：

1）切换模式选择开关，选择手动操作模式。

2）单击示教器主菜单键，单击 图标，选择下级菜单"位置"选项，进入位置监控界面，如图 7-29 所示。

3）在坐标系界面中选择刚刚建立的工具坐标型变量 t0，如图 7-30 所示，选中后，状态显示栏"Default Tool"标识背景变为红色，表示当前工具坐标系发生改变。

4）单击"Jog"按钮，直至手动操作按钮左侧显示栏变为"TX，TY，TZ"。单击 TA、TB、TC 处的手动操作按钮，如图 7-31 所示。观察搬运机器人末端的回转过程，如果末端中心位置始终保持不变，而搬运机器人围绕尖端改变姿态，则说明该 TCP 标定准确、建立成功。

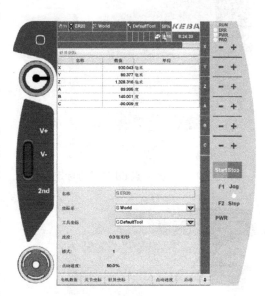

图 7-29　进入位置监控界面

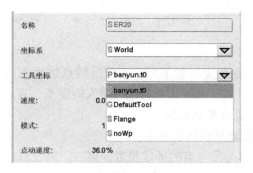

图 7-30　选择新建的 TCP 变量

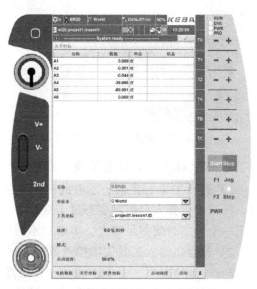

图 7-31　按照工具坐标系手动操作界面

7.3.3 工具坐标调用指令

使用新建立的 TCP 进行编程时，需要使用工具坐标调用指令，为搬运机器人建立一个新的工具坐标系，修改搬运机器人末端工作点。工具坐标调用指令的调用方法如下：

1）加载程序文件，进入程序显示界面。

2）单击"新建"按钮，进入指令库界面，选择设置指令组中的 Tool 指令，如图 7-32 所示。

3）进入 Tool 指令中，选择新建立的工具变量 t0，单击"确认"按钮，调用后如图 7-33 所示。调用该指令后，其后的示教点将按照当前示教的工具坐标系变量 t0 进行定义。

HR20 搬运机器人双吸盘工具坐标系的示教过程同上，读者可自行完成。

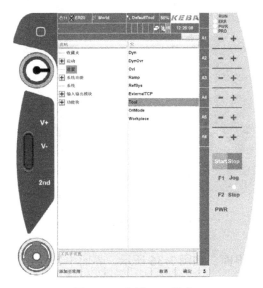

图 7-32 选择 Tool 指令

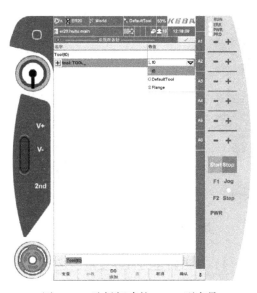

图 7-33 选择新建的 TOOL 型变量

7.4 HR20 搬运机器人工件坐标系的设置

工件坐标系是基于工件建立的直角坐标系，是最适合用户根据实际应用而建立的坐标系。工件坐标系的原点和方向与搬运机器人的基坐标系有一定的联系，是基坐标系的偏移。搬运机器人可以拥有若干个对应于不同工件的工件坐标系，也可以对同一工件建立不同位置处的工件坐标系。确定工件坐标系的过程叫作工件坐标系的标定，通常采用三点标定法。

7.4.1 工件坐标系的三点标定法

CARTREFSYS 变量用于描述当前搬运机器人使用的参考坐标系。当搬运机器人使用新的工件坐标系时，需要针对参考坐标系建立一个 CARTREFSYS 变量。变量建立及工件坐标系标定过程如下：

1）单击示教器的主菜单键，单击 图标，选择"变量监控"选项，进入变量管理界面。

2）单击左下角"变量"按钮，选择"新建"选项，弹出变量类型列表。

3）选择"坐标系统和工具"中的"CARTREFSYS"变量，如图 7-34 所示。此时系统默认将新建的 CARTREFSYS 变量命名为 crs0，单击"确认"按钮，进入变量赋值界面，如图 7-35 所示。

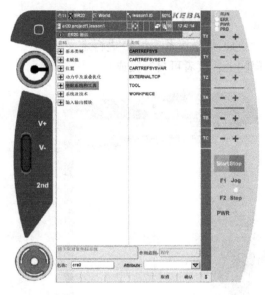

图 7-34　选择参考坐标系变量

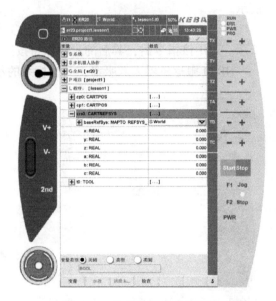

图 7-35　参考坐标系变量设置

4）单击新建的 crs0 变量，进入工件坐标系标定界面，如图 7-36 所示。界面中各部分说明如下：

① 对象坐标系：当前需要标定的工件坐标系变量，图 7-36 中选择的工件坐标系变量为 crs0。

② 基坐标系：表示当前选择的工件坐标系变量 crs0 是相对哪个坐标系的基准。默认选择基坐标系为基准坐标系。

③ 相对基坐标系位置和位姿：相对于基坐标系的偏移量，X、Y、Z 表示偏移的距离，A、B、C 表示偏移的角度。新建的 crs0 变量 X、Y、Z、A、B、C 的值都为 0。

④ 工具手当前位置：当前工具手的 TCP 位置，即当前搬运机器人末端的位置。

5）单击屏幕右下角的"设置"按钮。工件坐标系的标定方法有三种，分别是"3 点法""3 点（无原点）法"和"1 点（保持位姿）"法。这里选择"3 点法"，如图 7-37 所示。

6）单击"向后"按钮，操作搬运机器人将其末端移动到需要设置的工件平面的原点处，单击"示教"按钮，将该点作为设定的工件坐标系原点，如图 7-38 所示。单击"向后"按钮，进入工件坐标系坐标轴的示教。

7）单击"向后"按钮，示教该工件坐标系的坐标轴方向，如图 7-39 所示。若勾选

"取相反方向值"复选框，则表示选择该坐标轴的负方向。可以根据用户的要求选择任意一个坐标轴，如图7-39中选择"X"，操作搬运机器人沿着设定的 X 轴方向运动至轴上任意一点，单击"示教"按钮，单击"向前"按钮。

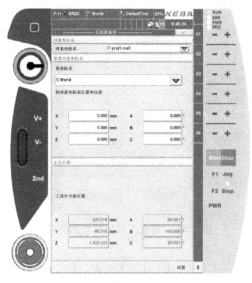

图7-36　工件坐标系标定界面

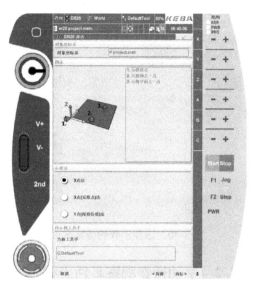

图7-37　选择3点法

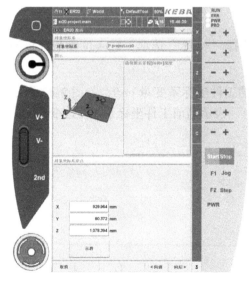

图7-38　示教工件坐标系的原点

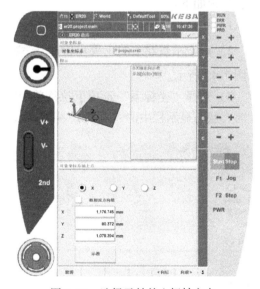

图7-39　选择示教的坐标轴方向

8）完成工件坐标系的坐标轴方向的设定后，示教该平面上的任意一点。用户可以根据需要选择任意一个平面，若勾选"取相反方向值"复选框，则表示选择该平面的反方向。如图7-40所示，选择XY坐标系，单击"示教"按钮，单击"向前"按钮。

9）单击"确定"按钮，完成工件坐标系的标定，此时新建的工件坐标系 crs0 变量的各分量如图7-41所示。

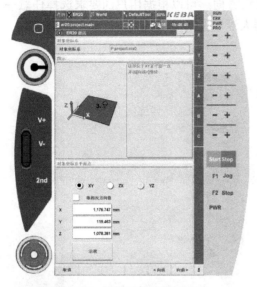

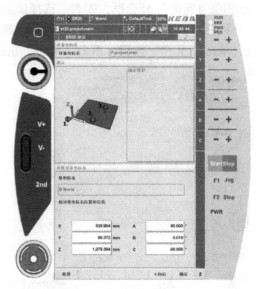

图 7-40　选择示教的坐标平面　　　　　　图 7-41　完成工件坐标系的标定

7.4.2　手动操作观察工件坐标系

建立工件坐标系变量后，可按照工件坐标系进行手动操作，观察搬运机器人的运动状态，过程如下：

1）切换模式选择开关，选择手动操作模式。

2）单击示教器上的主菜单键单击 ✦ 图标，选择"位置"选项，进入位置监控界面，如图 7-42 所示。

3）选择"坐标系"选项下拉菜单中刚刚建立的工件坐标系变量 crs0，如图 7-43 所示。此时，状态显示栏中的"World"标识背景变为红色，表示当前工件坐标系发生改变。

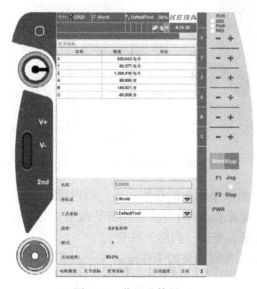

图 7-42　位置监控界面　　　　　　　　图 7-43　选择新建立的工件坐标系变量

4）单击"Jog"按钮，直至手动操作按钮左侧显示 RX、RY、RZ、RA、RB、RC，如图7-44 所示，表示当前按照工件坐标系对搬运机器人进行手动操作，观察运行情况。

7.4.3 RefSys 指令的应用

RefSys 指令是用来设置参考坐标系的指令。通过该指令可以为后续运行的位置指令设定一个新的参考坐标系。如果程序中没有设定参考坐标系，则系统默认参考坐标系为世界坐标系。调用的参考坐标系变量有三种类型，分别是 CARTREFSYS、CARTREFSY-SEXT 和 CARTREFSYSVAR。其中 CARTRE-FSYS 型变量为设定的工件坐标系变量。

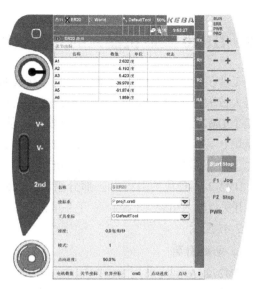

图 7-44　工件坐标系手动操作界面

RefSys 指令的使用方法如下：

1）加载程序文件，进入程序显示界面。

2）选择"新建"按钮，进入指令库界面，选择设置指令组的 RefSys 指令，如图 7-45 所示。

3）进入 RefSys 指令，选择 CARTREFSYS 型变量，再选择刚刚建立的 crs0 变量，调用后如图 7-46 所示。调用该指令后，其后的示教点将按照当前示教的工件坐标系进行定义。

图 7-45　选择 RefSys 指令

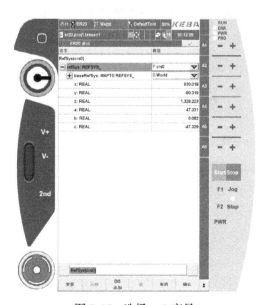

图 7-46　选择 crs0 变量

7.5 HR20 工业机器人的开关量输入输出模块

工业机器人在与外部设备进行信号交换时，常使用数字量的输入输出方式进行通信，使机器人读取输入设备的开关量信号，或利用输出信号驱动开关量设备。HR20 工业机器人配有四个 DM272/A 型开关量输入输出模块，从靠近主控制器的方向开始，四个模块依次命名为模块 0 ~ 模块 3，机器人利用外扩的 DM272/A 模块，可以轻松地实现与周边设备的通信，省去了与外部 PLC 进行通信设置的麻烦。

DM272/A 模块的引脚由三部分组成，分别是电源引脚、开关量输入引脚（8 路）和开关量输出引脚（8 路），如图 7-47 所示。

1. 电源引脚

DM272/A 模块采用 DC 24V 电源供电。电源负极连接模块的引脚 1，正极连接模块的引脚 2。

2. 开关量输入引脚

开关量输入引脚用于连接各种开关量输入信号，如限位开关、行程开关、按钮等信号设备。DM272/A 模块的输入电路为 PNP 型接口，模块内部具有光电耦合电路，如图 7-48 所示。当 DM272/A 模块的外部负载连接正确，外部信号导通时，引脚输入高电平，其对应的输入点指示灯（绿色）点亮；反之，当外部信号断开时，引脚输入低电平，其对应的输入点指示灯熄灭。外部设备接线方式如图 7-49 所示。

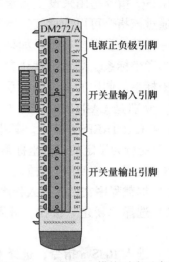

图 7-47 DM272/A 模块引脚示意图

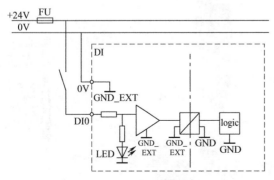

图 7-48 DM272/A 开关量输入电路

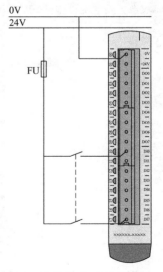

图 7-49 外部设备接线方式

3. 开关量输出引脚

开关量输出引脚用于连接各种开关量负载，如电磁阀、继电器等开关量设备，负载接线方式如图 7-50 所示。当外部负载连接正确时，开关量输出引脚输出高电平，负载得电，该引脚对应的输出点指示灯（橘色）点亮；反之，引脚输出低电平，负载断电，该引脚对应的输出点指示灯熄灭。

DM272/A 模块开关量输出电路为 PNP 型接口，如图 7-51 所示，模块内部具有光电耦合电路。即使 DM272/A 模块的 0V 引脚不接电源负极，输出信号引脚也可以起作用，驱动相应的开关量设备，只是指示灯无法指示出输出信号的状态。**注意：切勿将输出信号与 0V 引脚直接短接，否则会将模块烧毁。**

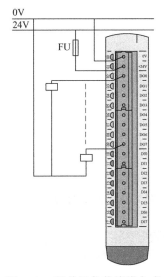

图 7-50 开关量负载接线方式

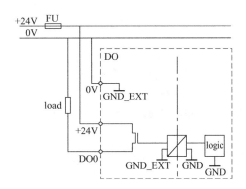

图 7-51 DM272/A 开关量输出电路

7.5.1 输入输出监控

KeTop 型示教器可以对控制器上的 DM272/A 模块进行状态监控和强制状态输出。利用该功能可以较好地调试工作机器人开关量的输入输出。输入输出监控界面的使用方法如下：

1）单击示教器主菜单键单击 ![icon] 图标，选择"输入输出监测"选项，如图 7-52 所示。进入输入输出监控界面，如图 7-53 所示。

DM272A:0 ~ DM272A:3 为该工业机器人系统中包含的开关量输入输出模块，0、1、2、3分别代表四个模块的首地址；FX271A:0 为通信模块；DRVECATCOE:0 ~ DRVECATCOE：5 代表工业机器人系统中六个轴的驱动器，用于显示机器人六个轴的驱动器状态。勾选任意模块后的复选框，单击屏幕下方的"详细"按钮，可观察和设置该模块的详细信息。

2）勾选 DM272A:0 后的复选框，单击"详细"按钮，进入该模块的详细信息，如图 7-54 所示。如果需要返回上一级概览界面，可单击屏幕下方的"概览"按钮，返回总览界面。

图中的方框表示各端口输入输出点的电平状态，如果该端口后的方框为灰色，则表示该端口的状态为 0；如果该端口的方框为绿色，则该端口的状态为 1。

3）在"详细"界面中，单击"过滤条件"按钮，选择"安装"选项，弹出过滤条件设置界面，用户可以根据要求自行选择要查看的变量类型，如要选择"DO"有效，即勾选 ☑ DO 后，单击"确定"按钮。再次单击"过滤条件"按钮，屏幕中将只显示符合该条件的开关量输出点的状态，并且"安装"按钮反显为灰色，如图7-55所示。

图7-52　单击"输入输出监测"按钮

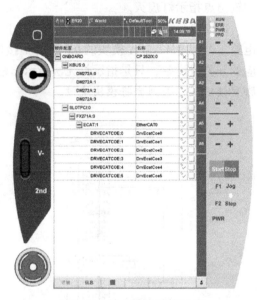

图7-53　输入输出监控界面

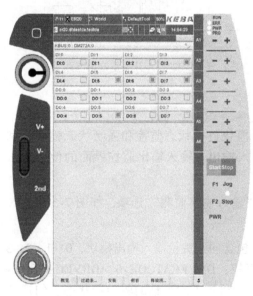

图7-54　模块的详细信息

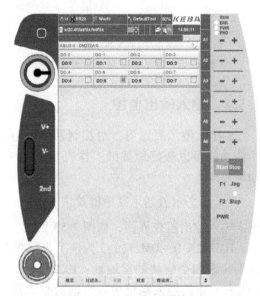

图7-55　过滤条件设置

4）示教器还可以对DM272/A的开关量端口进行强制输出设置（系统可以对输入进行强制设置，但不建议使用，因为这样容易造成外部设备的误动作）。例如，选中要强制输出的输出口DO:2后，弹出强制输出对话框，如图7-56所示。

5）勾选"强制使能"复选框后，选中的输出端口将被强制输出。如果没有勾选"设

置"复选框，则该引脚强制为低电平，模块上该引脚对应的指示灯熄灭，图 7-56 中的
DO:2 位后的方块显示为红色，如图 7-57 所示；如果勾选了"设置"复选框，则该引脚
输出高电平（24V），并且其对应的指示灯点亮。图 7-58 中的 DO:2 位强制输出高电平
24V，其后方块的显示如图 7-59 所示。

6）单击"释放所有"按钮，即可恢复所有强制设置的状态。

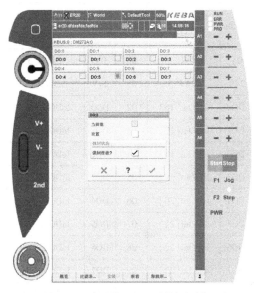

图 7-56　DO:2 位选择强制输出低电平

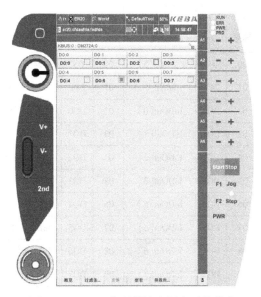

图 7-57　DO:2 位强制输出低电平的状态

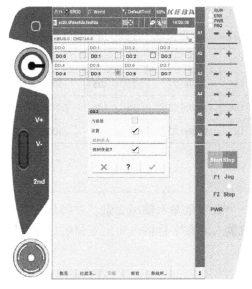

图 7-58　DO:2 位选择强制输出高电平

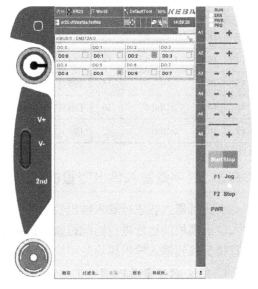

图 7-59　DO:2 位强制输出高电平的状态

7.5.2　输入输出模块地址分配

KeTop 型示教器不仅可以对 DM272/A 模块进行状态监控和强制状态输出，还可以使模

块的各个引脚与工业机器人的输入输出变量进行链接。示教器在程序中只需要将输入输出变量和各端子的地址对应上，就可以控制端子的状态。

DM272/A 模块的端子编号与示教器输入输出地址分配见表 7-1。

表 7-1 端子编号与示教器输入输出地址分配表

模块 0			模块 1			模块 2			模块 3		
端子编号	功能	地址分配	端子编号	功能	地址分配	端子编号	功能	地址分配	端子编号	功能	地址分配
00	0V	24VG_5	00	0V	24VG_5	00	0V	24VG_5	00	0V	24VG_5
01	24V	24VP_5	01	24V	24VP_5	01	24V	24VP_5	01	24V	24VP_5
02	DO0	IoDOut[0]	02	DO0	IoDOut[8]	02	DO0	IoDOut[16]	02	DO0	IoDOut[24]
03	DO1	IoDOut[1]	03	DO1	IoDOut[9]	03	DO1	IoDOut[17]	03	DO1	IoDOut[25]
04	DO2	IoDOut[2]	04	DO2	IoDOut[10]	04	DO2	IoDOut[18]	04	DO2	IoDOut[26]
05	DO3	IoDOut[3]	05	DO3	IoDOut[11]	05	DO3	IoDOut[19]	05	DO3	IoDOut[27]
06	DO4	IoDOut[4]	06	DO4	IoDOut[12]	06	DO4	IoDOut[20]	06	DO4	IoDOut[28]
07	DO5	IoDOut[5]	07	DO5	IoDOut[13]	07	DO5	IoDOut[21]	07	DO5	IoDOut[29]
08	DO6	IoDOut[6]	08	DO6	IoDOut[14]	08	DO6	IoDOut[22]	08	DO6	IoDOut[30]
09	DO7	IoDOut[7]	09	DO7	IoDOut[15]	09	DO7	IoDOut[23]	09	DO7	IoDOut[31]
10	DI0	IoDIn[0]	10	DI0	IoDIn[8]	10	DI0	IoDIn[16]	10	DI0	IoDIn[24]
11	DI1	IoDIn[1]	11	DI1	IoDIn[9]	11	DI1	IoDIn[17]	11	DI1	IoDIn[25]
12	DI2	IoDIn[2]	12	DI2	IoDIn[10]	12	DI2	IoDIn[18]	12	DI2	IoDIn[26]
13	DI3	IoDIn[3]	13	DI3	IoDIn[11]	13	DI3	IoDIn[19]	13	DI3	IoDIn[27]
14	DI4	IoDIn[4]	14	DI4	IoDInt[12]	14	DI4	IoDIn[20]	14	DI4	IoDIn[28]
15	DI5	IoDIn[5]	15	DI5	IoDIn[13]	15	DI5	IoDIn[21]	15	DI5	IoDIn[29]
16	DI6	IoDIn[6]	16	DI6	IoDIn[14]	16	DI6	IoDIn[22]	16	DI6	IoDIn[30]
17	DI7	IoDIn[7]	17	DI7	IoDIn[15]	17	DI7	IoDIn[23]	17	DI7	IoDIn[31]

7.5.3 数字量输入输出变量的定义

工业机器人在进行输入输出控制时，需要定义一个数字量输入输出变量，并将该变量与输入输出模块的地址进行匹配链接。链接后，工业机器人对数字量输入输出变量的控制就可以直接反映到输入输出模块的引脚上。

1. 定义数字量输入变量

数字量输入变量的建立过程如下：

1）单击主菜单键，选择 图标。

2）单击"变量监测"按钮，进入变量管理界面。

3）单击"变量"按钮，选择"新建"选项，弹出变量类型列表。

4）选择"输入输出模块"下的"DIN"变量，如图7-60所示。系统默认将首个数字量输入变量命名为din0。

5）单击"确认"按钮，完成数字量输入变量的建立。对于din0变量，其设置如图7-61所示。每项说明如下：

① port：该数字量输入变量对应的I/O地址。单击下拉菜单，选择"IoDin"数字量输入地址，弹出"选择索引:IoDin"输入框，输入选择索引，如图7-62所示。

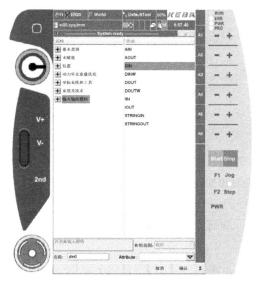

图7-60 选择数字量输入变量

图7-61 din0变量输入选项

图7-62 输入选择索引

② val：输入点的当前状态。选中为TRUE，未选中为FALSE。

③ posEdge：选中后表示该数字量输入信号为上升沿检测。

④ negEdge：选中后表示该数字量输入信号为下降沿检测。

2. 定义数字量输出变量

数字量输出变量的建立过程如下：

1）单击主菜单键，选择 图标。

2）单击"变量监测"按钮，进入变量管理界面。

3）单击"变量"按钮，选择"新建"选项，弹出变量类型列表。

4）选择"输入输出模块"下的"DOUT"变量，如图7-63所示。系统默认将首个数字量输出变量命名为dout0。

5）单击"确认"按钮，完成数字量输出变量的建立。对于dout0变量，其设置如图7-64所示。每项说明如下：

① port：该数字量输出变量对应的末端地址，单击下拉菜单，选择"IoDout"后弹出选择索引，选择相应的地址即可。

② val：输出点的初始状态。选中为TRUE，未选中为FALSE。

本系统的双吸盘控制电磁阀与开关量输出模块3的1号端子相连，那么对应的输出地址为IoDout[25]。

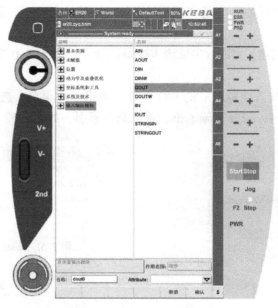

图 7-63　选择数字量输出变量

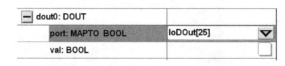

图 7-64　dout0 变量输出选项

7.5.4　搬运相关指令

HR20 工业机器人进行搬运时除了要完成基本的运动指令外，还需要通过等待完成指令、等待指令和数字量输出置位指令完成工件的抓取和搬运。

1. 等待完成指令

（1）指令格式　WaitIsFinished( )

（2）指令说明　该命令用于同步工业机器人的运动及程序执行。工业机器人通常配合其他外围设备一起工作，因此，需要等待其他设备完成相应工作后才可以对工业机器人进行操作。使用该命令可以控制进程的先后顺序，使一些进程在指定等待参数之前被中断，直到该参数被激活后，进程再继续执行。

（3）添加过程　进入程序编辑界面，单击"新建"按钮，选择运动指令组下的 WaitIs-Finished( ) 指令，如图 7-65 所示，然后单击"确定"按钮。

2. 等待指令

（1）指令格式　WaitTime（等待的时间）

（2）功能说明　用于设置工业机器人等待时间，单位为 ms。

（3）添加过程　进入程序编辑界面，单击"新建"按钮，选择系统功能指令组下的 WaitTime 指令，如图 7-66 所示。选择后输入等待时间，如图 7-67 所示，最后单击"确定"按钮。

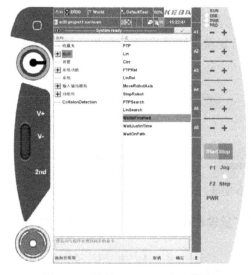

图 7-65　选择 WaitIsFinished 指令

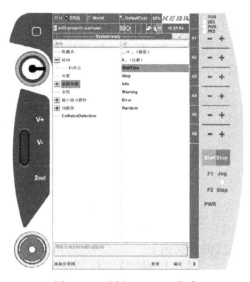

图 7-66　选择 WaitTime 指令

3. 数字量输出置位指令

（1）指令格式　数字量输出变量名 . Set（逻辑值）

（2）指令说明　将数字输出端口设置成输出为逻辑量的 TRUE 或 FLASE。该指令常用于设定工业机器人 I/O 端口的输出状态。

（3）添加过程

1）进入程序编辑界面，单击左侧"新建"按钮，进入指令列表。

2）选择开关量输入输出下的 DOUT. Set 指令，如图 7-68 所示；单击"确定"按钮，进入变量设置界面，如图 7-69 所示。

图 7-67　输入等待时间

图 7-68　选择 DOUT. Set 指令

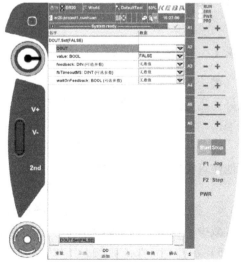

图 7-69　建立 DOUT. Set 指令

3）单击"DOUT"后的下拉菜单，如果程序中包含数字量输出变量，则选择相应的数字量输出变量进行链接；如果程序中没有数字量输出变量，则需定义一个数字量输出变量。如图 7-70 所示，这里选择定义过的数字量输出变量 dout0。

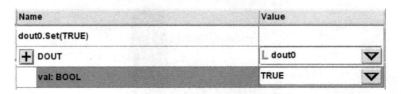

Name	Value
dout0.Set(TRUE)	
＋ DOUT	└ dout0 ▽
val: BOOL	TRUE ▽

图 7-70 选择 dout0 变量

4）单击"DOUT"前的"＋"，展开显示该数字量输出变量的各选项，如图 7-71 所示，各选项的意义同上。

名字	取值
dout0.Set(FALSE)	
－ DOUT	└ dout0 ▽
port: MAPTO BOOL	▽
val: BOOL	
value: BOOL	FALSE ▽
feedback: DIN (可选参数)	无数值 ▽
fbTimeoutMS: DINT (可选参数)	无数值 ▽
waitOnFeedback: BOOL (可选参数)	无数值 ▽

图 7-71 dout0 变量选项

5）如果数字量输出置位指令之前有运动指令，如 PTP、Lin、Cirl 等指令，则这些运动指令的逼近形式必须为准确逼近，这样才能准确地输出 I/O 信号状态的变化。

7.6 HR20‐1700‐C10 工业机器人搬运工作站的应用

7.6.1 搬运工艺分析

搬运是指在生产工序、工位之间对物品进行转移运送，以保证连续生产。为了有效地组织好物品的搬运，必须遵循以下原则：

1）物品移动产生的时间和地点要有效。

2）对物品进行移动前，需要对物品的尺寸、质量、移动路径等进行分析，还需要考虑其他建筑物的约束，如地面负荷、立柱空间、场地净高等。

3）不同的物品要选择不同的搬运方法、搬运工具和搬运轨迹。

4）搬运作业应该按一定的顺序进行，避免迂回往返，以便实现合理、优良的搬运路线，减少工业机器人搬运工作量，提高搬运效率，降低搬运成本。

5）示教点要保证抓取工具和物料的间隙，避免碰撞、损坏物品。可以在搬运过程中设置中间点，提供缓冲，以减少移动方位的不确定性，使物品按照期望的方位移动。

6）在追求效率的同时要考虑搬运质量，避免损坏物品。

7）节拍是衡量搬运生产线合理与否的重要性能指标，优化节拍可以保证生产线的连续性，减少传送带的中断时间，保证生产节拍的稳定性，缩短生产周期，提高生产率。

7.6.2　搬运轨迹的确定

HR20 - 1700 - C10 工业机器人搬运工作站的搬运动作可以分解成搬运工具的选择、搬运礼品盒、搬运托盘和工业机器人复位四个子任务。其中，吸取和释放工件的工作过程如图 7-72 所示。

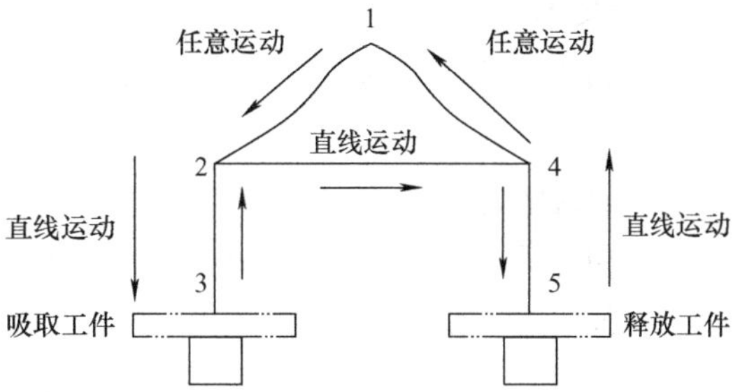

图 7-72　吸取和释放工件的工作过程

7.6.3　示教前的准备

1. I/O 配置

本任务使用气动吸盘来抓取工件，气动吸盘的打开和关闭需要通过 I/O 信号来控制。HR20 工业机器人 DM272/A 的 I/O 模块可以通过对驱动电磁阀进行控制，进而控制吸盘吸取和释放工件。本任务使用的单吸盘和双吸盘的 I/O 配置说明见表 7-2。

表 7-2　单吸盘和双吸盘的 I/O 配置说明

信号	说　　明	模块号	引脚号	输出点地址	输出变量名	输出状态	
						高电平	低电平
YV1	单吸盘真空吸盘电磁阀	3	DO0	24	dout0	有效	无效
YV2	双吸盘真空吸盘电磁阀	3	DO1	25	dout1	有效	无效

2. 坐标系设定

当工业机器人搬运和摆放工件时，需要根据工件的不同，选择不同的工具手。因此，需要对两个工具手进行 TCP 标定，以实现使用不同工具手抓取不同工件的目的。由于双吸盘和单吸盘相对工业机器人法兰盘的位置不确定，因此需要采用工具三点校验法，通过给定的辅助工具，建立两个工具对应的 TOOL 型变量，标定双吸盘和单吸盘的工具坐标系。

HR20 工业机器人工具坐标系的标定方法如下：

1）设定辅助工具，确定单吸盘手爪的工具坐标。辅助工具在搬运工作站中的位置和安装方法如图 7-15 所示。

2）根据厂家提供的双吸盘工具的加工尺寸，可计算出双吸盘手爪工具坐标系的中心位置。通过给定数据的方式将原点数据（x = 0，y = 161.42，z = 158.28，a = -900，b = 1400，c = 900）输入示教器工具坐标系原点位置处，确定双吸盘手爪的工具坐标。

7.6.4　示教编程

1. 新建作业项目

利用示教器的相关菜单命令或单击相关按钮，新建一个搬运作业项目，如"banyun"。

2. 确定示教点

在示教模式下，手动移动工业机器人，按照相关轨迹示教抓取点和释放点，抓取临近点和释放临近点采用赋值运算的方式设定。

3. 确定程序块

本项目的程序主要包含主程序、工业机器人复位子程序、搬运礼品盒子程序和搬运托盘子程序。

（1）工业机器人复位子程序 fuwei 应保证工业机器人每次都从同一个位置出发，因此设定工业机器人关节坐标（0, 0, 0, 0, −90, 0）的位置为原点位置。工业机器人每次搬运都从原点出发，搬运后再回到原点，并且两个吸盘的气压在原点位置为零。

（2）搬运礼品盒子程序 pick_put_lp 工业机器人系统起动后，从原点出发，移动到要抓取礼品盒正上方约 100mm 的位置（该位置为抓取物品的安全点，移动到这个位置可以保证工业机器人是垂直抓取物品的，不会碰到其他物体），工业机器人垂直移动到抓取物品位置，单吸盘产生负压吸取物品，然后垂直提取到物品正上方的抓取安全点处；接着移动到释放物品位置正上方的 100mm 处（释放安全点），再垂直移动到释放物品位置，吸盘取消负压，释放物品，之后移动到释放安全点，最后返回原点，完成搬运。

（3）搬运托盘子程序 pick_put_tp 工业机器人系统起动后，从原点出发移动到托盘正上方约 100mm（抓取安全点）的位置，工业机器人垂直移动到抓取托盘位置，双吸盘产生负压吸取托盘，垂直提取到托盘正上方抓取安全点处；接着移动到释放托盘位置正上方 100mm（释放安全点）处，再垂直移动到释放托盘位置，吸盘取消负压，释放托盘，工业机器人返回释放安全点。最后返回原点，完成搬运。

（4）程序流程图 工业机器人根据控制字，选择执行搬运礼品盒或者搬运托盘子程序。各子程序的流程图如图 7-73 ~ 图 7-76 所示。

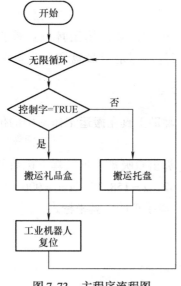

图 7-73 主程序流程图

图 7-74 工业机器人复位子程序流程图

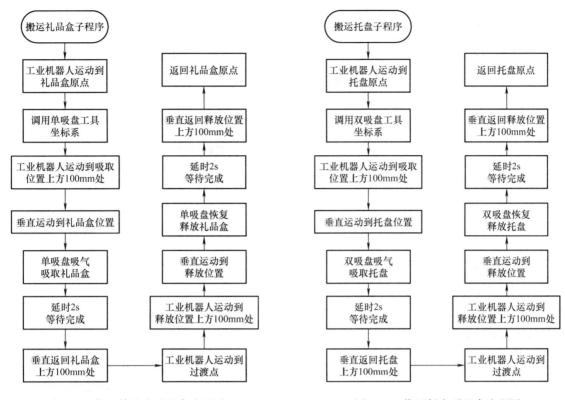

图 7-75　搬运礼品盒子程序流程图　　　　　　图 7-76　搬运托盘子程序流程图

（5）编写程序

复位子程序：fuwei

```
PTP(basepot)                                //工业机器人原点
WaitIsFinished()                            //等待完成
dout0.set(FALSE)                            //单吸盘关闭
dout1.set(FALSE)                            //双吸盘关闭
```

搬运礼品盒子程序：pick_ put_ lp

```
PTP(basepot_lp)                             //礼品盒抓取释放原点
Tool(xipan_tool)                            //调用单吸盘工具坐标系
WaitIsFinished()                            //等待完成
//Lin(pick_lp_pot)                          //示教抓取点
pick_lp_pot_up = pick_lp_pot               //抓取点赋值给抓取安全点
pick_lp_pot_up.z:=pick_lp_pot_up.z+100     //抓取点上方100mm作为抓取安全点
Lin(pick_lp_pot_up)                        //运动到抓取安全点
Lin(pick_lp_pot)                           //运动到抓取点
WaitIsFinished()                            //等待完成
dout0.set(TRUE)                            //单吸盘打开,抓取礼品盒
dout1.set(FALSE)                           //双吸盘关闭
WaitTime(2000)                             //延时2s,等待礼品盒稳定抓取
WaitIsFinished()                            //等待完成
```

```
Lin(pick_lp_pot_up)                              //运动到抓取上方安全点
Lin(put_midpoint)                                //示教吸盘释放点中点(过渡点)
//Lin(put_lp_pot)                                //示教释放点
put_lp_pot_up:=put_lp_pot                        //放置点赋值给释放安全点
put_lp_pot_up.z:=put_lp_pot_up.z+100             //释放点上方100mm作为释放安全点
WaitIsFinished()                                 //等待完成
Lin(put_lp_pot_up)                               //运行到礼品盒释放安全点
Lin(put_lp_pot)                                  //运行到释放点
WaitIsFinished()                                 //等待完成
dout0.set(FALSE)                                 //单吸盘关闭,释放礼品盒
dout1.set(FALSE)                                 //双吸盘关闭
WaitTime(2000)                                   //延时2s,等待礼品盒稳定释放
WaitIsFinished()                                 //等待完成
Lin(put_lp_pot_up)                               //运行到释放安全点
PTP(basepot_lp)                                  //礼品盒抓取释放原点
```

搬运托盘子程序 pick_ put_ tp

```
PTP(basepot_tp)                                  //托盘抓取释放原点
Tool(tuopan_tool)                                //调用托盘工具坐标系
//Lin(pick_tp_pot)                               //示教托盘抓取点
pick_tp_pot_up:=pick_tp_pot                      //托盘抓取点准备赋值
pick_tp_pot_up.z:=pick_tp_pot_up.z+100           //抓取点上方100mm作为抓取安全点
WaitIsFinished()                                 //等待完成
Lin(pick_tp_pot_up)                              //运行到托盘抓取安全点
Lin(pick_tp_pot)                                 //运行到托盘抓取点
WaitIsFinished()                                 //等待完成
dout0.set(FALSE)                                 //单吸盘关闭
dout1.set(TRUE)                                  //双吸盘抓取托盘
WaitTime(2000)                                   //延时2s
WaitIsFinished()                                 //等待完成
Lin(pick_tp_pot_up)                              //运行到抓取安全点
Lin(pick_tp_midpot)                              //运行到托盘过渡点
//Lin(put_tp_pot)                                //示教托盘释放点
put_tp_pot_up:=put_tp_pot                        //托盘释放点准备赋值
put_tp_pot_up.z:=put_tp_pot_up.z+100             //释放点上方100mm作为释放安全点
WaitIsFinished()                                 //等待完成
Lin(put_tp_pot_up)                               //运行到释放安全点
Lin(put_tp_pot)                                  //运行到释放点
WaitIsFinished()                                 //等待完成
dout0.set(FALSE)                                 //单吸盘关闭
dout1.set(FALSE)                                 //双吸盘释放托盘
WaitTime(2000)                                   //延时2s
WaitIsFinished()                                 //等待完成
Lin(put_tp_pot_up)                               //运行到托盘释放安全点
PTP(basepot_tp)                                  //运行到原点
```

主程序：Main

```
WHILE TRUE DO                       //循环语句
IF state = TRUE THEN                //选择控制字
    CALL pick_put_lp()              //调用搬运礼品盒子程序
ELSE  THEN                          //接收工具信号1
    CALL pick_put_tp()              //调用搬运托盘子程序
END IF                              //结束 IF 语句
    CALL fuwei()                    //调用复位程序
END WHILE                           //结束 WHILE 语句
```

各子程序中使用的变量说明见表7-3。

表7-3　工业机器人搬运工作站程序变量表

变 量 名	变量类型	说　明
basepot	AXISPOS	工业机器人原点，关节坐标值为 a1 = 0，a2 = 0，a3 = 0，a4 = 0，a5 = -90，a6 = 0
basepot_lp	AXISPOS	工业机器人礼品盒原点，关节坐标值为 a1 = 0，a2 = 0，a3 = 0，a4 = 140，a5 = -90，a6 = 0
basepot_tp	AXISPOS	工业机器人托盘原点，关节坐标值为 a1 = 0，a2 = 0，a3 = 0，a4 = -140，a5 = -90，a6 = 0
xipan_tool	Tool	礼品盒工具坐标系变量，变量赋值为 x = -4，y = -160，z = 154，a = 90，b = 140，c = -90
tuopan_tool	Tool	托盘工具坐标系变量，变量赋值为 x = 0，y = 161.42，z = 158.28，a = -90，b = 140，c = 90
dout0. set	Dout	单吸盘信号
dout1. set	Dout	双吸盘信号
pick_lp_pot_up	CARTPOS	礼品盒抓取点上方100mm位置
pick_lp_pot	CARTPOS	礼品盒抓取点，示教获得
put_lp_midpot	CARTPOS	礼品盒释放过渡点，示教获得
put_lp_pot	CARTPOS	礼品盒释放点，示教获得
put_lp_pot_up	CARTPOS	礼品盒释放点上方100mm位置
pick_tp_pot_up	CARTPOS	托盘抓取点上方100mm位置
pick_tp_pot	CARTPOS	托盘抓取点，示教获得
put_tp_midpot	CARTPOS	托盘释放过渡点，示教获得
put_tp_pot	CARTPOS	托盘释放点，示教获得
put_tp_pot_up	CARTPOS	托盘释放点上方100mm位置
state	BOOL	TRUE 时抓取礼品盒，FALSE 时抓取托盘

7.6.5　程序试运行

确定工业机器人周围安全后，按照以下步骤完成程序试运行：

1）打开要测试的程序文件。

2）移动光标到程序开始位置。

3）调整工业机器人进入单步运行模式，试运行程序。

4）再现搬运。

① 打开要再现的作业程序，将光标移动到程序开始位置，将示教器上的模式选择开关设置为"再现/自动"状态。

② 单击示教器上的"PWR"按钮，接通伺服电源。

③ 单击"Start"按钮，工业机器人开始运行。

思 考 与 练 习

一、填空题

1. 从结构形式上看，搬运机器人可分为_____和关节式搬运机器人。

2. 搬运机器人常见的末端执行器有_____、_____、_____和_____。

3. 真空吸盘通过_____装置和_____装置实现工件的抓取和释放。工作时，_____装置将吸盘与工件之间的空气吸走，使其达到_____状态，吸盘内的压力小于吸盘外的大气压，工件在外部压力的作用下被抓取。

4. 吸附式末端执行器的 TCP 一般设在法兰中心线与_____的交点处；夹钳式末端执行器的 TCP 通常设置在法兰中心线与_____的交点处。

二、选择题

1. 工业机器人的输入输出信号有（　　）种类型。

A. 1 　　　　　 B. 2 　　　　　 C. 3 　　　　　 D. 4

2. 若 HR20 工业机器人系统中定义了一个数字量输出变量，变量链接的地址为 26，那么该变量链接的是模块（　　），端子编号是（　　）。

A. 0，1 　　　　 B. 1，2 　　　　 C. 2，3 　　　　 D. 3，4

3. HR20 工业机器人的 DM272/A 输入输出模块共有（　　）组，每组有（　　）个开关量。

A. 4，8 　　　 B. 2，16 　　　 C. 3，24 　　　 D. 4，32

4. HR20 工业机器人 DM272/A 输入输出模块中第三组模块的地址范围是（　　）。

A. 0～7 　　　 B. 8～15 　　　 C. 16～23 　　　 D. 24～31

三、实践操作题

1. 采用标定尖针代替双吸盘手爪，以标定尖针的针尖为 TCP，采用工具三点校验法对工业机器人的双吸盘手爪进行工具坐标的标定。

2. 建立工件坐标系 1，在该坐标系内工业机器人从 A 点运动到 B 点，再从 B 点运动到 C 点，然后返回 A 点，完成图 7-77 所示三角形的绘制。建立工件坐标系 2，调用上述三角形程序，观察工业机器人的运动轨迹是否与原三角形一致。

3. 编写工业机器人搬运程序，使工业机器人按照示教的方式将一个礼品盒从备料区搬运到工件盒中。

4. 根据礼品盒的高度尺寸、工件盒的尺寸，按照计算空间位置的方式，将四个工件从

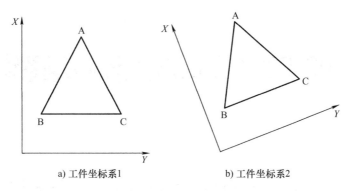

a) 工件坐标系1　　　　　　　b) 工件坐标系2

图 7-77　工件坐标系中的三角形

四个托盘中搬运到工件盒的四个小格中，每搬运一个礼品盒，将该礼品盒的托盘码垛回收。其中礼品盒的高度为 50mm，工件盒相邻仓位间隔 80mm，托盘的高度为 20mm。摆放方式如图 7-78 所示。

图 7-78　礼品盒在工件盒中的摆放

CHAPTER 8
第8章 HB-RCPS-C10 工业机器人实训系统

- ● 知识目标：掌握 HB－RCPS－C10 工业机器人实训系统的组成和基本功能；掌握 HR20 工业机器人在自动化生产线系统中的应用；掌握 HR20 工业机器人和西门子 1200 系列 PLC 的通信方法；掌握智能视觉检测系统的应用；掌握立体仓库和码垛机的工作原理；掌握 AGV 机器人的工作原理；掌握人机界面的开发方法；掌握西门子 1200 系列 PLC 的编程方法。
- ● 能力目标：以工业机器人实训系统为平台，使学生具备完成工业机器人应用工作站中配套设备机械、电气系统的装调，工业机器人的标定，通信设置及编程操作，视觉系统编程调试，AGV 机器人及码垛机器人的编程调试等基本工作的能力；通过对系统人机界面的开发及控制程序的设计等，完成工业机器人实训系统的联机运行和特定制造流程，提高学生的综合应用能力。

8.1 工业机器人实训系统概述

HB－RCPS－C10 工业机器人实训系统主要由码垛机立体仓库系统、AGV 机器人、托盘流水线、装配流水线、智能视觉检测系统、六自由度工业机器人、控制系统等组成，如图 8-1 所示。

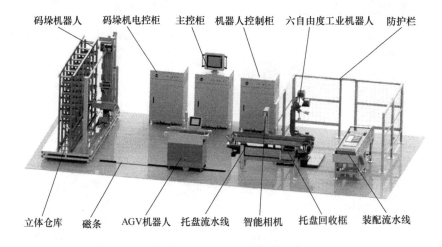

图 8-1　HB－RCPS－C10 工业机器人实训系统的组成

HB-RCPS-C10 实训系统涉及六自由度工业机器人、AGV 机器人、码垛机立体仓库系统、传感器、可编程序控制器等设备，涉及智能仓储物流、智能制造、电子、机械、气动、智能机器视觉、工业网络等领域核心知识，将工业机器人、智能视觉检测、自动化控制等技术综合到一个实训/考核设备中，微缩了一个工业现场的生产线，实现了对工件的搬运、检测、分类、组装、存储等操作，是一个典型的智能制造系统。通过此系统可以进行机械组装、电气线路设计与接线、PLC 编程与调试、智能视觉系统的编程与调试、机器人编程与调试等多方面训练，适合职业院校、技工学校自动化类相关专业的工业机器人与控制技术、自动化生产线安装及调试等课程的实训教学，为自动化技术人员进行工程训练及技能比赛提供参考。

HB-RCPS-C10 实训系统的工作流程如下：

1）立体仓库中各个仓位上随机放置有各种托盘，码垛机系统可以通过金属传感器检测到每个仓位是否放置有托盘。

2）需要装配的零件随机放置于托盘上的任意位置，每个托盘上最多可以放置一个零件。工作时，操作者通过主控柜上的触摸屏选择仓位，并下达装配命令。码垛机收到命令后，依次将选择的托盘从立体仓库中取出，并放置在 AGV 机器人上部的输送线上。

3）当 AGV 机器人输送带达到最大输送数时，AGV 机器人循着磁条运行到托盘流水线入口处，并将托盘及托盘上的工件输送至托盘流水线上。

4）托盘流水线上方安置一个智能相机，当托盘运行到智能相机检测工位时，相机通过智能视觉检测系统对工件进行识别，检测出工件的位置、数量、编号等参数，并将这些参数传送到主控 PLC 中。

5）主控 PLC 将相机数据处理后送入工业机器人，工业机器人根据位置数据和类型数据对工件进行抓取（1 号工件使用三爪卡盘进行抓取，2~4 号工件使用双吸盘进行吸取），并放置于装配流水线的相应位置（托盘流水线上有定位装置对工件进行二次定位），然后将空托盘送至托盘回收库。

6）当抓取的工件数量足够装配时，主控 PLC 发出装配命令，对工件进行装配。如此循环，直到完成从立体仓库中输送的所有工件的装配。

图 8-2 所示为需要识别、抓取和装配的工件，分别为关节底座、电机模块、谐波减速器和输出法兰。默认的工件编号从左至右为 1~4 号，装配顺序也是按照对 1~4 号逐个进行组装的方式，如图 8-3 所示。

a) 1号工件：关节底座　　b) 2号工件：电机模块　　c) 3号工件：谐波减速器　　d) 4号工件：输出法兰

图 8-2　需要识别、抓取和装配的工件

图 8-3　工件装配后的效果

8.2　工业机器人实训系统的结构与组成

HB－RCPS－C10 实训系统由 HR20－1700－C10 六自由度工业机器人系统、托盘流水线单元、智能视觉检测系统、装配流水线单元、AGV 机器人单元、码垛机立体仓库系统、机器人工具换装装配系统、空盘回收框、电气控制柜等组成。

8.2.1　HR20－1700－C10 六自由度工业机器人系统

汇博 HR20 六自由度工业机器人系统由机器人本体、机器人控制器、示教器等组成，其主要任务是对托盘传送带上的工件和托盘进行抓取和放置，以及对放置在装配流水线上的工件按照控制要求进行装配。工业机器人系统中工件的选择控制及抓取定位由主控 PLC 完成的。主控 PLC 将由智能视觉检测系统拍摄得到的工件数据（位置、数量和编号），通过 Modbus 协议传送到工业机器人系统中，工业机器人根据传来的控制要求和装配要求切换夹具，对工件进行准确定位、抓取和装配。

由于搬运的工件为塑料制品和有机玻璃托盘，质量较小，容易变形，不适合使用夹持式机械手，故采用三爪卡盘和真空双吸盘。三爪卡盘完成 1 号工件的抓取、搬运和放置；双吸盘完成 2～4 号工件的抓取、搬运和放置，以及空托盘的抓取和回收。

汇博 HR20 工业机器人的末端执行器由真空双吸盘、三爪卡盘、手爪气缸、真空发生器、数字压力开关等组成，如图 8-4 所示。真空双吸盘和三爪卡盘由工业机器人控制切换。真空发生器安装在工业机器人本体上，用于使真空双吸盘处于负压状态，从而吸取工件。数字压力开关安装在工业机器人本体底座上，用于检测

a) 三爪卡盘　　　　　b) 双吸盘　　　　　c) 夹爪气缸

图 8-4　HR20 工业机器人的末端执行器

吸盘工具吸取工件的状态。三爪卡盘使用的是气立可 HDR32 型夹爪气缸，利用气缸的外径夹持力对 1 号工件进行抓取和放置。夹爪气缸的口夹直径为 32mm，开关行程为 8mm，动作形式为复动型。工业机器人末端的三爪卡盘和真空双吸盘的气路连接方式如图 8-5 所示。

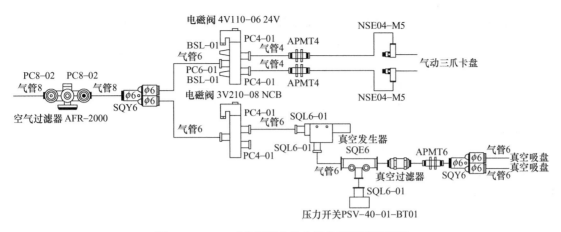

图8-5 HR20 工业机器人的末端执行器连接气路

8.2.2 托盘流水线单元

托盘流水线主要由工件对接工位（G6）、工件托盘视觉检测缓冲工位（G5）、视觉检测工位（G4）、工件托盘装配缓冲工位（G3、G2）及工件抓取工位（G1）组成。结构分布如图8-6所示。

当 AGV 机器人将托盘输送到托盘流水线的传送带上，流水线传动托盘经过入口检测工位的光电传感器时，传感器发出托盘检测开始信号，主控 PLC 得到信号后，控制智能视觉检测系统拍照，定位出工件在托盘中的位置、角度和工件号。经智能视觉检测系统定位识别后，传送带继续输送工件至抓取工位，主控系统根据任务要求的装配顺序，控制工业机器人利用末端执行器将工件放置到装配流水线的合适位置。另外，在托盘流水线外侧安装有托盘回收框，当流水

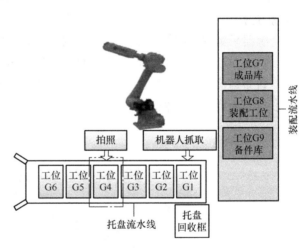

图8-6 托盘流水线、装配流水线和工业机器人的相对位置

线输出端托盘上的所有工件均被吸取时，空托盘将被回收。在视觉检测工位和工件抓取工位各有一气挡，用于托盘的定位及对前端缓冲工位托盘的阻挡。托盘流水线上传感器和气挡的位置如图8-7所示，托盘回收框的位置如图8-8所示。

输入端传感器　视觉检测工位传感器　视觉检测工位气挡　抓取工位传感器　抓取工位气挡

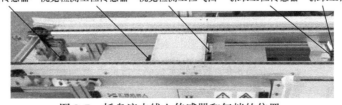

图8-7 托盘流水线上传感器和气挡的位置

传送带的传动部分的原理是由系统主控柜的可编程序控制器控制西门子 G120 变频器，进而控制由三相异步电动机的转动带动的传动链。可编程序控制器向变频器发出速度和方向控制信号，驱动三相异步电动机正向或者反向旋转，三相异步电动机的转动带动减速器将转动力传送给传送带上的同步轮和同步链，最后带动传动链运动，使托盘在传送带上前进。

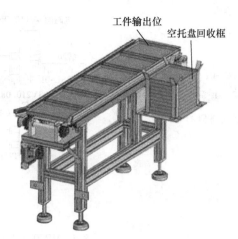

图 8-8　托盘回收框的位置

8.2.3　智能视觉检测系统

智能视觉检测系统采用相机将被检测的目标转换成图像信号，再由相机自带的专用图像处理系统，根据像素分布和亮度、颜色等信息，转变成数字化信号。图像处理系统对这些信号进行各种运算来抽取目标的特征，如面积、数量、位置、长度，再根据预设的允许度和其他条件输出结果，包括尺寸、角度、个数、合格/不合格、有/无等，实现自动识别功能。

本系统采用无锡信捷电气股份有限公司生产的智能化一体相机，通过内含的 CCD/CMOS 传感器采集现场图像，系统由智能相机、光源控制器、光源等组成，如图 8-9 所示，用于检测工件的个数、形状及位置等信息，并通过 RS－485 串口与支持 Modbus 通信协议的 RS－485 设备通信，通过百兆以太网与支持 Modbus－TCP 通信协议的 PLC 或机器人控制器通信，对检测结果和检测数据进行传输。系统内的各部件采用工业总线连接，连接方式如图 8-10 所示。

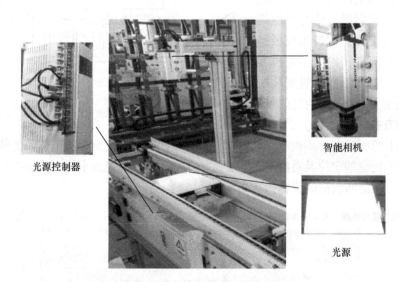

图 8-9　智能视觉检测系统的组成

8.2.4 装配流水线单元

装配流水线由链板传送带、步进电动机及其减速机构、支架等组成，如图8-11所示。装配流水线单元共有三个工位，分别为装配工位（G8）、备件库工位（G9）及成品库工位（G7）。备件库工位和成品库工位分别位于装配工位的两侧。当出现多个同一类型的工件时，备件库工位可用于缓存待装配的工件（2~4号

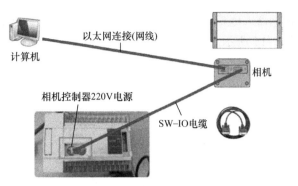

图8-10 智能视觉检测系统中各部件的连接方式

工件），待装配工位完成了一个完整的装配任务后，工业机器人将成品放入成品库工位，然后进行下一个工业机器人关节的装配任务。另外，当出现多个1号工件时，可将1号工件暂时存放于成品库中。

装配工位上有四个位置，用于放置需要装配的工件，每个位置上有适配工件外形的定位气缸和定位块，用来对工件进行二次定位。当工业机器人将工件送至装配工位后，先通过气缸对其进行二次定位，然后再进行装配，以提高工业机器人的抓取精度，保证装配顺利完成。装配流水线的工位及序号如图8-12所示。

图8-11 装配流水线

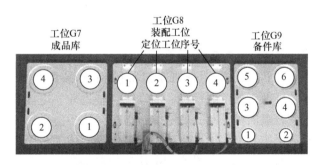

图8-12 装配流水线的工位及序号

装配工位上使用了四个伸缩气缸作为定位气缸，用于对工件进行二次定位。这些定位气缸是双轴气缸，气动控制元件为二位五通电磁阀。工业机器人通过输入输出模块控制电磁阀驱动线圈通/断电，改变气路的进/出气方向，进而控制气缸的伸出/缩回运动。四个电磁阀分别连接到工业机器人的第16~第19个数字量输出点。使用一根六芯电缆（四根输出点信号线＋一根地线＋一根 PE 线）进行接线，在与工业机器人的连接中，在工

图8-13 四个电磁阀实物图

业机器人电柜航插板中采用航插中转。四个电磁阀的实物图如图 8-13 所示，气路连接如图 8-14 所示。

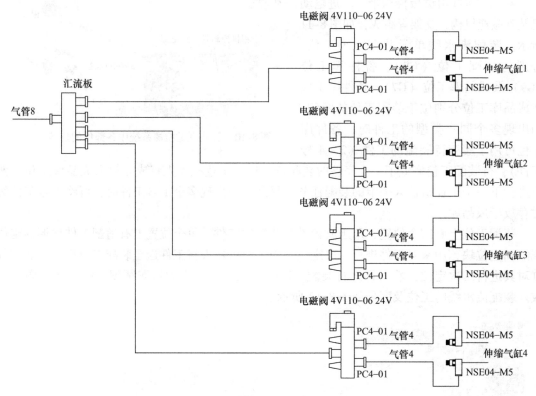

图 8-14　装配流水线气路连接示意图

8.2.5　AGV 机器人单元

AGV 机器人单元由下部车架和上部输送装置组成，如图 8-15 所示。下部车架由电动机、驱动轮、辅助轮、电池和框架等组成。两台电动机带动驱动轮控制小车沿磁条运动，四个辅助轮控制其平衡。上部输送装置采用带传动，传动带距离地面的高度约为 800mm，其前端有用电磁铁控制的阻挡机构，机身上装有 HMI 及一个三色塔灯（AGV 工作指示灯）。AGV 机器人可搭配无线路由器，与流水线及码垛机进行无线通信，以保证运行状态的交互配合。AGV 机器人主要用于实现成品工件、套件、残次品等在工件流水线和智能仓储单元之间的转运。

图 8-15　AGV 机器人

8.2.6　码垛机立体仓库系统

码垛机立体仓库系统主要由立体仓库、码垛机、码垛机电控柜和基础底板等组成。

1. 立体仓库

立体仓库由横梁架体、立柱架体组合装配构成，各架体采用模块化安装方式。立体仓库有4层、7列，共28个仓位。每个仓位均安装有微动开关，用于检测仓位状态。立体仓库系统中沿水平方向（X轴）将货架编为1~7列，沿竖直方向（Z轴）编为1~4层，如图8-16所示。

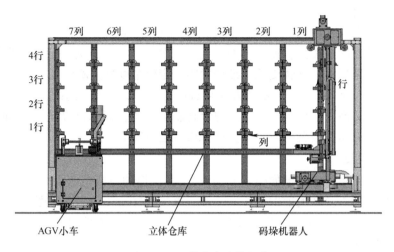

图8-16　立体仓库仓位规定

立体仓库上的每个仓位有唯一的地址编码。仓库的每一行在码垛机Z轴本体上均有一个挡片与之对应，每一列在码垛机的X轴本体上均有一个挡片与之对应。码垛机X轴和Z轴分别有三个传感器。码垛机复位完成后，从初始位置到各仓位所需要经过的X轴和Z轴挡片数便是唯一确定的。各轴分别通过三个传感器的信号反馈进行准确定位，配合减速控制运行，即可实现各仓位的精确定位。

码垛机的每个仓位与码垛机初始位置之间的距离是一定的，且每个仓位对应的X轴和Z轴均有一个挡片与之对应。要使码垛机按指令运行到目标仓位，只需要将目标仓位位置分解为X轴和Z轴所需经过的挡片号。从初始位置到每个挡片位置的识别通过计数的方式来初步确定，然后分别通过三个传感器与挡片的接触状态来进一步精确确定。

为了使系统运行更平稳，定位更准确，在接近目标仓位时，需要对各轴进行减速控制。减速控制和定位控制是相互配合运行的。以X轴减速控制为例，当X轴计数达到所需时，系统控制变频器切换为低速运行；减速后，再通过三个传感器的位置信息来判别是否到位，到位后系统控制变频器停止运行。Z轴减速控制的原理与X轴相同。

为了保证立体仓库系统安全运行，为系统设计了安全联锁控制，主要由外部急停按钮，X、Z轴方向的机械式极限位置开关组成。当外部有紧急情况，急停按钮被按下时，立即停止码垛机的运动，待急停按钮解除且人工确认后才可以重新投入运行。系统运行超越极限位置时，机械式极限位置开关被触发，切断硬件控制回路运行并触发报警。此时，需要检查是由于程序软件编写不当，还是外部传感器故障等引发了报警，分析清楚原因并排除故障后，再通过人工点动的方式退出极限位置，重新投入运行。

2. 码垛机

码垛机是立体仓库系统的重要组成部分，它是整个系统的执行部件。仓库入库时通过货叉机构将物品运送至仓位存储，仓库出库时将物品从仓位取出。码垛机由水平行走机构（X

轴）、起升机构（Z轴）、货叉机构（Y轴）、机架等基本部分组成。在X轴和Z轴运行机构上分别安装有三个接近式传感器，用于对应轴的运行到位检测和减速运行检测。Y轴上安装有四个传感器。其中两个用于缩回到位检测，另外两个分别用于检测仓库侧取放工件伸出到位和AGV侧取放工件伸出到位。

码垛机X轴行程为1372mm，Y轴行程为920mm，Z轴行程为827mm。X轴方向的运动采用高精度蜗杆传动减速装置，使其具有一定的自锁性。Y轴方向的运动采用齿轮–双齿条行程倍增机构，并采用滚动导轨支承，结构紧凑、定位精度好。Z轴方向的运动采用链条提升机构并采用直线轴承导向（X、Z轴方向可选配工业级条码定位系统）。码垛机具有较高的安全防护要求，X轴、Z轴驱动电动机均带有制动装置，以保证断电后立即停车。同时，X轴和Z轴运动带有防撞装置，以进一步确保设备运行安全。

3. 码垛机电控柜

码垛机立体仓库系统电控柜如图8-17所示。电控柜的主要电气元件有触摸屏、PLC及其扩展单元、变频器以及其他辅助电气元件等。电气元件安装示意图如图8-18所示。

（1）触摸屏 人机界面，用于人机交互。可直观显示系统信息，并可通过其设定系统运行参数，给PLC发送指令等。

（2）PLC 系统控制器，用于控制整个系统的协调运行。

（3）PLC扩展单元 扩展输入单元，将外部数字量信号（如按钮、接近开关等）接入至PLC。

（4）变频器 该电控柜中有三个变频器，分别控制码垛机三个运行机构电动机的运行。

（5）其他辅助电气元件 包括总电源开关、急停按钮、断路器、滤波器、接触器、继电器、连接器、端子排、开关电源、交换机等，它们与主要电气元件一起，组成整个系统的控制电路。

图8-17 立体仓库系统电控柜

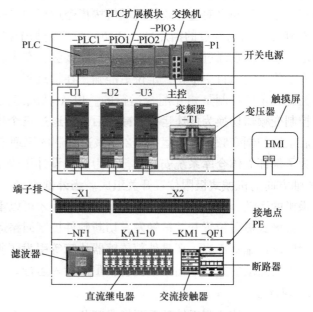

图8-18 电气元件安装示意图

电控柜对码垛机三个运行机构的控制是分别通过对三个变频器进行控制来实现的。通信控制的连接采用的是 PROFINET 网络形式。码垛机系统配有一台交换机，方便扩展。本立体仓库系统硬件网络连接如图 8-19 所示。

4. 基础底板

码垛机立体仓库系统的基础底

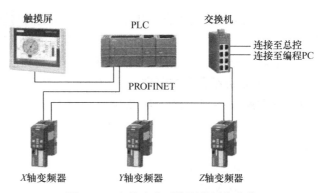

图 8-19　立体仓库系统硬件网络连接

板由型材和钢板组成，立体仓库和码垛机都安装在底板上。底板用八个减振脚支承在地面上，底板上安装有两个对射式传感器，一个为发送端，一个为接收端。在 AGV 侧对应安装接收端和发送端，从而实现 AGV 与码垛机之间的信号交互。

8.2.7　电气控制柜和以太网路由器

本实训系统中，AGV 机器人的电气控制部分安装于其本体上，智能相机的电气控制部分安装于托盘流水线本体下端，其他部分的电气控制柜分为三个，分别为码垛机电控柜、流水线控制柜和机器人控制柜，其内分别安装有控制码垛机、流水线和机器人运行的控制器、变频器、驱动器等电气部件。各电控柜与其本体之间通过电缆进行连接，根据需要选用航空插头或重载连接器，强弱电分离，连接安全可靠。

以太网路由器将多个 PLC、机器人控制器、智能视觉控制器组成一个以太局域网，进行数据的相互传输，实现工业现场控制系统的高层次应用，同时可以培养和考核学生对工业网络的使用技能。

8.3　实训系统主要电气元件功能介绍

8.3.1　西门子可编程序控制器单元

HB-RCPS-C10 工业机器人实训系统的 PLC 为西门子 S7-1200 系列 CPU1215C 型 PLC，如图 8-20 所示。

该 PLC 可完成简单逻辑控制、高级逻辑控制、人机交互（Human Machine Interface，HMI）通信和网络通信等任务。PLC 内部集成有两个 PROFINET 接口，用于编程、HMI 通信和 PLC 间的通信，还可通过开放的以太网协议支持与第三方设备的通信。另外，该 PLC 集成两个 100kHz 的高速脉冲输出，用于步进电动机或伺服驱动器的速度和位置

图 8-20　西门子 CPU1215C 型 PLC

控制。对于需要网络通信功能和单屏或多屏 HMI 的自动化系统，易于设计和实施；而且该 PLC 具有支持小型运动控制系统、过程控制系统的高级应用功能。

CPU1215C 可编程序控制器用于实现通过以太网与智能视觉检测系统、工业机器人、AGV 机器人、码垛机立体仓库系统等进行数据交互与通信，以及对托盘流水线和装配流水线的电动机、气缸等执行机构进行动作控制，处理各单元检测信号，管理工作流程、数据传输等任务。

CPU1215C 可编程序控制器可通过双端口以太网交换机，使用标准 TCP 通信协议与其他 CPU、编程设备、HMI 设备等进行通信。以太网交换机将主控单元、工业机器人单元、智能视觉单元、AGV 机器人单元以及码垛机立体仓库系统组成一个以太局域网，如图 8-21 所示。

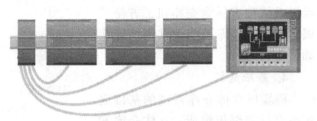

图 8-21　PLC 和触摸屏以太网通信方式

8.3.2　触摸屏

触摸屏的主要作用是配合 PLC 对系统的运行参数进行设置，对系统运行状态、数据数值进行监控。本实训系统采用的是西门子 TP700 Comfort 触摸屏，分别位于主控柜上方和码垛机电控柜上方，如图 8-22 所示。

8.3.3　变频器

变频器是应用变频技术与微电子技术，通过改变电动机工作电源频率方式来控制交流电动机的电力控制设备。

图 8-22　TP700 Comfort 触摸屏

变频器主要由整流（交流变直流）单元、滤波单元、逆变（直流变交流）单元、制动单元、驱动单元、检测单元和微处理单元等组成。变频器靠内部 IGBT 的通断来调整输出电源的电压和频率，根据电动机的实际需要来提供其所需要的电源电压，进而达到节能、调速的目的。

本实训系统采用西门子公司生产的 SINMAMICS G120 型变频器（图 8-23），它是一种模块化的变频器，每个 G120 型变频器都是由一个控制单元和一个功率模块组成的。控制单元可以控制和监测与其相连的电动机，功率模块则用于提供电源和电动机端子。

当需要调试、诊断和控制变频器以及备份和传送变频器设置时，需要使用变频器的操作面板来完成。变频器通常有两种操作面板：一种是智能操作面板（IOP），它可直接卡紧在控制单元上或者作为手持单元通过一根电缆和控制单元相连；另一种是 BOP-2 型操作面板，这种操作面板可以直接卡紧在控制单元上的操作面，采用两行显示，用于诊断和操作变频器。本实训系统采用的是 BOP-2 型操作面板。BOP-2

图 8-23　西门子 G120 型变频器

型操作面板安装于控制单元上方，可以用于变频器的调试、运行监控以及参数设置。BOP-2 型操作面板为两行显示，一行显示参数值，另一行显示参数名称。变频器的参数可以复制上载到操作面板，在必要的时候可以下载到相同类型的变频器中。

本实训系统变频器的控制单元、功率单元和操作面板分别安装在码垛立体仓库系统的电控柜和主控流水线控制柜中。

码垛机和托盘流水线系统中共四个变频器，功能如下。

1）变频器1：控制码垛机 X 轴电动机左右移动。

2）变频器2：控制码垛机 Z 轴电动机上下移动。

3）变频器3：控制码垛机 Y 轴电动机前后移动。

4）变频器4：控制托盘流水线系统的流水线电动机的运转。

变频器可以作为以太网节点连接到网络中，也可以以 I/O 模式在 PROFINET 中连接。连接方式如图8-24所示。变频器必须正确连到总线电源上，变频器与控制器中的 IP 地址和设备名称必须一致，变频器和上级控制器中的报文设置必须相同，变频器和控制器之间通过 PROFINET 交换的信号必须正确互联。

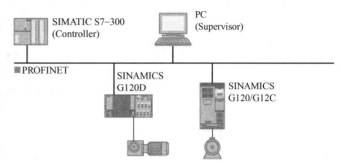

图 8-24　G120 型变频器的以太网连接方式

8.3.4　传感器

传感器是一种检测装置，它能感受到被测量的信息，并能将感受到的信息按一定规律变换成为电信号或其他所需形式的信息输出，以满足信息的传输、处理、存储、显示、记录和控制等要求。它是控制系统实现自动化、系统化、智能化的首要环节。

传感器一般由敏感元件、转换元件、变换电路和辅助电源四部分组成。敏感元件直接感受被测量，并输出与被测量有确定关系的物理量信号。转换元件将敏感元件输出的物理量信号转换为电信号。变换电路负责对转换元件输出的电信号进行放大调制。转换元件和变换电路一般还需要辅助电源供电。

本实训系统中使用的主要传感器名称及型号见表8-1。

表 8-1　使用的传感器名称及型号

序　号	名　　称	型　　号
1	对射式光敏传感器	XUB2ANANL2R/XUB2AKSNL2T
2	光电开关	EE－SX671
3	漫反射式光敏传感器	G12－3A07NA
4	光电开关	XUM5APCNL2
5	电感式接近开关	LE17SF05DNO
6	行程开关	CZ－3112
7	微动开关	VS10N061C2
8	磁导航传感器	XGS－19006
9	地标传感器	XMS－19014

1. 光敏传感器

光敏传感器是采用光敏元件作为检测元件的传感器。它首先把被测量的变化转换成光信号的变化，然后借助光敏元件进一步将光信号转换成电信号。光敏传感器一般由光源、光学通路和光敏元件三部分组成，分为对射式和反射式。

对射式光敏传感器由发射器和接收器组成，由发射器发出的光线直接进入接收器，当被检测物体经过发射器和接收器之间阻断光线时，光敏传感器就产生开关量信号。反射式光敏传感器集发射器和接收器于一体，当有被检测物体经过时，将发射器发射的足够量的光线反射到接收器上，光敏传感器产生开关量信号。反射式光敏传感器工作示意图如图8-25所示。

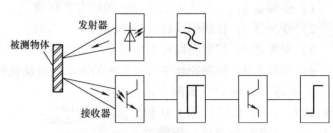

图8-25　反射式光敏传感器工作示意图

托盘流水线上有三个光敏传感器，用于物品托盘的检测，分别位于流水线上料输入端、流水线检测工位以及流水线输出工位。

2. 行程开关

行程开关是位置开关（又称限位开关）的一种，是一种常用的小电流主令电器，利用产生机械运动的部件的碰撞使其触头动作来实现接通或分断控制电路，达到一定的控制目的。通常，这类开关被用来限制机械运动的位置或行程，使运动机械按一定位置或行程自动停止、反向运动、变速运动或自动往返运动等。

3. 微动开关

微动开关是一种尺寸很小而又非常灵敏的弹簧引动的磁吸附式行程开关。它是具有微小触点间隔和快动机构，按照规定的行程和力进行开关动作的触点机构，用外壳覆盖，外部有驱动杆，因为其开关的触点间距比较小，故名微动开关，又叫灵敏开关。

机械外力通过传动元件（按销、按钮、杠杆、滚轮等）将力作用于动作簧片上，当动作簧片位移到临界点时产生瞬时动作，使动作簧片末端的动触点与定触点快速接通或断开。当传动元件上的作用力移去后，动作簧片产生反向动作力，当传动元件反向行程达到簧片的动作临界点后，瞬时完成反向动作，如图8-26所示。微动开关的触点间距小、动作行程短、按动力小、通断迅速。

图8-26　微动开关的组成和工作原理

4. 磁导航传感器

磁导航传感器一般配合磁条、磁道钉或者电缆使用，不管是磁条、磁道钉还是电缆，其作用都是预先铺设AGV等自主导航设备的行进路线、工位或者其他动作区域。磁导航传感器用于检测磁条和地标的位置及极性。

磁导航传感器由一组或多组微型磁场检测传感器组成，在磁导航传感器上，每个磁场检测传感器对应一个探测点。磁条、磁道钉、通电的电缆会产生磁场。以磁条为例，当磁导航传感器位于磁条上方时，每个探测点上的磁场传感器能够将其所在位置的磁带强度转变为电信号，并传输给磁导航传感器的控制芯片，控制芯片通过数据转换就能够测出每个探测点所在位置的磁场强度。根据磁条的磁场特性和传感器采集到的磁场强度信息，AGV就能够确定磁条相对磁导航传感器的位置。

8.4　实训系统的网络拓扑和通信结构

HB-RCPS-C10工业机器人实训系统采用国际上先进的控制理念和控制产品，采用网络化控制模式，系统控制框图如图8-27所示。

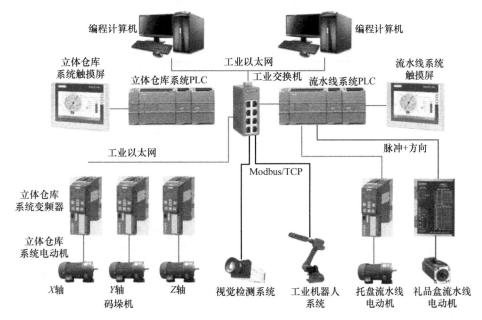

图8-27　系统控制框图

流水线系统与立体仓库系统、视觉检测系统、工业机器人系统通过网线进行连接；AGV小车与总控的通信根据可选配置，可使用I/O通信或无线通信，默认基本配置为I/O通信。

为了实现网络通信，可以利用软件平台将各个设备进行网络组态，配置IP地址，并根据所需流程定义适合的通信协议。

1. 网络组态

系统中使用的触摸屏、PLC及变频器均可以在Portal软件平台上进行组态。组态好的网络拓扑图如图8-28所示。

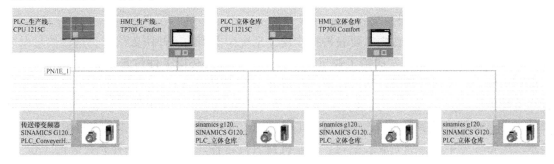

图8-28　Portal软件中各设备的组态

2. IP 地址配置

信捷智能相机的默认 IP 地址为 192.168.8.3，需将开发计算机的有线网卡、PLC 的网络地址以及工业机器人控制器（KEBA 控制器）的 Ethernet2 端口地址均设置在 192.168.8.* 网段内。其中工业机器人控制器的 IP 地址设定为 192.168.8.103，以太网使用协议方式 Modbus/TCP，作为服务器端，其设备号为 1；视觉控制器的 IP 地址设定为 192.168.8.3，以太网使用协议方式 Modbus/TCP，作为服务器端，其设备号为 3；流水线系统 PLC 的 IP 地址为 192.168.8.11，使用协议方式 Modbus/TCP，作为客户端与工业机器人控制器和视觉控制器进行通信。系统中各通信设备的 IP 地址需要在同一个以太网段，详细的 IP 地址配置见表 8-2。

表 8-2 系统中各通信设备的 IP 地址配置

系　　统	设　　备	IP 地址	子网掩码
立体仓库系统	触摸屏	192.168.8.17	255.255.255.0
	PLC	192.168.8.13	
	X 轴变频器	192.168.8.14	
	Y 轴变频器	192.168.8.15	
	Z 轴变频器	192.168.8.16	
流水线系统	触摸屏	192.168.8.111	
	PLC	192.168.8.11	
	托盘流水线变频器	192.168.8.19	
视觉检测系统	智能相机	192.168.8.3	
工业机器人系统	HR20 工业机器人	192.168.8.103	
AGV 小车（可选）		192.168.8.20	

3. 通信协议配置

通信网络建立好后，总控需要和各单元系统约定好通信协议，总控发送运行指令，各单元系统按指令执行，并反馈相应的状态。总控系统根据反馈的状态信息进行下一次运行控制的协调，从而实现整个系统的运行控制。

8.5 实训系统的软件编程

8.5.1 工业机器人系统编程

1. 运动规划

HB - RCPS - C10 实训系统中工业机器人的主要作用是进行工件的抓取、放置和装配。系统工作时，工业机器人首先需要获得智能视觉系统拍摄到的工件位置信息，这些信息由主控 PLC 通过以工业以太网发送给工业机器人；工业机器人获得工件位置信息后，执行相关程序对工件进行抓取和放置。当搬运的工件满足装配条件时（1~4 号工件被全部抓取并放置在装配工位上），工业机器人接受主控 PLC 发来的装配指令，对工件进行装配；如果搬运来的工件不满足装配条件，如获得了重复工件，则工业机器人需要将多余的工件放置在装配流水线的备件库中。直到完成装配后，工业机器人再将备件库中的工件补充在装配工位上，准备完成下次装配。

2. 工业机器人运动流程图

工业机器人运动流程图如图 8-29 所示。

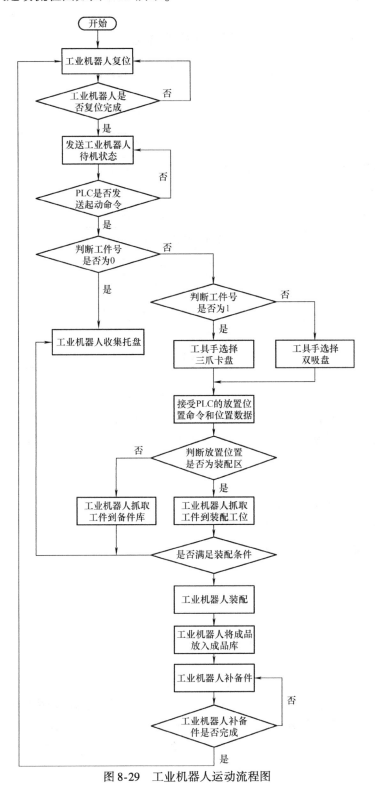

图 8-29　工业机器人运动流程图

3. 示教前的准备

（1）I/O 配置　本任务中的主要 I/O 设备包括工业机器人末端的双吸盘和三爪卡盘、装配流水线上的四个定位气缸，它们都是由 HR20 工业机器人的 DM272/A 输入输出模块控制的。工业机器人的开关量输入输出点的硬件地址配置见表 8-3。

表 8-3　工业机器人硬件地址配置表

点		信　号	说　明	输入输出状态	
				ON	OFF
输入点	11	暂停信号	PLC 控制下（脉冲信号，置高电位后，需要置零）	有效	无效
	12	程序启动信号	PLC 控制下（脉冲信号，置高电位后，需要置零）	有效	无效
	31	程序重新加载信号	脉冲信号，置高电位后，需要置零	有效	无效
	25	SEN1	双吸盘真空压力检测传感器	有效	无效
输出点	16	YV3	装配工位夹紧气缸 1 电磁阀	有效	无效
	17	YV4	装配工位夹紧气缸 2 电磁阀	有效	无效
	18	YV5	装配工位夹紧气缸 3 电磁阀	有效	无效
	19	YV6	装配工位夹紧气缸 4 电磁阀	有效	无效
	24	YV1	三爪卡盘手爪气缸电磁阀	有效	无效
	25	YV2	双吸盘真空吸附电磁阀	有效	无效

（2）坐标系设定　当工业机器人进行工件的搬运和摆放时，需要根据工件的不同，选择不同的工具手。因此，需要对两个工具手进行 TCP 标定，实现使用不同的 TCP 完成不同工件的抓取。由于双吸盘和三爪卡盘相对工业机器人法兰盘的位置不确定，因此需要使用工具三点校验法，通过给定的辅助工具，建立与两种工具对应的 TOOL 型变量，标定双吸盘和三爪卡盘的工具坐标系。

工业机器人工具坐标系的标定方法如下：

1）通过给定的辅助工具，使用工具三点校验法和一点 6d 法，设定双吸盘的工具坐标系。辅助工具的使用方法见第 7 章。

2）通过给定数据（0，−144.8，165.7，90，140，−90），使用位置数据输入法，在工业机器人系统中设定三爪卡盘的工具坐标系。

4. 示教编程

（1）新建作业程序　利用示教器的相关菜单命令或单击相关按钮，新建一个搬运作业项目，如"banyun"。

（2）确定工业机器人运动的示教点　在示教模式下，手动移动工业机器人，按照相关轨迹设定示教点。其中抓取点和放置点采用示教的方式实现；抓取临近点和放置临近点采用安全距离设定方式实现；另外，其他示教点应处于与工件、夹具互不干涉的位置。

（3）确定程序块　本任务中的程序主要包含主程序、工业机器人复位子程序、工件搬运子程序、工件装配子程序、托盘收集子程序和数据处理子程序。

1) 主程序。工业机器人的主程序主要接收主控PLC发送的位置数据和命令数据，工业机器人根据这些数据执行工件的抓取、装配或者空托盘的回收等工作。另外，工业机器人执行完相应的工作后，还需要将其当前的工作状态反馈给主控PLC，以便于主控PLC进行下一步的判断。

2) 工业机器人复位子程序。为了保证工业机器人每次都从同一个位置出发，因此设定工业机器人关节坐标（0, 0, 0, 0, -90, 0）的位置为其原点位置。工业机器人回到原点后，其吸盘和三爪卡盘释放，二次定位工件的气缸复位，Modbus通信接口数据清零。

3) 工件搬运子程序。工件搬运子程序主要完成工业机器人对工件的抓取和放置。工业机器人进行工件抓取时，首先需要根据主控PLC传送的工件抓取位置和角度信息进行工件抓取，还需要根据主控PLC传送的工件类型信息决定所使用的工具手。放置工件时，同样需要以主控PLC传送的工件放置位置和放置角度为依据。

4) 工件装配子程序。装配流水线上工件的四个装配位置既可以通过工件机器人示教获取，也可以通过装配工位上各个位置的相对位置计算获取。工业机器人获得装配位置后，利用运动指令按照顺序装配工件，并将其搬运到成品库中。

5) 托盘收集子程序。当工业机器人系统收到托盘收集命令后，工业机器人首先运动到托盘抓取初始点，然后直线运动到托盘上方安全高度，再垂直减速移动到托盘位置，双吸盘产生负压吸取托盘。延时等待500ms后，工业机器人垂直提取托盘到其正上方抓取安全点处，再移动到托盘放置点，双吸盘取消负压，放置托盘。最后，工业机器人返回放置元件安全点，返回原点，完成搬运。

6) 数据处理子程序。由于Modbus通信接口传送的数据只能是整型数据，而工业机器人的工件搬运位置、工件放置位置等都需要由PLC发送数据来控制，因此，为了保证传送的位置数据不丢失精度，主控PLC在进行传送之前会将这些位置数据乘以10，转换为整型数据，工业机器人得到数据后再除以10，恢复数据原来的精度。

8.5.2　X-SIGHT STUDIO视觉检测软件编程

1. 计算机IP配置

X-SIGHT STUDIO是信捷智能相机所配套的智能相机开发软件，具有定位、测量、计数、瑕疵检测、字符识别等图像识别功能。由于智能相机出厂IP地址设置为192.168.8.3，使用X-SIGHT STUDIO软件的计算机与相机在同一网段中，因此，需要对上位机计算机IP地址进行设置，IP地址可设置为192.168.8.×××（×××为除了3以外的1~255之间的任意数字）。

在使用装有X-SIGHT STUDIO软件的计算机之前，需要对其进行IP地址设置。设置过程如下：

1) 选择"开始"→"设置"→"控制面板"，进入控制面板界面，如图8-30所示，双击"网络和共享中心"。

2) 单击"本地连接"选项，如图8-31所示。单击"属性"按钮，如图8-32所示。

3) 选择"Internet协议版本4（TCP/IPv4）"，单击"安装"按钮，如图8-33所示。

图 8-30　计算机的"网络和共享中心"界面

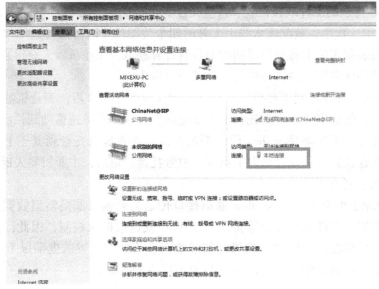

图 8-31　单击"本地连接"选项

图 8-32　单击"属性"按钮

图 8-33　"本地连接 属性"界面

4）进入"Internet 协议版本 4（TCP/IPv4）属性"界面，修改计算机的 IP 地址，如图 8-34 所示。修改规则如下：

① 将 IP 地址设置为 192.168.8.253。

② 子网掩码为 255.255.255.0。

③ 默认网关可以不填。

④ DNS 服务器也可以不填。

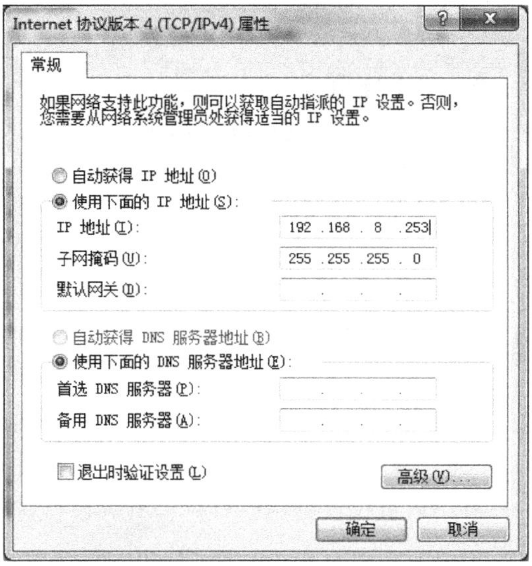

2. X-SIGHT STUDIO 的软件配置

1）当用户完成智能相机硬件接线和计算机以太网 IP 地址配置后，进入 X-SIGHT STUDIO 上位机软件主界面，如图 8-35 所示。

2）单击"连接相机"按钮，进行软件与智能相机的通信连接。单击

图 8-34　"Internet 协议版本 4（TCP/IPv4）属性"界面

"搜索"按钮后，X-SIGHT STUDIO 软件会自动搜索与计算机在同一网段的目标智能相机（智能相机 IP 地址为 192.168.8.3），选中搜索到的相机后单击"确定"按钮，即可完成 X-SIGHT STUDIO 上位机和智能相机的连接，如图 8-36 所示。

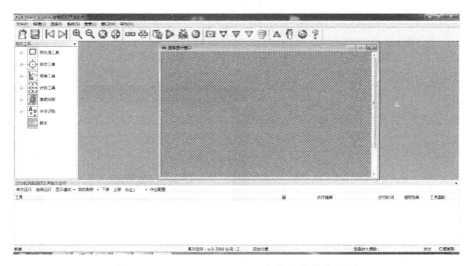

图 8-35　X-SIGHT STUDIO 上位机软件主界面

3）单击"采集"按钮，再单击"显示图像"按钮，如图 8-37 所示，图像显示区将显示智能相机当前拍摄到的图像。

4）若图像显示区内出现的元件不清晰或亮度不够，则需要调节智能相机镜头的光圈（亮度）和焦距（清晰度），直到元件在镜头中良好成像。焦距和光圈在智能相机上的位置如图 8-38 所示。

5）在智能相机下方放置需要识别的物体，并注意尽量将物体放正。如本例使用的矩形物体，应使其两条边与智能相机坐标系轴平行，如图 8-39 所示。

图 8-36　X-SIGHT STUDIO 与智能相机的连接

图 8-37　采集相机的图像

焦距：调节图像的清晰度

光圈：调节图像的亮度

图 8-38　智能相机镜头的焦距和光圈　　　　图 8-39　智能相机镜头的图像显示界面

3. 工件位置的学习

配置完智能相机之后，根据实际需要提取图像中工件的信息，由于本系统只需要对工件在托盘中的位置进行定位，因此采用 X-SIGHT STUDIO 软件的"图案定位"工具来识别物体。单击"定位工具"选项，选择"图案定位"工具，如图 8-40 所示。

单击"图案定位"工具后，用鼠标在显示窗口中拖动一个矩形框，将需要识别的物体包含在矩形框中。此时，图像显示窗口中包含两个矩形框，其中内部为物体识别框，外部为

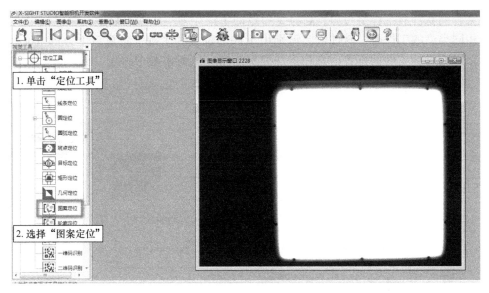

图 8-40　选择定位工具

搜索框。将窗口外侧的搜索框调整到与光源大小相同，物体识别框调整到与工件大小相同。注意：若物体放置超出搜索框范围，则智能相机将无法识别物体。调整后如图 8-41 所示。

　　双击图像显示窗口，弹出"图案定位工具参数配置"界面，如图 8-42 所示。由于本系统智能相机每次最多识别一个物体，因此需要将"目标搜索的最大个数"修改为 1，完成设置。单击"学习"按钮，完成本次图案定位工件动态数组的建立。系统默认建立的第一个图案定位工件动态数组名为"tool1"。

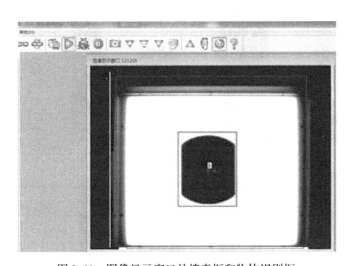

图 8-41　图像显示窗口的搜索框和物体识别框

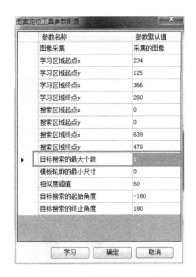

图 8-42　"图案定位工具
参数配置"界面

　　工件的学习是指对正在镜头下识别的工件建立一个保存工件位置的动态数组，记录工件的位置数据 (x, y, a)。当用户单击"学习"按钮后，智能相机软件就会对当前工件建立一个 TOOL 型的动态数组，存储该工件的位置信息，包括 X 坐标、Y 坐标和偏移角度。

视觉检测软件对工件学习后，就将学习过的工件作为对比的源数据。当智能相机下方再次放置相同类型的工件时，软件就会识别出工件的位置和个数，将窗口下方的 tool1 变量展开，可以观察目标工件的位置信息和工件类型信息，如图 8-43 所示。

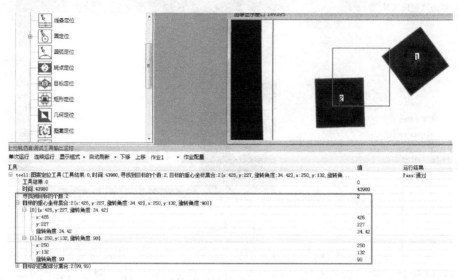

图 8-43　定位工具信息显示

按照上述方式，依次对本实训系统需要识别的工件进行工件图案学习，建立各自的工件动态数组。学习过程中需要根据工件的特征进行学习，使四个工件之间能够独立分开，避免重复。本实训系统中需要识别的四个工件的学习特征如图 8-44 所示。

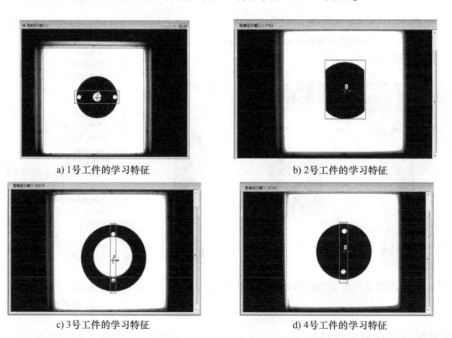

a) 1 号工件的学习特征　　　　　　　　　　　b) 2 号工件的学习特征

c) 3 号工件的学习特征　　　　　　　　　　　d) 4 号工件的学习特征

图 8-44　工件的学习特征

4. 脚本程序编程

视觉检测软件完成工件的学习后，会把该类型的工件信息保存在相应的 TOOL 型动态数组中，包括工件的个数、类型及位置数据 (x, y, a) 等。由于需要检测四种工件，因此对四个工件进行学习后会有四组动态数组。为了能将这些数据传送给主控 PLC，视觉检测系统需要利用脚本程序将四个工件的信息整合到一个动态数组中，再将该动态数组的数值通过 Modbus 转换和传输给 PLC。

脚本程序的编写过程如下：

（1）选择脚本选项　单击左侧视觉工具栏，选择"脚本"选项，进入"视觉脚本"界面。如图 8-45 和图 8-46 所示。图中左侧为脚本变量列表，右侧为脚本编辑区。tool5 为默认新建的脚本动态数组名（因为之前学习了四个工件，故默认新的动态数组名为 tool5）。

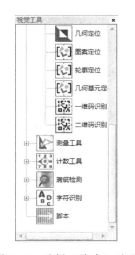

图 8-45　选择"脚本"选项

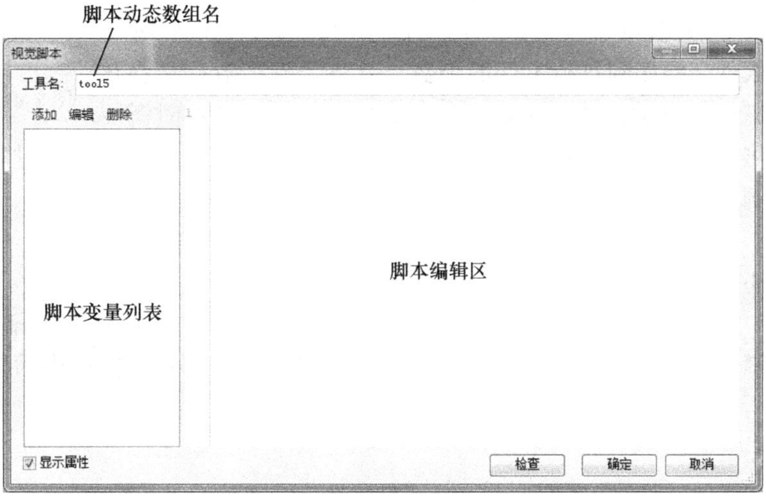

图 8-46　"视觉脚本"界面

（2）添加变量　单击"添加"按钮，添加变量。由于学习过的工件的位置信息（x、y、a）为浮点数，因此，新建脚本动态数组中存放位置信息的变量也应该为浮点（float）型。另外，每个托盘中最多包含三种同一类型的工件，因此，为了能够连续处理位置信息变量，脚本中的位置信息变量应为数组型，且数组长度为 3。同样的，对于工件的个数信息，需要新建一个整型变量来存放。以 1 号工件为例，脚本文件中保存位置信息的数组为 obj1x(float[3])、obj1y(float[3])、obj1a(float[3])，保存工件个数的变量为 obj1num，如图 8-47 和图 8-48 所示。

图 8-47　新建的工件位置数组

图 8-48　新建的工件个数变量

同理，2号工件的脚本文件中保存位置信息的数组为 obj2x（float[3]）、obj2y（float[3]）、obj2a（float[3]），工件个数变量为 obj2num；3号工件脚本文件中保存位置信息的数组为 obj3x（float[3]）、obj3y（float[3]）、obj3a（float[3]），保存工件个数的变量为 obj3num；4号工件脚本文件中保存位置信息的数组为 obj4x（float[3]）、obj4y（float[3]）、obj4a（float[3]），保存工件个数的变量为 obj4num。建立后脚本文件的变量列表如图8-49所示。

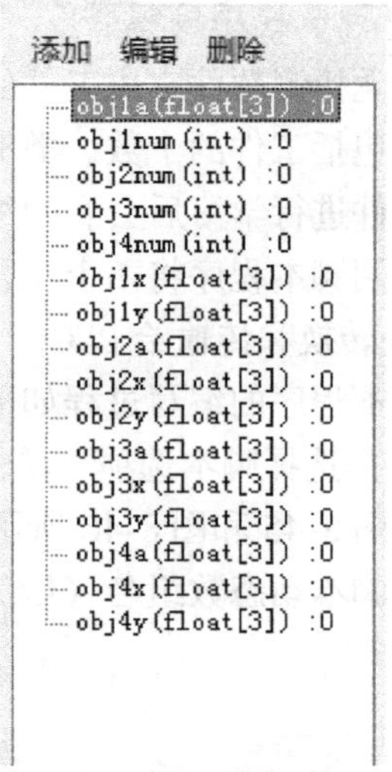

（3）编写脚本程序 信捷智能相机的脚本程序格式与C语言的格式十分相似，用户可以按照C语言的语法规则来完成脚本程序的编写。脚本程序的功能如下：

1）获取工件个数。在工件学习过程中，视觉检测软件会检测到每种工件的个数，并将工件个数存放在该工件动态数组中的 objectNum 变量中，执行脚本时需要将每个工件的个数信息赋值给 tool5 的 obj1num 变量，这一过程可以使用赋值语句实现。例如：

图8-49 建立后脚本文件的变量列表

tool5. obj1num = tool1. Out. objectNum；//将1号工件的个数信息赋值给脚本文件的obj1num变量。

2）为了保证每次拍照获得最近的脚本数据，需要在执行脚本程序之前，将脚本数据清零。为了方便起见，可以采用 for 循环的方式，将脚本文件中的位置变量清零。例如：

```
for(int i = 0;i < 3;i ++)//每次拍照的工件数量最多为三个
{
    tool5.obj1x[i] = 0;
    tool5.obj1y[i] = 0;   //  把1号工件的位置数据清零
    tool5.obj1a[i] = 0;
}
```

3）输出工件数据。将本次拍照获得的每种工件的位置信息赋值给脚本文件中的相应变量。例如，1号工件的赋值脚本程序如下：

```
for(int i = 0;i < tool5.obj1num;i ++)//循环变量 i 要小于检测到的该工件的个数
{
    tool5.obj1x[i] = tool1.Out.centroidPoint[i].x;//将1号工件的 X 坐标赋值给 tool5
            的相应变量
    tool5.obj1y[i] = tool1.Out.centroidPoint[i].y;//将1号工件的 Y 坐标赋值给 tool5
            的相应变量
    tool5.obj1a[i] = tool1.Out.centroidPoint[i].angle;//将1号工件的角度信息赋值给
            tool5 的相应变量
}
```

完整的脚本程序如下：

```
//1号工件数据
tool5. obj1num = tool1. Out. objectNum;              //获得1号工件的个数
for(int i = 0;i < 3;i ++)                            //最多三个工件
```

```
{
    tool5.obj1x[i] =0;                                          //将工件拍照数据清零
    tool5.obj1y[i] =0;
    tool5.obj1a[i] =0;
}
for(int i =0;i <tool5.obj1num;i ++)
{
    tool5.obj1x[i] =tool1.Out.centroidPoint[i].x;     //将采集到的三个工件的 x、y、a
    tool5.obj1y[i] =tool1.Out.centroidPoint[i].y;      赋值给相应的变量
    tool5.obj1a[i] =tool1.Out.centroidPoint[i].angle;
}
//2 号工件数据
tool5.obj2num =tool2.Out.objectNum;
for(int i =0;i <3;i ++)
{
    tool5.obj2x[i] =0;
    tool5.obj2y[i] =0;
    tool5.obj2a[i] =0;
}
for(int i =0;i <tool5.obj2num;i ++)
{
    tool5.obj2x[i] =tool2.Out.centroidPoint[i].x;
    tool5.obj2y[i] =tool2.Out.centroidPoint[i].y;
    tool5.obj2a[i] =tool2.Out.centroidPoint[i].angle;
}
//3 号工件数据
tool5.obj3num =tool3.Out.objectNum;
for(int i =0;i <3;i ++)
{
    tool5.obj3x[i] =0;
    tool5.obj3y[i] =0;
    tool5.obj3a[i] =0;
}
for(int i =0;i <tool5.obj3num;i ++)
{
    tool5.obj3x[i] =tool3.Out.centroidPoint[i].x;
    tool5.obj3y[i] =tool3.Out.centroidPoint[i].y;
    tool5.obj3a[i] =tool3.Out.centroidPoint[i].angle;
}
//4 号工件数据
tool5.obj4num =tool4.Out.objectNum;
for(int i =0;i <3;i ++)
{
    tool5.obj4x[i] =0;
    tool5.obj4y[i] =0;
    tool5.obj4a[i] =0;
}
for(int i =0;i <tool5.obj4num;i ++)
{
    tool5.obj4x[i] =tool4.Out.centroidPoint[i].x;
```

```
    tool5.obj4y[i] = tool4.Out.centroidPoint[i].y;
    tool5.obj4a[i] = tool4.Out.centroidPoint[i].angle;
}
```

（4）配置 Modbus 地址　当智能相机检测到工件的位置数据后，需要将这些数据通过 Modbus 发送给主控 PLC，因此，需要给这些数据配置相应的 Modbus 地址，配置过程如下：

1）选择菜单命令"窗口"→"Modbus 配置"，弹出"Modbus 配置"对话框。

2）单击"添加"按钮，为需要进行 Modbus 输出的变量分配地址。

3）双击"变量"空白位置，弹出工具选择界面，选择脚本所对应的工具文件名 tool5。

4）单击 tool5 前的"＋"，双击选中的变量完成添加，如图 8-50 所示。

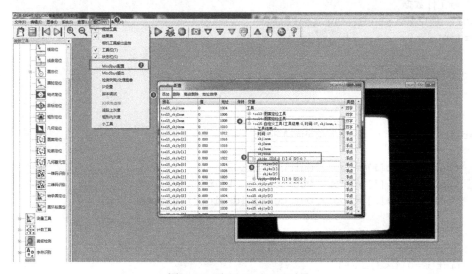

图 8-50　配置 Modbus 地址

添加完成后，tool5 文件中的每一个变量都被添加到 Modbus 配置表中，并为其分配地址，如图 8-51 所示。

别名	值	地址	保持	变量	类型
tool5_obj1num	0	1004		tool5.obj1num	双字
tool5_obj2num	0	1006		tool5.obj2num	双字
tool5_obj3num	0	1008		tool5.obj3num	双字
tool5_obj4num	0	1010		tool5.obj4num	双字
tool5_obj4x[0]	0.000	1012		tool5.obj4x[0]	浮点
tool5_obj4x[2]	0.000	1016		tool5.obj4x[2]	浮点
tool5_obj3y[0]	0.000	1018		tool5.obj3y[0]	浮点
tool5_obj3y[1]	0.000	1020		tool5.obj3y[1]	浮点
tool5_obj3y[2]	0.000	1022		tool5.obj3y[2]	浮点
tool5_obj3x[0]	0.000	1024		tool5.obj3x[0]	浮点
tool5_obj3x[1]	0.000	1026		tool5.obj3x[1]	浮点
tool5_obj3x[2]	0.000	1028		tool5.obj3x[2]	浮点
tool5_obj2y[0]	0.000	1030		tool5.obj2y[0]	浮点
tool5_obj2y[1]	0.000	1032		tool5.obj2y[1]	浮点
tool5_obj2y[2]	0.000	1034		tool5.obj2y[2]	浮点
tool5_obj1y[0]	0.000	1036		tool5.obj1y[0]	浮点
tool5_obj1y[1]	0.000	1038		tool5.obj1y[1]	浮点

图 8-51　Modbus 配置表

（5）验证工件　Modbus 地址配置完成之后，需要验证工件是否能被识别。选择菜单命令"窗口"→"Modbus 输出"，弹出 Modbus 输出对话框。此时，将学习过的工件放入镜头内，智能相机对工件进行识别，识别成功后数据会在 Modbus 输出表中的相应位置显示出来，与该工件的工具变量界面的数据一致，如图 8-52 所示。

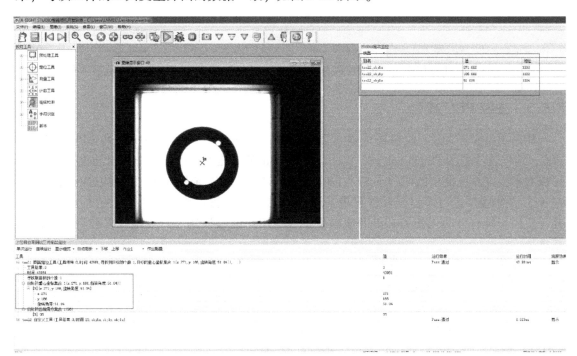

图 8-52　验证工件

（6）选择智能相机触发方式　智能相机作业配置中，触发方式有连续触发、内部定时触发、外部触发、通信触发。系统实际工作时，主控 PLC 的外部输出信号（X0.0）连接到相机的输入端，起动相机拍照，对镜头内的工件进行识别。智能相机得到识别出的位置、角度和类型信号后，通过 Modbus 总线输出给主控 PLC。

单击"上位机仿真调试工具输出监控"界面中的"作业配置"选项，弹出"作业配置"对话框，在"触发方式"处选择"连续触发"，单击"确定"按钮完成设置，如图 8-53 所示。

（7）编写智能相机程序
将作业配置方法设置好以后，单击智能相机主菜单中

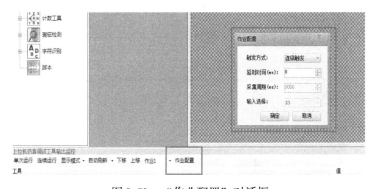

图 8-53　"作业配置"对话框

的"下载"按钮，下载作业配置和附加数据，单击"确定"按钮完成程序下载，如图 8-54 所示。单击"运行"按钮，重新起动智能相机，完成智能相机程序的编写，如图 8-55 所示。

图 8-54 下载作业配置和附加数据

图 8-55 重新起动智能相机

8.5.3 主控 PLC 编程

HB‑RCPS‑C10 工业机器人实训系统的 PLC 为西门子 S7‑1200 系列 CPU1215C 型 PLC，编程软件采用 TIA Portal V13 软件。TIA Portal V13 是西门子的全集成自动化工具平台，可以对本实训系统使用的西门子 S7‑1200 PLC、TP700 触摸屏及 G120 变频器进行组态，并对 PLC 及触摸屏进行编程开发。它是采用统一的工程组态和软件项目环境的自动化软件，几乎适用于所有自动化任务。借助该软件平台，用户能够快速、直观地开发和调试自动化系统。

1. 设备组态

1）双击软件图标 ，进入 Portal（博途）编程系统。

2）单击"创建新项目"按钮，在右侧窗口中填写项目名称、路径、作者及注释，单击"创建"按钮，完成博途项目的创建。如图 8-56 所示。

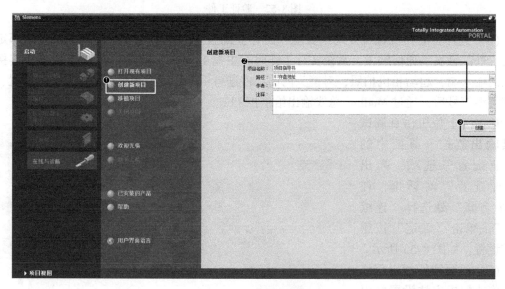

图 8-56 创建博途项目

3）选择"设备与网络"选项，单击"添加新设备"按钮，在"添加新设备"窗口中添加所有需要的设备型号，如图 8-57 所示。本系统中主控 PLC、主控 PLC 的 I/O 扩展模块、触摸屏和变频器设备信息见表 8-4。

表8-4　系统设备列表

设 备 名 称	型　号	订 货 号	地　址
主控 PLC（CPU）	CPU1215C	6ES7 215 - 1AG40 - 0XB0	192.168.8.11
主控 PLC 的 I/O 扩展模块（PIO）	16I/O	6ES7 223 - 1BL32 - 0XB0	2···3
触摸屏（HMI）	TP700	6AV2124 - 0GC01 - 0AX0	192.168.8.18
变频器（CONVERTER）	SINAMICS G120 CU240E - 2 PN(-F) V4.5	6SL3 244 - 0BB1x - 1FA0	192.168.8.19

4）添加 CPU。程序中使用的 CPU 为西门子"1215C DC/DC/DC"，订货号为"6ES7 215 - 1AG40 - 0XB0"，版本选择"V4.0"，根据项目要求添加该 CPU，单击"确定"按钮完成添加，如图 8-57 所示。

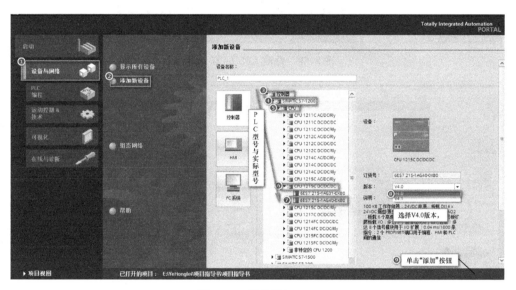

图8-57　组态添加 CPU

5）修改 CPU 的 IP 地址。因为设备中硬件的 IP 地址已经规定好，需要使程序中软件部分的 IP 地址与硬件对应。CPU 的 IP 地址为 192.168.8.11，双击 CPU 上的绿色网口图标，单击下方"添加新子网"按钮，将 IP 地址修改为"192.168.8.11"，至此 CPU 添加完成，如图 8-58 所示。

6）添加扩展模块。由于 CPU1215C 型 PLC 自带的 I/O 接口无法满足实际需求，因此需要对 PLC 进行 I/O 模块的扩展。扩展模块的添加过程如下：

① 单击右侧的硬件目录。

② 选择 DI/DQ 类型的扩展模块。

③ 选择 DI 16/DQ 16 × 24VDC 型扩展模块。

④ 选择系统中应用的扩展模块 6ES7 223 - 1BL32 - 0XB0，如图 8-59 所示。

⑤ 为了编程方便，可修改扩展模块的 I/O 地址，使模块的地址从 2 开始，完成组态。修改过程如下：

a. 添加后组态界面，选择屏幕右侧的"设备数据"窗口，如图 8-60 所示。

图 8-58　修改 CPU 的 IP 地址

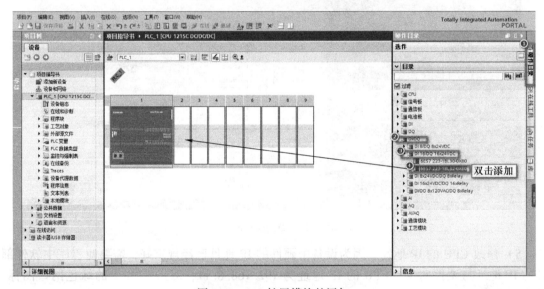

图 8-59　I/O 扩展模块的添加

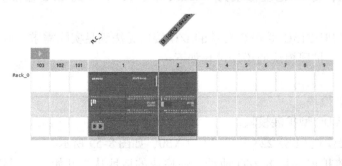

图 8-60　选择设备数据

b. 将添加的扩展模块的 I/O 地址修改为“2... 3”，如图 8-61 所示。

设备概览

模块	插槽	I 地址	Q 地址	类型	订货号	固件	注释
	103						
	102						
	101						
▾ PLC_1	1			CPU 1215C DC/DC/DC	6ES7 215-1AG40-0XB0	V4.0	
DI 14/DQ 10_1	1 1	0...1	0...1	DI 14/DQ 10			
AI 2/AQ 2_1	1 2	64...67	64...67	AI 2/AQ 2			
	1 3						
HSC_1	1 16	1000...10...		HSC			
HSC_2	1 17	1004...10...		HSC			
HSC_3	1 18	1008...10...		HSC			
HSC_4	1 19	1012...10...		HSC			
HSC_5	1 20	1016...10...		HSC			
HSC_6	1 21	1020...10...		HSC			
Pulse_1	1 32		1000...10...	脉冲发生器 (PTO/PWM)			
Pulse_2	1 33		1002...10...	脉冲发生器 (PTO/PWM)			
Pulse_3	1 34		1004...10...	脉冲发生器 (PTO/PWM)			
Pulse_4	1 35		1006...10...	脉冲发生器 (PTO/PWM)			
▸ PROFINET接口_1	1 X1			PROFINET接口			
DI 16/DQ 16x24VDC_1	2	2...3	2...3	SM 1223 DI16/DQ16 x...	6ES7 223-1BL32-0XB0	V2.0	
	3						
	4						
	5						
	6						

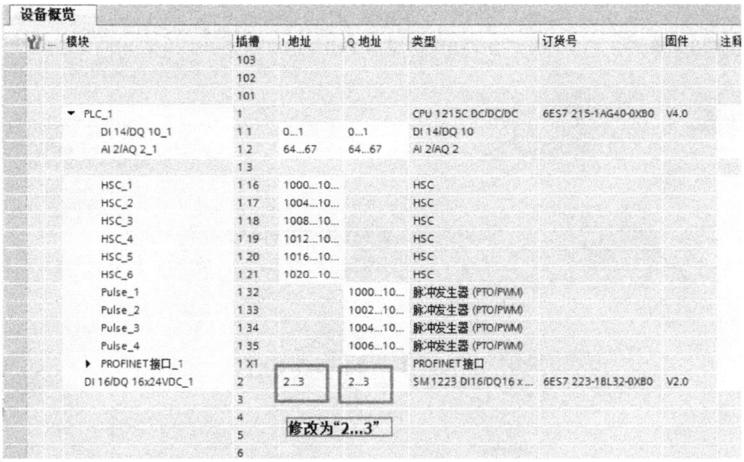

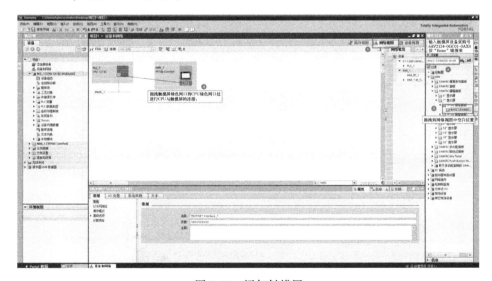

图 8-61　修改扩展模块 I/O 地址

7）添加触摸屏（HMI）。选择网络视图，在右侧硬件目录菜单下的搜索框内复制触摸屏设备采购号“6AV2124 - 0GC01 - 0AX0”，按“Enter”键进行搜索，搜索到之后拖拽到网络视图中的空白位置。单击触摸屏绿色网口，将其拖拽到 CPU 绿色网口处松开即可自动进行 CPU 与触摸屏的连接，如图 8-62 所示。连接成功后将触摸屏的 IP 地址设置为“192.168.8.18”，如图 8-63 所示。

图 8-62　添加触摸屏

8）添加变频器。变频器的添加过程如下：

① 在右侧硬件目录菜单下的搜索栏内输入变频器的设备采购号“6SL3 244 - 0BB1x - 1FA0”，按“Enter”键进行搜索，将搜索到的结构（蓝色部分）拖拽到网络视图空白处，如图 8-64 所示。

② 单击变频器的绿色网口标记，将其拖拽到 PLC 的网口标记处，完成变频器与 CPU 的连接，如图 8-65 所示。

图 8-63　修改触摸屏的 IP 地址

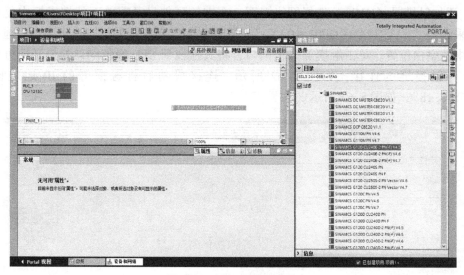

图 8-64　添加变频器模块

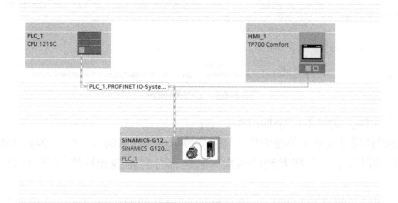

图 8-65　完成变频器与 CPU 的连接

③ 修改变频器的 IP 地址。单击变频器的网口，输入 IP 地址"192.168.8.19"，如图 8-66 所示。

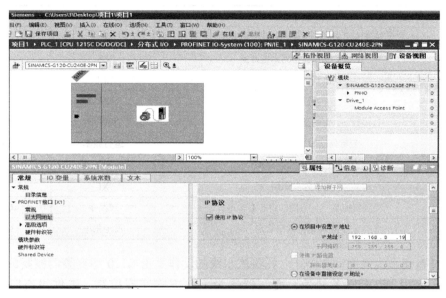

图 8-66　修改变频器的 IP 地址

④ 添加变频器配置子模块。在变频器的设备视图中打开硬件目录并定位到"Supplementary data，PZD-2/2"，双击添加子模块。在设备概览中将所添加子模块的地址改为"68…71"，如图 8-67 所示。

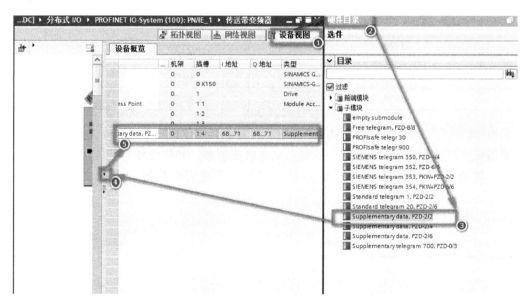

图 8-67　添加变频器子模块并修改模块输入输出地址

2. 托盘流水线控制编程

根据项目要求，托盘流水线的编程主要包括传送带的起动和停止、传送带上光电开关的检测、气挡电磁阀的控制。托盘流水线的输入输出地址列表见表8-5。

表8-5　托盘流水线的输入输出地址列表

序号	PLC 变量名称	符　号	地　址
1	托盘传送带上托盘输入检测光电开关	SEN1	I0.4
2	拍照工位托盘检测光电开关	SEN3	I0.6
3	拍照完成信号	CCDED	I2.0 (8.0)
4	传送带急停	CEMG2	I2.2 (8.2)
5	变频器状态字	状态字	IW68
6	变频器实时运行频率反馈	运行频率	IW70
7	拍照工位气挡电磁阀	YV1	Q0.5
8	相机触发识别	X1	Q2.3 (8.3)
9	变频器控制字（与硬件组态有关系）	控制字	QW68
10	变频器运行频率给定	设定频率	QW70

（1）托盘流水线的起动和停止　托盘流水线的动作是由 G120 型变频器控制的。变频器与 PLC 之间使用 PROFINET 通信，变频器作为 I/O 方式实现控制，硬件组态时，已经将 G120 型变频器添加到 PLC 系统中，PLC 可以将变频器当作自身的 I/O 点进行控制。变频器控制地址及其设置值的含义见表8-6。

表8-6　变频器控制地址及其设置值的含义

变频器控制地址	设 置 值	含　义
QW68	047F	反转
	0C7F	正转
	047E	停止
	04FE	清除警报
QW70	40000	1500r/min

当控制柜按钮被按下后，需要对生产线进行复位。具体包括将变频器停止命令（16#047E）和变频器最大速度设定（16#4000）控制字发送给变频器，并将变频器使能上电，如图8-68 所示。检测到变频器报警（I0.3）信号时，变频器发送清除报警和停止命令，如图8-69 所示。

图8-68　托盘流水线变频器使能上电

如果变频器没有报警，则按下触摸屏起动按钮将正转命令发送给变频器，否则发送变频器停止命令，如图8-70 所示。

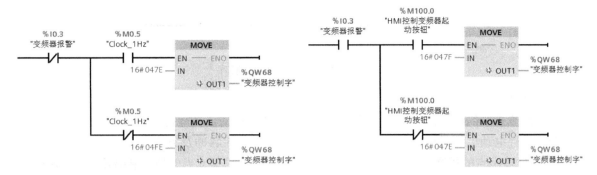

图 8-69　托盘流水线变频器清除报警和停止　　　　　图 8-70　触摸屏控制变频器起停程序

（2）气挡控制　托盘流水线的主要功能是当有托盘经过流水线的拍照工位和工业机器人抓取工位时，各工位上的气挡抬起，阻止后续托盘影响工位上托盘的动作。托盘流水线的气挡控制程序包括气挡置位和复位程序。

1）气挡置位程序。当系统处于联机模式，并且托盘流水线为起动状态时，若有托盘到达拍照工位，则拍照工位光电检测开关将检测到下降沿信号。该信号接入 PLC 系统中，当"拍照工位光电检测开关下降沿"接通时，将拍照工位气挡置位，延时 0.5s，之后主控 PLC向智能相机发出拍照命令。同样的，当托盘运动到工业机器人抓取工位时，抓取工位光电检测开关检测到下降沿信号，该信号接入 PLC 系统，当"抓取工位光电检测开关检测开关下降沿"接通，并且当前托盘数量不为零时，抓取工位气挡置位。PLC 程序如图 8-71 所示。

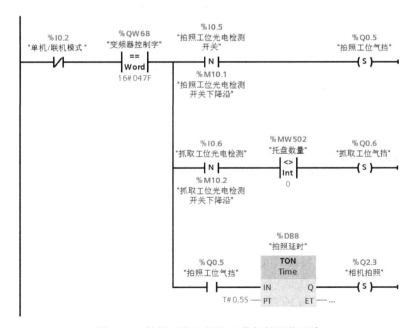

图 8-71　拍照工位和抓取工位气挡置位程序

2）气挡复位程序。当托盘经过拍照工位时，拍照工位光电检测开关产生上升沿信号，将拍照工位气缸和相机拍照信号复位，如图 8-72 所示。

图 8-72　拍照工位气挡复位程序

3. 装配流水线编程

装配流水线的编程控制主要包括手动控制步进电动机的点动运行、换向、停止、调试等功能。步进电动机的运行控制是由可编程序控制器发出的脉冲及方向信号来完成的。S7-1200 CPU 输出点的最高输出频率为 100kHz，信号板上硬件集成点的最高输出频率为 20kHz。CPU 在使用 PTO 功能时将集成点 Qa.0、Qa.2 或信号板的 Q4.0 作为脉冲输出点，将 Qa.1、Qa.3 和 Q4.1 作为方向信号输出点，虽然使用了过程映像区中的地址，但这些点会被 PTO 功能独立使用，不受扫描周期的影响，其作为普通输出点的功能将被禁止。并且 PTO 的输出类型只支持 PNP 输出，电压为 DC 24V，继电器输出的点不能应用于 PTO 功能。装配流水线输入输出地址列表见表 8-7。

表 8-7　装配流水线输入输出地址列表

序　号	PLC 变量名	地　址	PLC 本体端子号
1	礼品盒分装步进电动机原点限位	I1.0	DI b.0
2	停止按钮	I1.1	DI b.1
3	轴_1_脉冲	Q0.0	DQ a.0
4	轴_1_方向	Q0.1	DQ a.1

4. 步进电动机控制

（1）"轴"工艺对象组态　"轴"工艺对象是用户程序与驱动的接口。工艺对象从用户程序中接收控制命令，在运行时执行并监视执行状态。"驱动"表示步进电动机加电源部分或者伺服驱动器加脉冲接口转换器的机电单元。运动控制功能块必须在轴工艺对象组态完成后才能使用。

工艺对象的组态包括以下几个部分：

1）参数组态。参数组态主要定义了轴的工程单位（如脉冲数/s，r/min），软、硬件限位，起动/停止速度，参考点等。进行参数组态前，需要添加工艺对象，具体操作步骤：选择"项目树"→"工艺对象"→"插入新对象"选项，如图 8-73 所示；双击该选项弹出"新增对象"对话框，在名称文本框中输入对象名称"步进轴"，如图 8-74 所示；选择红框内的模块，单击"确定"按钮，进行轴参数设置，如图 8-75 所示。

2）硬件接口组态。在"选择脉冲发生器"下拉列表框中，可选择使用 Pulse_1 或 Pulse_2 作为脉冲输出，"位置单位"为 mm，如图 8-75 所示。

图 8-73　插入新工艺对象

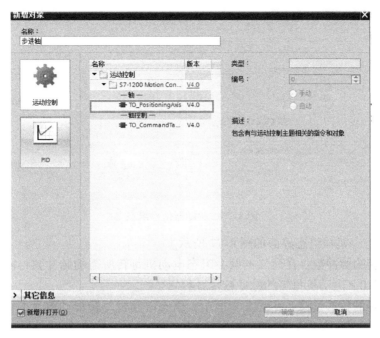

图 8-74　工艺对象配置

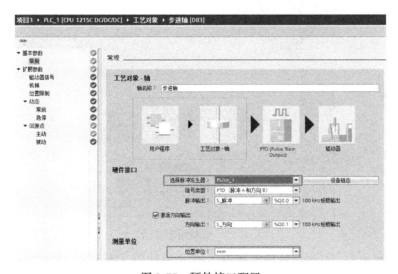

图 8-75　硬件接口配置

3）驱动器信号组态。如图 8-76 所示，在"驱动器信号"（Drive Signals）组态窗口中，组态驱动器使能信号的输出以及"驱动器准备就绪"（Drive Ready）反馈信号的输入。驱动器使能信号由运动控制指令"MC_Power"控制，可以启用对驱动器的供电。信号通过组态的输出发送给驱动器，如果驱动器在接收到驱动器使能信号之后准备好开始运行，则驱动器会向 CPU 发送"驱动器准备就绪"（Drive Ready）信号。"驱动器准备就绪"信号通过组态的输入传送回 CPU。如果驱动器中不包含这种类型的接口，则无需组态这些参数。本项目中"选择就绪输入"选择"TRUE"。

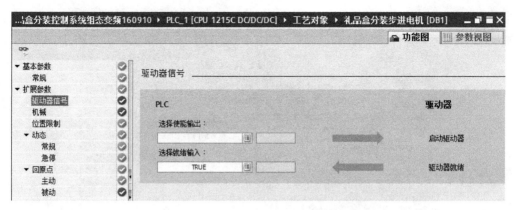

图 8-76　驱动器信号组态

4）机械组态。机械组态界面如图 8-77 所示。

①电机每转的脉冲数：在此文本框中组态电动机每转所需的脉冲数，限值（与所选测量单位无关）为 0＜电动机每转的脉冲数≤2147483647。

②电机每转的负载位移：在此文本框中，组态电动机每转带动单元的机械系统行进的负载距离。

③所允许的旋转方向（自 V4 工艺版本起）：通过组态此文本框，可决定系统机械是同时朝两个方向运动，还是只朝正向或负向运动。

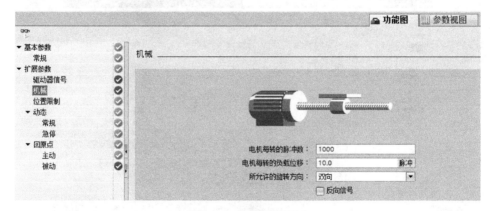

图 8-77　机械组态界面

5）位置限制组态。位置限制组态界面如图 8-78 所示，图中各选项的具体含义如下。

①启用硬件限位开关：使能机械系统的硬件限位功能，在轴到达硬件限位开关位置时，它将使用急停减速斜坡停车。

②启用软件限位开关：使能机械系统的软件限位功能，此功能通过程序或者组态定义系统的极限位置。在轴到达软件限位开关位置时，轴的运动将被停止，工艺对象报故障，在故障被确认后，轴可以恢复在工作范围内的运动。

③硬件下/上限位开关输入选择电平：限位点的有效电平分为 High Level（高电平）和 Low Level（低电平）两种。

6）动态组态。动态组态界面如图 8-79 所示，图中各选项的具体含义如下：

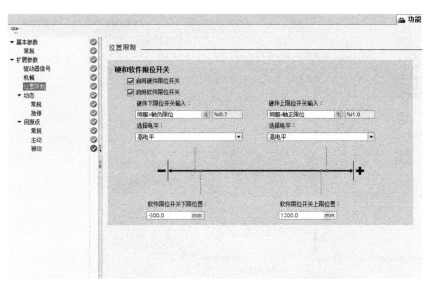

图 8-78　位置限制组态界面

① 速度限值的单位：此处选择速度限值单位，包括 r/min（转/分钟）和脉冲/s 两种。

② 最大转速：定义系统的最大运行速度，以 mm/s 为单位的最大转速由系统自动计算。

③ 起动/停止速度：定义系统的起动/停止速度，考虑到电动机转矩等机械特性，其起动/停止速度不能为 0。

④ 加/减速度：对于加/减速度与加/减速时间这两组数据，只要定义其中任意一组，系统会自动计算另外一组数据。这里的加/减速度与加/减速时间需要用户根据实际工业要求和系统本身特性调试得出。

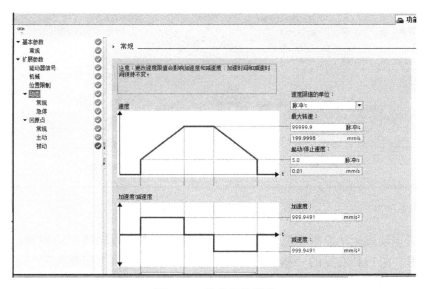

图 8-79　动态组态界面

7）急停组态。急停组态界面如图 8-80 所示，图中的紧急减速度定义为从最大速度到起动/停止速度的减速度。急停减速时间定义为从最大速度到起动/停止速度的减速时间。

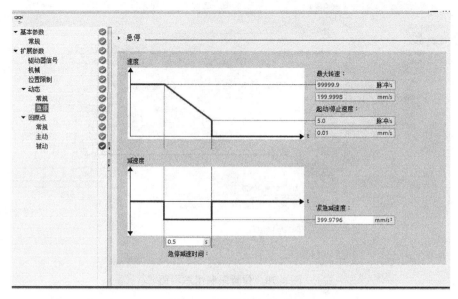

图 8-80 急停组态界面

8）回原点组态。回原点组态界面如图 8-81 所示，主要需要设置输入原点开关，即定义原点，一般使用数字量输入作为原点开关。

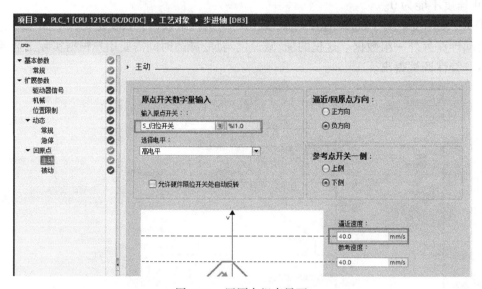

图 8-81 回原点组态界面

（2）步进电动机运动控制功能块 PLC 系统中包含步进电动机运动控制功能块，用户可以直接调用。在 PLC 右侧的"指令"界面中选择"工艺"→"运动控制"→"S7‒1200 Motion Control"，版本选择 V4.0，在下面的列表中选择编程需要的功能模块即可，如图 8-82 所示。步进电动机的运动控制功能块主要包括 MC_Power 块、MC_Home 块、MC_MoveJog 块和 MC_MoveAbsolute 块等。

1）MC_Power 块。在右侧的"指令"界面，选择"工艺"→"运动控制"→"S7‒1200

Motion Control",将"MC_Power"拖入程序中,使能输入 MC_Power(轴使能块)。注意:轴在运动之前必须先被使能。MC_Power 块的 Enable 端变为高电平后,CPU 按照轴中组态好的方式使能外部伺服驱动;当 Enable 端变为低电平后,轴将按照 StopMode 中定义的模式停车。当 StopMode 端值为 0 时,将按照组态好的方式急停;当 StopMode 端值为 1 时,则会立即终止输出,如图 8-83 所示。

2) MC_Home 块。将"MC_Home"拖入程序中,回原点模式(Mode)设置为 3(主动回原点),当"HMI 正转回原点"接通时,将轴回原点方向参数("步进轴".Homing.ApproachDirection)强制置位,然后执行回原点命令;当"HMI 反转回原点"接通时,将轴回原点方向参数("步进轴".Homing.ApproachDirection)强制复位,然后执行回原点命令,如图 8-84 所示。需要注意的是,轴回原点方向参数("步进轴".Homing.ApproachDirection)需手动输入。

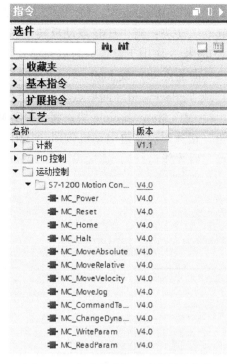

图 8-82 步进电动机运动控制功能块

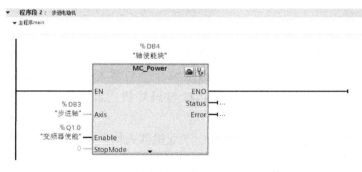

图 8-83 调用 MC_Power 块

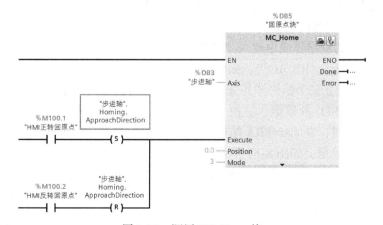

图 8-84 调用 MC_Home 块

3）MC_MoveJog 块。将"MC_MoveJog"拖入程序中，当"HMI 点动正转"接通时，正转起动点动块；当"HMI 点动反转"接通时，反转起动点动块，速度设置为30mm/s。MC_MoveJog 指令块用于设置轴的点动模式，在 Velocity 端输入轴的点动速度，然后置位 JogForward（向前点动）或 JogBackward（向后点动）端，轴即开始转动；当 JogForward（向前点动）或 JogBackward（向后点动）端复位时，点动停止，如图 8-85 所示。

4）MC_MoveAbsolute 块。将"MC_MoveAbsolute"拖入程序中，当"HMI 绝对位移启动按钮"接通时，步进电动机按照"HMI 设置位移变量"对原点进行偏移（该块只有在确定原点之后才能运行），速度设置为20mm/s，如图 8-86 所示。

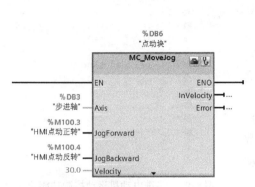

图 8-85　调用 MC_MoveJog 块

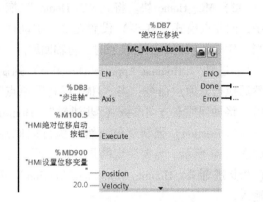

图 8-86　调用 MC_MoveAbsolute 块

5. PLC 与其他设备的通信程序

HB–RCPS–C10 实训系统的主控 PLC 需要接收智能相机检测到的工件位置和角度信息，接收到该信息后对其进行处理，再发送给 HR20 工业机器人，工业机器人根据位置和角度信息抓取工件并进行装配。另外，主控 PLC 与码垛机之间也需要对仓位信息进行传输。

HB–RCPS–C10 实训系统 PLC、智能相机、工业机器人均采用 Modbus 通信方式，其中智能相机和工业机器人分别作为 Modbus 系统中的主站与主控西门子 1215C 型 PLC 进行通信。西门子 1215C 型 PLC 的 CPU 具有 Modbus 通信数据块，用户可以直接调用该模块进行主控 PLC 与其他设备之间的 Modbus 通信。Modbus 通信数据块的调用方法如下。

（1）在 PLC 中建立通信数据块

1）在主控 PLC 的程序界面中建立"MODBUS"通信数据块。单击博途软件左侧的项目树，添加新块，命名为"MODBUS"，如图 8-87 所示。

2）在数据块中建立三个结构体并分别命名为"CAMERA"、"ROBOT"和"H"，分别代表智能相机发送给 PLC 的数据、主控 PLC 发送给工业机器人的数据和码垛机发送给 PLC 的数据。建立结构体时，在 CAMERA 结构体中建立一个 4×3 的二维数组，类型为 DWord，用于读取智能相机的数据，如图 8-88 所示。

在 ROBOT 结构体中建立一个长度为 11 的一维数组，类型为 Int，作为写入工业机器人数据的数组；建立一个 Read 数据，作为读取工业机器人数据的寄存器，如图 8-89 所示。"H"结构体用于码垛机与 PLC 之间数据的读取和写入，如图 8-90 所示。

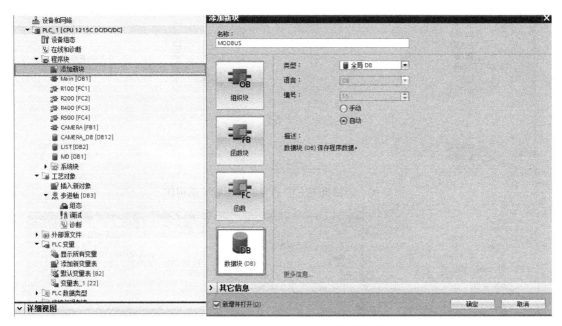

图 8-87 建立 "MODBUS" 通信数据块

	名称	数据类型	偏移量	启动值	保持性	可从 HMI ...	在 HMI ...	设置值	注释
1	▼ Static								
2	■ ▼ CAMERA	Struct	0.0			☑	☑		相机通信结构体
3	■ ▼ DATE	Array[0..3, 0..2] of ...	0.0			☑	☑		
4	DATE[0,0]	DWord	0.0	16#0		☑	☑		
5	DATE[0,1]	DWord	4.0	16#0		☑	☑		
6	DATE[0,2]	DWord	8.0	16#0		☑	☑		
7	DATE[1,0]	DWord	12.0	16#0		☑	☑		
8	DATE[1,1]	DWord	16.0	16#0		☑	☑		
9	DATE[1,2]	DWord	20.0	16#0		☑	☑		
10	DATE[2,0]	DWord	24.0	16#0		☑	☑		
11	DATE[2,1]	DWord	28.0	16#0		☑	☑		
12	DATE[2,2]	DWord	32.0	16#0		☑	☑		
13	DATE[3,0]	DWord	36.0	16#0		☑	☑		
14	DATE[3,1]	DWord	40.0	16#0		☑	☑		
15	DATE[3,2]	DWord	44.0	16#0		☑	☑		

图 8-88 建立 CAMERA 结构体

	名称	数据类型	偏移量	启动值	保持性	可从 HMI	在 HMI	设置值	注释
16	■ ▼ ROBOT	Struct	48.0			☑	☑		机器人通信结构体
17	■ ▼ Write	Array[0..10] of Int	0.0			☑	☑		写入
18	Write[0]	Int	0.0	0		☑	☑		
19	Write[1]	Int	2.0	0		☑	☑		
20	Write[2]	Int	4.0	0		☑	☑		
21	Write[3]	Int	6.0	0		☑	☑		
22	Write[4]	Int	8.0	0		☑	☑		
23	Write[5]	Int	10.0	0		☑	☑		
24	Write[6]	Int	12.0	0		☑	☑		
25	Write[7]	Int	14.0	0		☑	☑		
26	Write[8]	Int	16.0	0		☑	☑		
27	Write[9]	Int	18.0	0		☑	☑		
28	Write[10]	Int	20.0	0		☑	☑		
29	Read	Int	22.0			☑	☑		读取

图 8-89 建立 ROBOT 结构体

3）建立后将该数据块的优化解除（方便寻址），右键单击该数据块→属性，出现"属性"界面，如图 8-91 所示；对数据块进行编译，设置各数据块的偏移量，如图 8-92 所示。

		名称	数据类型	偏移量	启动值	保持性	可从	在 HMI	设置值	注释
4		H	Struct	72.0		☐	☑	☑	☐	码垛机通信结构体
5		▶ 仓位信息	Array[0..31] of Bool	0.0		☐	☑	☑	☐	0-27（28个仓位状态）28（小库
6		出库完成	Bool	4.0	false	☐	☑	☑	☐	
7		已选择	Int	6.0	0	☐	☑	☑	☐	
8		已出库	Int	8.0	0	☐	☑	☑	☐	以上是读取仓库PLC信息
9		行列号	Int	10.0	0	☐	☑	☑	☐	以下是写入仓库PLC信息
10		红灯	Bool	12.0	false	☐	☑	☑	☐	
11		黄灯	Bool	12.1	false	☐	☑	☑	☐	
12		绿灯	Bool	12.2	false	☐	☑	☑	☐	
13		复位	Bool	12.3	false	☐	☑	☑	☐	
14		启动	Bool	12.4	false	☐	☑	☑	☐	
15		停止	Bool	12.5	false	☐	☑	☑	☐	
16		撤销选择	Bool	12.6	false	☐	☑	☑	☐	
17		重新选择	Bool	12.7	false	☐	☑	☑	☐	
18		AGV离开仓库	Bool	13.0	false	☐	☑	☑	☐	

图 8-90　码垛机与主控 PLC 的数据读取结构体

图 8-91　设置数据块的属性

图 8-92　编译后的 MODBUS 通信数据块

（2）主控 PLC 与智能相机的通信程序　在主控 PLC 的程序界面中建立 MODBUS 通信数据块，单击博途软件右侧的"指令"界面，选择"通信"→"其他"→"MODBUS TCP"→"MB_CLIENT"，将其拖入程序中并连接参数，如图 8-93 所示。智能相机拍照完成后，调用 MB_CLIENT 模块，如图 8-94 所示。由于智能相机的 Modbus 栈号是 3，因此，需要在"程序块"→"系统块"→"相机通信块"中将"MB_UNIT_ID"的值改为"16#0003（CONNECT_ID）"如图 8-95 所示。

（3）主控 PLC 与工业机器人的通信程序　主控 PLC 与工业机器人的通信程序同与智能相机通信的程序类似。由于工业机器人和主控 PLC 为双向通信，因此需要设计

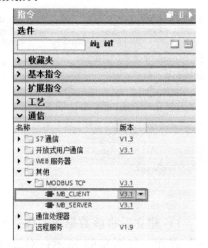

图 8-93　选择"MB_CLIENT"模块

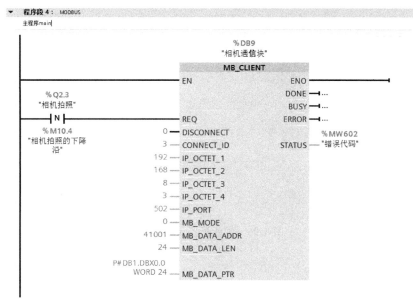

图8-94　相机通信块

图8-95　将"相机通信块"的"MB_UNIT_ID"修改为"16#0003"

读通信块和写通信块。其中，"MB_MODE"0代表读，1代表写。同样的，需要在"机器人通信块"中将"MB_UNIT_ID"的值改为"16#0001（CONNECT_ID）"，如图8-96所示。

（4）主控PLC与码垛机（仓库）PLC的通信程序　主控PLC与仓库PLC的通信程序和与工业机器人的通信程序类似，区别在于需要将系统块→"仓库PLC通信块"中的"MB_UNIT_ID"的值改为"16#000f（CONNECT_ID）"，如图8-97所示。

（5）主控相机数据处理脚本

1）在左侧"项目树"→"程序块"下新建一个数据块，并命名为"LIST"，在数据块

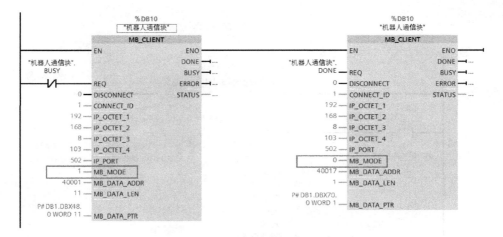

图 8-96　工业机器人通信块

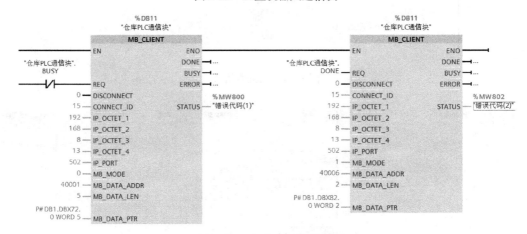

图 8-97　仓库 PLC 通信块

中建立两个结构体"READ""WRITE"，分别用作程序数据的读取和写入。

2）在"READ"结构体中新建名为"队列"的二维数组（5×5），分别用来存储处理完之后的相机数据，"队列"数组至多可以存储五个托盘的数据，每个托盘有五个 Int 型数据（工件号、x、y、z、a），如图 8-98 所示。

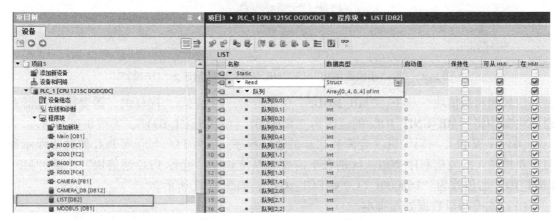

图 8-98　"队列" 5×5 二维数组

3）在“WRITE”结构体中新建名为“工件高度”的一维数组，数组长度为 4。使用时，用户需要手动写入（或用触摸屏输入）工件具体高度值，单位为 mm，如图 8-99 所示。

项目3 ▸ PLC_1 [CPU 1215C DC/DC/DC] ▸ 程序块 ▸ LIST [DB2]

LIST

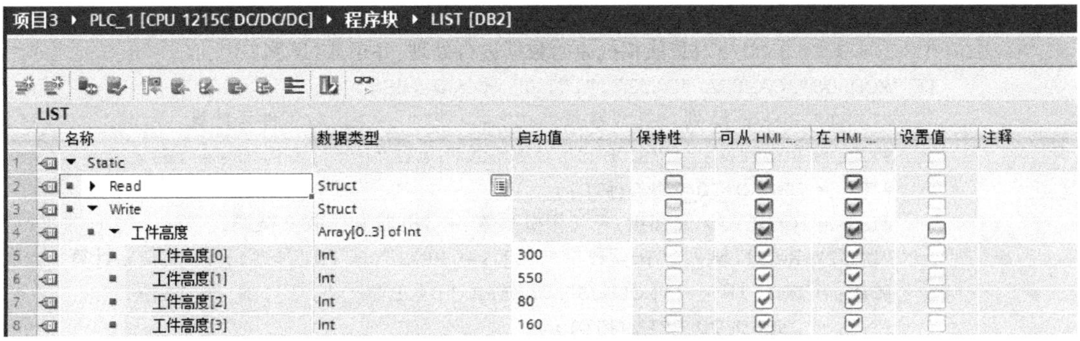

	名称	数据类型	启动值	保持性	可从 HMI ...	在 HMI ...	设置值	注释
1	▼ Static			☐	☐	☐	☐	
2	▶ Read	Struct		☐	☑	☑	☐	
3	▼ Write	Struct		☐	☑	☑	☐	
4	▼ 工件高度	Array[0..3] of Int		☐	☑	☑	☐	
5	工件高度[0]	Int	300	☐	☑	☑	☐	
6	工件高度[1]	Int	550	☐	☑	☑	☐	
7	工件高度[2]	Int	80	☐	☑	☑	☐	
8	工件高度[3]	Int	160	☐	☑	☑	☐	

图 8-99　“工件高度”一维数组

4）在“项目树”→“PLC 变量”下，双击“添加新变量表”选项，添加新变量表（变量表_1），在新变量表中定义图 8-100 所示变量，其中 I、J、K、N 为中间变量。

项目3 ▸ PLC_1 [CPU 1215C DC/DC/DC] ▸ PLC 变量 ▸ 变量表_1 [6]

变量表_1

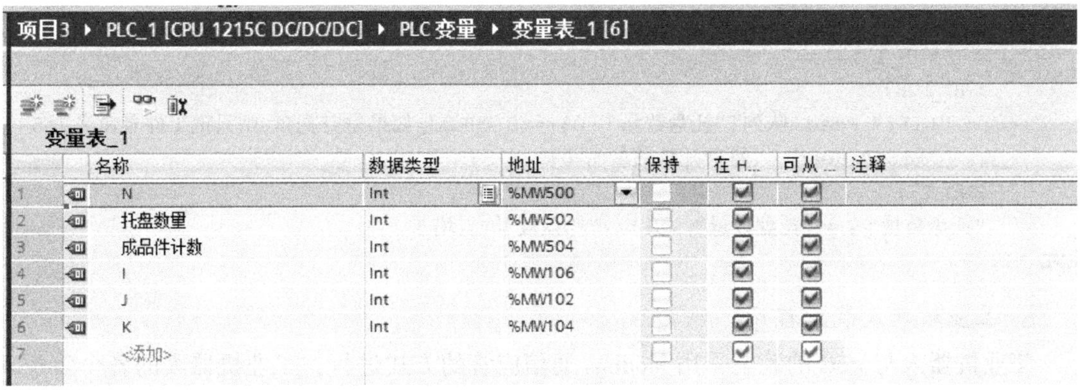

	名称	数据类型	地址	保持	在 H...	可从 ...	注释
1	N	Int	%MW500	☐	☑	☑	
2	托盘数量	Int	%MW502	☐	☑	☑	
3	成品件计数	Int	%MW504	☐	☑	☑	
4	I	Int	%MW106	☐	☑	☑	
5	J	Int	%MW102	☐	☑	☑	
6	K	Int	%MW104	☐	☑	☑	
7	<添加>			☐	☑	☑	

图 8-100　添加的变量表

5）在“项目树”→“程序块”中新建名为“CAMERA”的 FB 块，语言选择 SCL。SCL 脚本如下：

```
IF #复位 THEN  //如果复位接通,则将“队列”和“工业机器人写入的数据”两个数组清零。
    FOR "I" := 0 TO 4 DO
        FOR "J" := 0 TO 4 DO
            "LIST".Read.队列["I", "J"] := 0;
        END_FOR;
    END_FOR;
    FOR "I" := 0 TO 10 DO
        "MODBUS".ROBOT.Write["I"] := 0;
    END_FOR;
    "N" := 0;
    "托盘数量" := 0;
    "成品件计数" := 0;
    "拍照位气挡" := 0;
    "抓取位气挡" := 0;
```

```
            "相机拍照" : = 0;
            "复位" : = 0;
        END_IF;
        IF #起动 THEN
            FOR "I" : = 0 TO 3 DO//对智能相机原始数据进行处理,并录入"队列"中
                IF "MODBUS". CAMERA. "DATE"["I", 0] < > 0 THEN
                    "LIST". Read. 队列["托盘数量", 0] : = "I" + 1; //工件号计算
                    #TD : = ROL(IN : = "MODBUS". CAMERA. "DATE"["I", 0], N : = 16);
                    #TR : = DWORD_TO_REAL(#TD);
                    #TR : = (#TR - #x 偏移量) * #相机系数 + #机器人抓取 x 微调;
                    "LIST". Read. 队列["托盘数量", 1] : = REAL_TO_INT(#TR); //抓取 x 计算
                    #TD : = ROL(IN : = "MODBUS". CAMERA. "DATE"["I", 1], N : = 16);
                    #TR : = DWORD_TO_REAL(#TD);
                    #TR : = (#TR - #y 偏移量) * #相机系数 + #机器人抓取 y 微调;
                    "LIST". Read. 队列["托盘数量", 2] : = REAL_TO_INT(#TR); //抓件 y 计算
                    #TD : = ROL(IN : = "MODBUS". CAMERA. "DATE"["I", 2], N : = 16);
                    #TR : = DWORD_TO_REAL(#TD);
                    "LIST". Read. 队列["托盘数量", 4] : = REAL_TO_INT(#TR); //角度计算
                    "LIST". Read. 队列["托盘数量", 3] : = "LIST". Write. 工件高度["I"]; //高度计算
                END_IF;
            END_FOR;
            IF "LIST". Read. 队列["托盘数量", 0] = 0 THEN//如果是空托盘,则只把工件号命名为5
                "LIST". Read. 队列["托盘数量", 0] : = 5;
            END_IF;
            "托盘数量" : = "托盘数量" + 1;//"托盘数量"自增1
    END_IF;
```

6. 工业机器人装配程序

工业机器人与 PLC 的装配采用 Modbus 通信应答的方式进行,工业机器人的各个装配动作均通过由 PLC 发出控制命令的方式来实现,具体包括:当工业机器人向 PLC 发送数据 100 时,代表工业机器人处于待机状态,主控 PLC 向工业机器人发送工件抓取的位置和角度信息;发送数据 200 时,代表工业机器人完成了工件的抓取,等待装配命令发送数据 300 时,代表发生抓取错误,工业机器人处于待机状态;发送数据 400 时,代表需要补充备件;发送数据 500 时,代表当前托盘已离开。

(1) 工业机器人发送待机命令 (100) 时的响应

1) 在 "LIST" 数据块→ "READ" 结构体中添加名为 "装配-备件计数" 的二维数组 (4×3),用作四种工件在装配区、两个备件区位置的计数。其中, "装配-备件计数 [(工件号 -1),0]" 为每种工件在装配区的计数; "装配-备件计数 [(工件号 -1),1]" 为工件在备件区 (放置2、3、4号工件) 的计数; "装配-备件计数 [(工件号 -1),2]" 为工件在备件区 (放置1号工件) 的计数,如图 8-101 所示。

2) 在 "LIST" 数据块→ "WRITE" 结构体中添加名为 "装配区坐标" 的二维数组 (4×2) 和 "备件区坐标" 的三维数组 (4×2×2),分别用来存储装配区四个位置的 x、y 坐标和备件区八个位置的 x、y 坐标。坐标具体位置需由用户根据不同的相对原点自行键入,非固定值,如图 8-102 所示。

项目3 ▶ PLC_1 [CPU 1215C DC/DC/DC] ▶ 程序块 ▶ LIST [DB2]

		名称			数据类型	启动值	保持性	可从 HMI ...	在 HMI ...	设置值
1	⬚	▼	Static				☐	☐	☐	☐
2	⬚	■	▼ Read		Struct		☑	☑	☑	☐
3	⬚		■ ▶ 队列		Array[0..4, 0..4] of Int		☐	☑	☑	☐
4	⬚		■ ▼ 装配-备件计数		Array[0..3, 0..2] of Int		☐	☑	☑	☐
5	⬚			■ 装配-备件计数[0,0]	Int	0	☐	☑	☑	☐
6	⬚			■ 装配-备件计数[0,1]	Int	0	☐	☑	☑	☐
7	⬚			■ 装配-备件计数[0,2]	Int	0	☐	☑	☑	☐
8	⬚			■ 装配-备件计数[1,0]	Int	0	☐	☑	☑	☐
9	⬚			■ 装配-备件计数[1,1]	Int	0	☐	☑	☑	☐
10	⬚			■ 装配-备件计数[1,2]	Int	0	☐	☑	☑	☐
11	⬚			■ 装配-备件计数[2,0]	Int	0	☐	☑	☑	☐
12	⬚			■ 装配-备件计数[2,1]	Int	0	☐	☑	☑	☐
13	⬚			■ 装配-备件计数[2,2]	Int	0	☐	☑	☑	☐
14	⬚			■ 装配-备件计数[3,0]	Int	0	☐	☑	☑	☐
15	⬚			■ 装配-备件计数[3,1]	Int	0	☐	☑	☑	☐
16	⬚			■ 装配-备件计数[3,2]	Int	0	☐	☑	☑	☐

图 8-101　建立装配-备件计数数组

5	⬚	■ ▼ Write	Struct		☐
6	⬚	■ ▶ 工件高度	Array[0..3] of Int		
7	⬚	■ ▼ 装配区坐标	Array[0..3, 0..1] of Int		
8	⬚	■ 装配区坐标[0,0]	Int	0	
9	⬚	■ 装配区坐标[0,1]	Int	0	
10	⬚	■ 装配区坐标[1,0]	Int	1100	
11	⬚	■ 装配区坐标[1,1]	Int	200	
12	⬚	■ 装配区坐标[2,0]	Int	2200	
13	⬚	■ 装配区坐标[2,1]	Int	50	
14	⬚	■ 装配区坐标[3,0]	Int	3300	
15	⬚	■ 装配区坐标[3,1]	Int	0	
16	⬚	■ ▶ 备件区坐标	Array[0..3, 0..1, 0..1] of Int		

图 8-102　建立装配坐标和备件坐标变量

3）在 "项目树" → "程序块" 中新建名为 "R100" 的 FC 块，语言选择 SCL，SCL 脚本如下：

```
IF #START THEN
    FOR "I" : = 0 TO 4 DO
        "MODBUS". ROBOT. Write["I"] : = "LIST". Read. 队列[0, "I"];
    END_FOR;
    "MODBUS". ROBOT. Write[4] : = "MODBUS". ROBOT. Write[4] * 10;
    "K" : = "MODBUS". ROBOT. Write[0];
    IF "K" < > 5 THEN
        IF "LIST". Read. "装配-备件计数"["K" - 1, 0] = 0 THEN
            "MODBUS". ROBOT. Write[9] : = 1;
            "MODBUS". ROBOT. Write[6] : = "LIST". Write. 装配区坐标["K" -1, 0];
            "MODBUS". ROBOT. Write[7] : = "LIST". Write. 装配区坐标["K" -1, 1];
            "MODBUS". ROBOT. Write[8] : = "MODBUS". ROBOT. Write[3];
            "MODBUS". ROBOT. Write[10] : = 19 + ("MODBUS". ROBOT. Write[6]/1100);
            "LIST". Read. "装配-备件计数"["K" -1, 0] : = "K";
        ELSE
            "MODBUS". ROBOT. Write[9] : = 2;
```

```
FOR "J" : = 1 TO 2 DO
    IF "LIST". Read. "装配-备件计数"["K" -1, "J"] = 0 THEN
        "MODBUS". ROBOT. Write[6] : = "LIST". Write. 备件区坐标["K" -1, "J" -1, 0];
        "MODBUS". ROBOT. Write[7] : = "LIST". Write. 备件区坐标["K" -1, "J" -1, 1];
        "MODBUS". ROBOT. Write[8] : = "MODBUS". ROBOT. Write[3];
        "MODBUS". ROBOT. Write[10] : = 0;
        "LIST". Read. "装配-备件计数"["K" -1, "J"] : = "K";
    END_IF;
    END_FOR;
    END_IF;
    END_IF;
FOR "I" : = 0 TO 3 DO
    FOR "J" : = 0 TO 4 DO
        "LIST". Read. 队列["I", "J"] : = "LIST". Read. 队列["I" + 1, "J"];
        "LIST". Read. 队列["I" + 1, "J"] : = 0;
    END_FOR;
END_FOR;
    "托盘数量" : = "托盘数量" -1;
"MODBUS". ROBOT. Write[5] : = 101;
END_IF;
```

4）将完成的 FC 块拖入主程序中，并设计控制条件，即当抓取位气挡升起时，PLC 读取到工业机器人发送的控制字 100 的上升沿，执行 R100 模块程序，如图 8-103 所示。

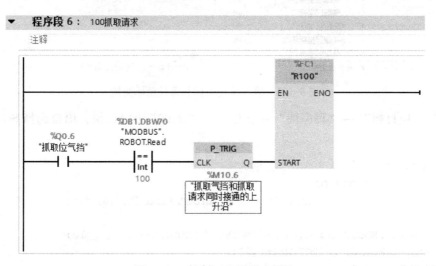

图 8-103　控制工业机器人抓取

（2）工业机器人发送请求装配命令（200）时的响应

1）在"项目树"→"程序块"中新建名为"R200"的 FC 块，语言选择 SCL，并在该 FC 块的输入引脚中添加"START"变量。具体脚本如下：

```
IF #START THEN
    "K" : = 0;
    FOR "I" : = 0 TO 3 DO
        "K" : = "K" + "LIST". Read. "装配-备件计数"["I", 0];
```

```
END_FOR;
IF "K" = 10 THEN
    "MODBUS".ROBOT.Write[0] := 5;
    "MODBUS".ROBOT.Write[1] := "LIST".Write.装配区坐标[0,0];
    "MODBUS".ROBOT.Write[2] := 50;
    "MODBUS".ROBOT.Write[3] := 820;
    "MODBUS".ROBOT.Write[4] := 0;
    "MODBUS".ROBOT.Write[6] := -1700;
    "MODBUS".ROBOT.Write[7] := -1700 * ("成品件计数" MOD 2);
    "MODBUS".ROBOT.Write[8] := 830 + 830 * ("成品件计数"/2);
    "MODBUS".ROBOT.Write[9] := 0;
    "MODBUS".ROBOT.Write[10] := 0;
    FOR "I" := 0 TO 3 DO
        "LIST".Read.装配-备件计数["I",0] := 0;
    END_FOR;
    "成品件计数" := "成品件计数" + 1;
    "MODBUS".ROBOT.Write[5] := 102;
ELSE
    FOR "I" := 0 TO 10 DO
        "MODBUS".ROBOT.Write["I"] := 0;
    END_FOR;
END_IF;
END_IF;
```

2）将完成的 FC 块拖入主程序中，并设计控制条件，即当 PLC 收到工业机器人发送的控制字 200 的上升沿时，执行 R200 功能块，如图 8-104 所示。

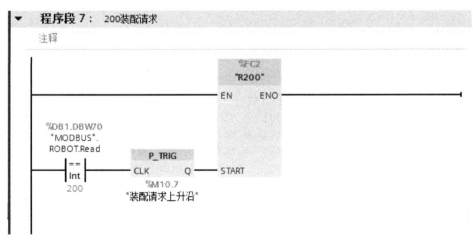

图 8-104　控制工业机器人装配

（3）工业机器人发送抓取错误命令时（300）的响应　当工业机器人发送抓取错误命令或在自动模式下安全门打开时，将停止工业机器人动作并报警（因为工业机器人控制器对于 PLC 的输出信号是检测上升沿有效，所以"机器人起动""机器人停止""机器人复位"置位后，延时 0.5s 可复位），如图 8-105 所示。

（4）工业机器人发送请求补充备件命令（400）时的响应　在"项目树"→"程序块"

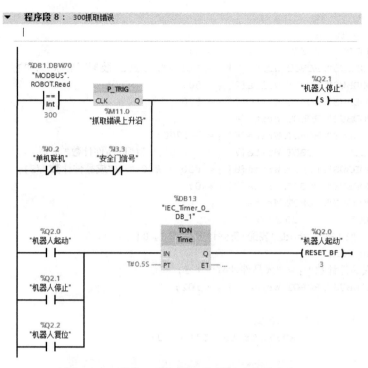

图 8-105　接收工业机器人发送抓取错误命令

中新建名为"R400"的 FC 块, 语言选择 SCL, 并在该 FC 块的输入引脚中添加"START"变量。SCL 脚本如下：

```
IF #START THEN//如果所有备件都补充过一次,则没有备件执行
    IF "N" = 4 THEN
        GOTO NEXT;
    END_IF;
    FOR "I" := "N" TO 3 DO
        FOR "J" := 1 TO 2 DO
            IF "LIST".Read. "装配-备件计数"["I","J"] <> 0 THEN
                "MODBUS".ROBOT.Write[0] := "I" + 1;
                "MODBUS".ROBOT.Write[1] := "LIST".Write.备件区坐标["I","J" -1,0];
                "MODBUS".ROBOT.Write[2] := "LIST".Write.备件区坐标["I","J" -1,1];
                MODBUS".ROBOT.Write[3] := "LIST".Write.工件高度["I"];
                MODBUS".ROBOT.Write[4] := 0;
                "MODBUS".ROBOT.Write[6] := "LIST".Write.装配区坐标["I",0];
                "MODBUS".ROBOT.Write[7] := "LIST".Write.装配区坐标["I",1];
                "MODBUS".ROBOT.Write[8] := "LIST".Write.工件高度["I"];
                "MODBUS".ROBOT.Write[9] := 0;
                "MODBUS".ROBOT.Write[10] := 19 + ("MODBUS".ROBOT.Write[6]/1100);
                "LIST".Read. "装配-备件计数"["I","J"] := 0;
                "LIST".Read. "装配-备件计数"["I",0] := "I" + 1;
                "N" := "I" + 1;
                "MODBUS".ROBOT.Write[5] := 104;
            END_IF;
        END_FOR;
```

```
END_FOR;
FOR "I" : = 1 TO 10 DO
    "MODBUS". ROBOT. Write["I"] : = 0;
END_FOR;
"N" : = 0;
END_IF;
```

将完成的 FC 块拖入主程序中，并设计控制条件，如图 8-106 所示。

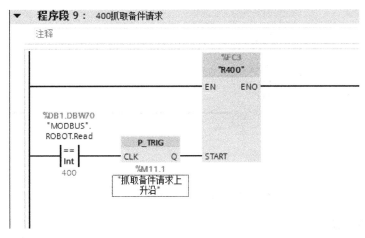

图 8-106　控制工业机器人抓取备件

（5）工业机器人发送当前托盘已离开命令（500）时的响应　在"项目树"→"程序块"中新建名为"R500"的 FC 块，语言选择 SCL，并在该 FC 块的输入引脚中添加"START"变量。脚本如下：

```
FOR "I" : = 0 TO 10 DO
    "MODBUS". ROBOT. Write["I"] : = 0;
END_FOR;
"抓取位气挡" : = 0;
```

梯形图程序如图 8-107 所示。

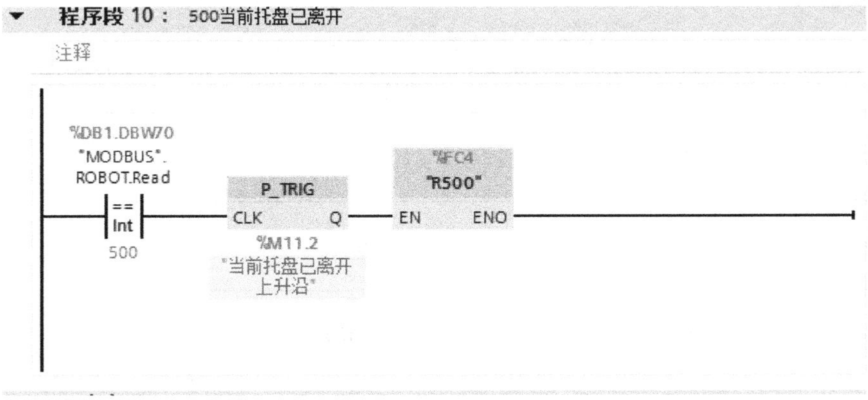

图 8-107　托盘离开程序

7. AGV 小车离开控制程序

当 AGV 小车来到托盘流水线入口时，托盘流水线下方的光电传感器和 AGV 小车的光电传感器对接，产生开关量输入信号 I2.4。当"AGV 到达传送带"信号接通时，调用延时 15s 程序，达到 15s 后，"AGV 往仓库"信号接通，托盘流水线下方的光电传感器与 AGV 小车的光电传感器断开连接，AGV 小车离开流水线，返回立体仓库，如图 8-108 所示

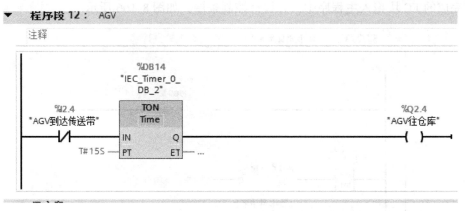

图 8-108　AGV 小车离开控制程序

8. 触摸屏界面设计

HB－RCPS－C10 实训系统采用触摸屏控制，控制界面包括生产线控制界面、工件数据显示界面、机器人控制界面和码垛机与仓库控制界面。

（1）生产线控制界面　生产线控制界面如图 8-109 所示。该界面可以实现托盘生产线和装配生产线的控制。生产线控制界面变量表见表 8-8。

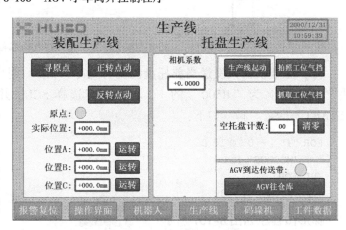

图 8-109　生产线控制界面

表 8-8　生产线控制界面变量表

HMI 名称	连接 PLC 变量名	连接 PLC 变量地址	HMI 动作
寻原点	HMI 正转回原点/ HMI 反转回原点	M100.1/M100.2	按下-置位位 释放-复位位
正转点动	HMI 点动正转	M100.3	按下-置位位 释放-复位位
反转点动	HMI 点动反转	M100.4	按下-置位位 释放-复位位
运转	HMI 绝对位移起动按钮	M100.5	按下-置位位 释放-复位位

（续）

HMI 名称	连接 PLC 变量名	连接 PLC 变量地址	HMI 动作
生产线起动	HMI 控制变频器起动按钮	M100.0	单击-取反位
拍照工位气挡	拍照工位气挡	Q0.5	单击-取反位
抓取工位气挡	抓取工位气挡	Q0.6	单击-取反位
清零	托盘数量	Mw502	设置变量
AGV 往仓库	AGV 往仓库	Q2.4	单击-置位位
原点灯	S_归位开关	I1.0	属性-动画
AGV 到达传送带灯	AGV 到达传送带	I2.4	属性-动画
实际位置	"步进轴". Position	"步进轴". Position	属性-类型-输出
位置 A	HMI 设置位移变量	Md900	属性-类型-输入/输出
位置 B	HMI 设置位移变量	Md900	属性-类型-输入/输出
位置 C	HMI 设置位移变量	Md900	属性-类型-输入/输出
空托盘计数	托盘数量	Mw502	属性-类型-输出

（2）工件数据显示界面　工件数据显示界面主要用来显示智能相机拍到的工件信息，包括托盘中工件的类型、工件在托盘中的位置（X，Y，Z，A），以及对这些数据的控制，包括手动触发拍照功能、数据清除功能和工件高度调整功能等。另外，由于有四种类型的工件需要检测，一个工件放置在一个托盘中，另外还需要一个具有数据调试功能的托盘数据，因此界面中包含五个托盘的数据，如图8-110所示。工件数据显示界面变量表见表8-9。

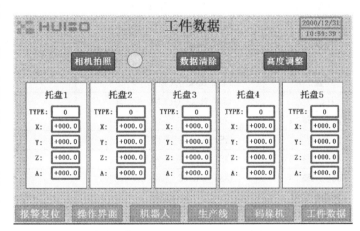

图8-110　工件数据显示界面

表8-9　工件数据显示界面变量表

HMI 名称	连接 PLC 变量名	连接 PLC 变量地址	HMI 动作
相机拍照	相机拍照	Q2.3	按下-置位位
数据清除	复位	M100.6	按下-置位位
高度调整			切换"高度调整"界面
托盘 1. TYPE	LIST_Read_QUENE {0, 0}		属性-类型-输出
托盘 1. X	LIST_Read_QUENE {0, 1}		属性-类型-输出
托盘 1. Y	LIST_Read_QUENE {0, 2}		属性-类型-输出
托盘 1. Z	LIST_Read_QUENE {0, 3}		属性-类型-输出

（续）

HMI 名称	连接 PLC 变量名	连接 PLC 变量地址	HMI 动作
托盘 1. A	LIST_Read_QUENE {0, 4}		属性–类型–输出
托盘 2. TYPE	LIST_Read_QUENE {1, 0}		属性–类型–输出
托盘 2. X	LIST_Read_QUENE {1, 1}		属性–类型–输出
托盘 2. Y	LIST_Read_QUENE {1, 2}		属性–类型–输出
托盘 2. Z	LIST_Read_QUENE {1, 3}		属性–类型–输出
托盘 2. A	LIST_Read_QUENE {1, 4}		属性–类型–输出
托盘 3. TYPE	LIST_Read_QUENE {2, 0}		属性–类型–输出
托盘 3. X	LIST_Read_QUENE {2, 1}		属性–类型–输出
托盘 3. Y	LIST_Read_QUENE {2, 2}		属性–类型–输出
托盘 3. Z	LIST_Read_QUENE {2, 3}		属性–类型–输出
托盘 3. A	LIST_Read_QUENE {2, 4}		属性–类型–输出
托盘 4. TYPE	LIST_Read_QUENE {3, 0}		属性–类型–输出
托盘 4. X	LIST_Read_QUENE {3, 1}		属性–类型–输出
托盘 4. Y	LIST_Read_QUENE {3, 2}		属性–类型–输出
托盘 4. Z	LIST_Read_QUENE {3, 3}		属性–类型–输出
托盘 4. A	LIST_Read_QUENE {3, 4}		属性–类型–输出
托盘 5. TYPE	LIST_Read_QUENE {4, 0}		属性–类型–输出
托盘 5. X	LIST_Read_QUENE {4, 1}		属性–类型–输出
托盘 5. Y	LIST_Read_QUENE {4, 2}		属性–类型–输出
托盘 5. Z	LIST_Read_QUENE {4, 3}		属性–类型–输出
托盘 5. A	LIST_Read_QUENE {4, 4}		属性–类型–输出
高度调整 . 1	LIST_WRITE_工件高度 {0}		属性–类型–输入/输出
高度调整 . 2	LIST_WRITE_工件高度 {1}		属性–类型–输入/输出
高度调整 . 3	LIST_WRITE_工件高度 {2}		属性–类型–输入/输出
高度调整 . 4	LIST_WRITE_工件高度 {3}		属性–类型–输入/输出
相机拍照灯	相机拍照	Q2. 3	属性–动画

（3）机器人控制界面　机器人控制界面主要用来控制机器人的位置以及显示机器人当前的状态。具体包括机器人和主控 PLC 通信时，显示机器人和主控 PLC 的控制字，当前机器人使用的工具号，以及机器人相对工件的抓取点位置和放置点位置。另外，界面中还有整个机器人系统的起动、归位、停止和暂停按钮，抓取点和相机原点的坐标补偿信息等，如图 8-111 所示。机器人控制界面变量表见表 8-10。

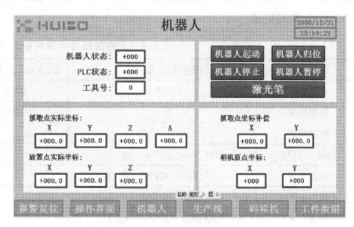

图 8-111　机器人控制界面

表 8-10　机器人控制界面变量表

HMI 名称	连接 PLC 变量名	连接 PLC 变量地址	HMI 动作
机器人起动	机器人起动	Q2.0	按下-置位位
机器人停止	机器人停止	Q2.1	按下-置位位
机器人暂停	机器人停止	Q2.1	按下-置位位
机器人归位	机器人归位	Q2.2	按下-置位位
激光笔	激光笔	Q0.7	单击-取反位
机器人状态	MODBUS_ROBOT_READ	MODBUS_ROBOT_READ	属性-类型-输出
PLC 状态	MODBUS_ROBOT_WRITE［5］	MODBUS_ROBOT_WRITE［5］	属性-类型-输出
工具号	MODBUS_ROBOT_WRITE［0］	MODBUS_ROBOT_WRITE［0］	属性-类型-输出
抓取点实际坐标 X	MODBUS_ROBOT_WRITE［1］	MODBUS_ROBOT_WRITE［1］	属性-类型-输出
抓取点实际坐标 Y	MODBUS_ROBOT_WRITE［2］	MODBUS_ROBOT_WRITE［2］	属性-类型-输出
抓取点实际坐标 Z	MODBUS_ROBOT_WRITE［3］	MODBUS_ROBOT_WRITE［3］	属性-类型-输出
抓取点实际坐标 A	MODBUS_ROBOT_WRITE［4］	MODBUS_ROBOT_WRITE［4］	属性-类型-输出
放置点实际坐标 X	MODBUS_ROBOT_WRITE［6］	MODBUS_ROBOT_WRITE［6］	属性-类型-输出
放置点实际坐标 Y	MODBUS_ROBOT_WRITE［7］	MODBUS_ROBOT_WRITE［7］	属性-类型-输出
放置点实际坐标 Z	MODBUS_ROBOT_WRITE［8］	MODBUS_ROBOT_WRITE［8］	属性-类型-输出
抓取点坐标补偿 X	CAMERA_DB_机器人抓取 X 微调	CAMERA_DB_机器人抓取 X 微调	属性-类型-输出
抓取点坐标补偿 Y	CAMERA_DB_机器人抓取 Y 微调	CAMERA_DB_机器人抓取 Y 微调	属性-类型-输出
相机原点坐标 X	CAMERA_DB_X 偏移量	CAMERA_DB_ X 偏移量	属性-类型-输出
相机原点坐标 Y	CAMERA_DB_Y 偏移量	CAMERA_DB_ Y 偏移量	属性-类型-输出

（4）码垛机与仓库控制界面　码垛机与仓库控制界面主要用来控制和显示码垛机系统的仓库状态，包括各个仓位中是否放置了工件，当前选中了哪些工件等。另外，该界面还可以完成码垛机的起动、停止和复位控制，以及对 AGV 小车的人工起动控制等，如图 8-112 所示。码垛机与仓库控制界面变量表见表 8-11。

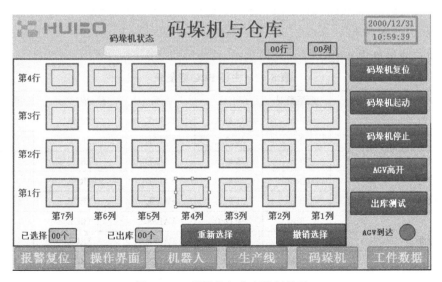

图 8-112　码垛机与仓库控制界面

表 8-11　码垛机与仓库控制界面变量表

HMI 名称	连接 PLC 变量名	连接 PLC 变量地址	HMI 动作
码垛机状态	"MODBUS". H. 已完成	"MODBUS". H. 已完成	属性-动画-外观
00 行	"MODBUS". H. 行列号	"MODBUS". H. 行列号/10	属性-类型-输出
00 列	"MODBUS". H. 行列号	"MODBUS". H. 行列号 MOD 10	属性-类型-输出
码垛机复位	"MODBUS". H. 复位	"MODBUS". H. 复位	按下-置位位/释放-复位位
码垛机停止	"MODBUS". H. 停止	"MODBUS". H. 停止	按下-置位位/释放-复位位
码垛机起动	"MODBUS". H. 起动	"MODBUS". H. 起动	按下-置位位/释放-复位位
AGV 离开	"MODBUS". H. AGV 离开仓库	"MODBUS". H. AGV 离开仓库	按下-置位位/释放-复位位
已选择	"MODBUS". H. 已选择	"MODBUS". H. 已选择	属性-类型-输出
已出库	"MODBUS". H. 已出库	"MODBUS". H. 已出库	属性-类型-输出
重新选择	"MODBUS". H. 重新选择	"MODBUS". H. 重新选择	按下-置位位/释放-复位位
撤销选择	"MODBUS". H. 撤销选择	"MODBUS". H. 撤销选择	按下-置位位/释放-复位位
AGV 到达	MODBUS_H_仓位信息 {28}	MODBUS_H_仓位信息 {28}	属性-动画-外观
第 1 列, 第 2 行	MODBUS_H_仓位信息 {27}/" MODBUS". H. 行列号	MODBUS_H_仓位信息 {27}/" MODBUS". H. 行列号	属性-动画-外观 按下-设置变量/释放-设置变量
第 1 列, 第 2 行	MODBUS_H_仓位信息 {26}/" MODBUS". H. 行列号	MODBUS_H_仓位信息 {26}/" MODBUS". H. 行列号	属性-动画-外观 按下-设置变量/释放-设置变量
……	……	……	……
第 7 列, 第 4 行	MODBUS_H_仓位信息 {0}/" MODBUS". H. 行列号	MODBUS_H_仓位信息 {0}/" MODBUS". H. 行列号	属性-动画-外观 按下-设置变量/释放-设置变量

9. 主控 PLC 变量表

主控 PLC 变量见表 8-12。

表 8-12　主控 PLC 变量表

名　称	数据类型	地址	保持	在 HMI 可见	可从 HMI 访问
控制柜起动按钮	Bool	%I0.1	FALSE	TRUE	TRUE
单机联机	Bool	%I0.2	FALSE	TRUE	TRUE
变频器报警	Bool	%I0.3	FALSE	TRUE	TRUE
拍照位光电检测开关	Bool	%I0.5	FALSE	TRUE	TRUE
抓取位光电检测	Bool	%I0.6	FALSE	TRUE	TRUE
拍照完成	Bool	%I2.0	FALSE	TRUE	TRUE
AGV 到达传送带	Bool	%I2.4	FALSE	TRUE	TRUE
拍照位气挡	Bool	%Q0.5	FALSE	TRUE	TRUE
抓取位气挡	Bool	%Q0.6	FALSE	TRUE	TRUE
激光笔	Bool	%Q0.7	FALSE	TRUE	TRUE

（续）

名　称	数据类型	地址	保持	在 HMI 可见	可从 HMI 访问
变频器使能	Bool	%Q1.0	FALSE	TRUE	TRUE
机器人起动命令	Bool	%Q2.0	FALSE	TRUE	TRUE
机器人暂停命令	Bool	%Q2.1	FALSE	TRUE	TRUE
机器人复位命令	Bool	%Q2.2	FALSE	TRUE	TRUE
相机拍照	Bool	%Q2.3	FALSE	TRUE	TRUE
AGV 往仓库	Bool	%Q2.4	FALSE	TRUE	TRUE
变频器控制字	Word	%QW68	FALSE	TRUE	TRUE
变频器速度	Word	%QW70	FALSE	TRUE	TRUE
控制柜起动按钮上升沿	Bool	%M10.0	FALSE	TRUE	TRUE
拍照位光电检测开关下降沿	Bool	%M10.1	FALSE	TRUE	TRUE
抓取位光电检测下降沿	Bool	%M10.2	FALSE	TRUE	TRUE
拍照完成上升沿	Bool	%M10.3	FALSE	TRUE	TRUE
相机拍照下降沿	Bool	%M10.4	FALSE	TRUE	TRUE
相机通信完成上升沿	Bool	%M10.5	FALSE	TRUE	TRUE
HMI 控制变频器起动按钮	Bool	%M100.0	FALSE	TRUE	TRUE
HMI 正转回原点	Bool	%M100.1	FALSE	TRUE	TRUE
HMI 反转回原点	Bool	%M100.2	FALSE	TRUE	TRUE
HMI 点动正转	Bool	%M100.3	FALSE	TRUE	TRUE
HMI 点动反转	Bool	%M100.4	FALSE	TRUE	TRUE
HMI 绝对位移起动按钮	Bool	%M100.5	FALSE	TRUE	TRUE
复位	Bool	%M100.6	FALSE	TRUE	TRUE
N	Int	%MW500	FALSE	TRUE	TRUE
托盘数量	Int	%MW502	FALSE	TRUE	TRUE
成品件计数	Int	%MW504	FALSE	TRUE	TRUE
错误代码	Word	%MW602	FALSE	TRUE	TRUE
错误代码（1）	Word	%MW800	FALSE	TRUE	TRUE
错误代码（2）	Word	%MW802	FALSE	TRUE	TRUE
HMI 设置位移变量	Real	%MD900	FALSE	TRUE	TRUE

附 录

附录 A　KAIRO 编程语言指令

指　令　组	指　令　名　称	指　令　意　义
运动控制 指令组	PTP	点到点运动指令
	Lin	直线运动指令
	Circ	圆弧运动指令
	PTPRel	点到点相对偏移指令
	LinRel	直线相对偏移指令
	MoveRobotAxis	单轴运动指定位置指令
	StopRobot	停止机器人运动并丢弃已经计算好的插补路径
	PTPSearch	点到点运动搜索指令，在数字信号处运动停止，记录当前位置
	LinSearch	线性运动搜索指令，在数字信号处运动停止，记录当前位置
	WaitIsFinished	等待完成指令
	WaitJustInTime	使运动与程序处理近似同步指令
	RefRobotAxis	单轴归零点指令
	RefRobotAxisAsync	多轴归零点指令
	WaitRefFinished	等待所有异步起动的归零完成指令
运动状态设置 指令组	Dyn	配置机器人运动的动态参数指令
	DynOvr	配置机器人运动的运动倍率参数指令
	Ovl	配置机器人运动的运动逼近参数指令
	Ramp	设置加速度的加速类型指令
	RefSys	设置参考坐标系指令
	ExternalTCP	设置外部笛卡儿参考坐标系指令
	Tool	设置工具坐标系指令
	OriMode	设置机器人 TCP 姿态插补模式指令
	Workpiece	工件设置
系统功能指令组	…: = …	赋值
	//…	注释
	WaitTime	设置机器人等待时间
	Stop	停止所有激活程序的执行
	Info	发出一个信息通知
	Warning	发出一个警告信息
	Error	发出一个错误信息
	Random	产生一个随机参数
	SysTime	读取当前系统时间

（续）

指　令　组	指　令　名　称	指　令　意　义
数学函数 指令组	SIN	正弦三角函数
	COS	余弦三角函数
	TAN	正切三角函数
	COT	余切三角函数
	ASIN	反正弦三角函数
	ACOS	反余弦三角函数
	ATAN	反正切三角函数
	ATAN2	返回两个反正切函数
	ACOT	反余切三角函数
	LN	自然对数函数
	EXP	以 e 为底的指数函数
	ABS	绝对值函数，返回数字的绝对值
	SQRT	开二次方根函数
位操作及转换 指令组	SHL	向左位移运算函数
	SHR	向右位移运算函数
	ROL	循环向左位移运算函数
	ROR	循环向右位移运算函数
	SetBit	将某位置 1 函数
	ResetBit	将某位置 0 函数
	CheckBit	判断某位是否为 1 函数
	STR	返回并指定数值表达式对应的字符串函数
时钟设定 指令组	CLOCK. Reset	重置时钟
	CLOCK. Start	起动时钟
	CLOCK. Stop	终止时钟
	CLOCK. Read	读取当前时间
	CLOCK. ToString	时间转换
	TIMER. Start	起动计时器
	TIMER. Stop	终止计时器
	SysTime	设置系统时间
	SysTimeToString	转换时间为字符串
流程控制 指令组	CALL…	调用指令
	WAIT…	等待表达式为真指令
	STNC. sync	同步两个平行程序运行
	IF…THEN… END_IF	若 IF 表达式为真，则执行 IF 程序体内容

（续）

指 令 组	指令名称	指 令 意 义
流程控制 指令组	ELSIF…THEN	和 IF 配合，执行 IF 条件不满足的程序体内容
	ELSE	否则执行程序体内容
	WHILE…DO… END_WHILE	满足条件循环执行指令
	LOOP…DO… END_LOOP	循环次数控制指令
	RUN	启动同步程序
	KILL	终止同步程序
	RETURN	终止一个正在运行的程序，返回到上一层程序中
	LABEL	程序行标号，用于 GOTO 跳转目标
	GOTO	程序跳转指令
	IF…GOTO	如果条件成立，则跳转到标号位置
开关量输入输出 指令组	DIN. Wait	等待输入口被置位
	DOUT. Set	按指定值设置数字量输出端口
	DOUT. Connect	用一个状态变量连接数字输出
	DOUT. Pulse	输出固定时间的脉冲
	DINW. WaitBit	等待至输入字口指定位被置位
	DINW. Wait	等待至输入字口被设置为指定值
	DOUTW. Set	按指定值设置数字量字输出口
模拟量输入输出 指令组	AIN. WaitLess	等待至模拟输入值变小
	AIN. WaitGreater	等待至模拟输入值变大
	AIN. WaitInside	等待至模拟输入值在指定范围内
	AIN. WaitOutside	等待至模拟输入值在指定范围外
	AOUT. Set	按指定值设置模拟量输出端口

附录 B HB – RCPS – C10 工业机器人实训系统技术性能

项　　目	参　　数
电源规格	AC 380V/50Hz/8kW
气源规格	进气管 ϕ12mm，0.5~0.8MPa
环境温度	−5~45℃
相对湿度	≤96%
系统整体	场地尺寸（长×宽）：8000mm×4000mm

附录 C HB – RCPS – C10 工业机器人实训系统的组成和技术要求

序号	名　称	数量	主要技术参数及规格
1	自动化立体仓库	1台	1）仓库总高约1900mm，宽度约2800mm 2）包含28个仓位
2	码垛机器人	1台	1）X轴方向的运动采用蜗杆副减速装置，具有一定的自锁性 2）X、Z轴方向留有工业级定位系统接口，X、Z轴的驱动电动机还带有制动装置，用来保证机器断电后立即停车；X、Y轴运动都带有防撞装置 3）X、Y、Z轴均采用变频控制
3	码垛单元控制系统及控制柜	1台	1）控制柜尺寸（长×宽×高）：805mm×555mm×1200mm 2）供电要求：三相/380V/50Hz
4	基础底板	2块	基础底板由型材和钢板组成，共有两块基础底板：一块用于安装仓库与码垛机器人；另一块安装在多关节工业机器人下方
5	AGV机器人	1台	1）直线运行速度：18m/min 2）弯道运行速度：10~15m/min 3）纵向地标定位精度：±3mm 4）横向地标定位精度：±3mm 5）最小转弯半径：650mm 6）额定载重：30kg 7）最大载重：50kg 8）自动导引传感器：专用磁导循迹传感器 9）电源：电池组 DC 12V 36AH 两组 10）充电方式：外置充电器 11）最大噪声：≤70dB
6	六自由度关节型机器人	1台	（1）基本要求：HR20 –1700 – C10 型工业级，并为以后扩展提供接口；线缆长度满足正常使用要求，可与控制系统电控柜直接连接；具备软件升级功能及与计算机联网和系统进一步扩展功能 （2）机器人技术参数 1）运动自由度：六自由度 2）驱动方式：AC 全伺服电动机驱动 3）负载能力：20kg 4）重复定位精度：±0.08mm 5）每轴运动范围：关节1为±180°；关节2为 –145°~65°；关节3为 –65°~175°；关节4为±180°；关节5为±135°；关节6为±360° 6）每轴运动速度：关节1为170°/s；关节2为165°/s；关节3为170°/s；关节4为360°/s；关节5为360°/s；关节6为600°/s

（续）

序号	名　称	数量	主要技术参数及规格
6	六自由度关节型机器人	1 台	7）最大展开半径：1722mm 8）通信方式：Modbus TCP/以太网 9）操作方式：示教再现/编程 10）供电电源：三相/380V/50Hz 11）控制系统和示教盒：1 套；工业级嵌入式控制，独立控制柜；高性能运动控制器，人机界面圆形双把柄示教盒编程控制操作；具有机械保护、电气停止保护、电气减速运行保护、人工紧急停止等保护功能 （3）末端双功能真空吸附工具及安装支架：1 套
7	快换夹具装置	1 套	1）快换夹具架尺寸为 760mm×200mm×800mm；数量与机器人大赛配套 2）包含三种夹具：快换主夹具、双吸盘模块、三爪卡盘模块
8	智能视觉检测系统	1 套	1）智能相机分辨率（像素）：约 30 万像素 2）工业镜头：1/2″靶面，C 接口，焦距 $f=5$mm 手动光圈 3）相机配置附有标准特征库的软件
9	托盘流水线系统	1 台	1）输送线距地面的尺寸：800mm，可微调 2）最大输送速度：55mm/s 3）托盘输送线：采用倍速链结构，侧面流利条导向、喇叭口流利条导向；具有六个工位，第二、四工位阻挡气缸，型材槽（内槽）安装功能型传感器分别用于第一、二、四、五、六工位；输送线由异步电动机变频控制
10	工件盒流水线系统	1 套	1）工件盒输送线高度：774mm，可微调 2）最大输送速度：550mm/s 3）工件盒输送线采用板链结构 4）流水线有五个工位，工件盒占用三个工位；流水线由步进电动机控制
11	安全防护网	1 组	1）外形尺寸（长×宽×高）：3000mm×3000mm×1300mm 2）配置安全门和安全开关
12	主控系统及控制柜	1 台	1）控制柜尺寸（长×宽×高）：805mm×555mm×1200mm 2）供电要求：三相/380V/50Hz 3）控制系统采用 PLC 控制
13	附件	1 套	路由器、网线、桥架、工件、托盘等

附录 D　2017 年全国职业院校技能大赛工业机器人 技术应用赛项（高职组）样题

2017 年全国职业院校技能大赛 工业机器人技术应用赛项（高职组） 竞赛任务书

选手须知：

1. 任务书共　20　页，如出现任务书缺页、字迹不清等问题，请及时向裁判申请更换任务书。

2. 竞赛过程配有两台编程计算机，参考资料放置在"D：\ 参考资料"文件夹下。

3. 参赛团队应在 4 小时 30 分钟内完成任务书规定内容；选手在竞赛过程中创建的程序文件必须存储到"D：\ 技能竞赛 \ 竞赛编号"文件夹下，未存储到指定位置的运行记录或程序文件均不予给分。

4. 选手提交的试卷不得出现学校、姓名等与身份有关的信息，否则成绩无效。

5. 由于错误接线、操作不当等原因引起机器人控制器及 I/O 组件、智能相机、PLC、变频器、AGV 损坏以及发生机械碰撞等情况时，将依据扣分表进行处理。

6. 在完成任务过程中，请及时保存程序及数据。

【竞赛设备描述】

工业机器人技术应用竞赛在工业机器人技术应用实训平台上进行，该设备由工业机器人、AGV 机器人、托盘流水线、装配流水线、视觉系统和码垛机立体仓库六大系统组成，如图 D-1 所示。

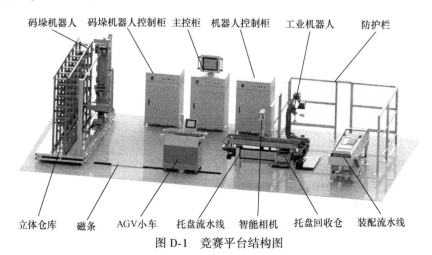

图 D-1　竞赛平台结构图

系统的主要工作目标是码垛机从立体仓库中取出工件并放置于 AGV 机器人上部输送线上，通过 AGV 机器人将工件输送至托盘流水线上，通过视觉系统（智能相机）对工件进行识别，然后由工业机器人进行装配。图 D-2 所示为需要识别抓取和装配的工件，分别为机器人关节底座、电动机模块、谐波减速器模型和输出法兰，默认工件编号从左至右为 1~4 号。

1号工件机器人关节底座

2号工件电动机模块

3号工件谐波减速器模型

4号工件输出法兰

图 D-2　需要识别抓取和装配的工件

托盘结构以及托盘放置工件的状态如图 D-3 所示，托盘两侧设计有挡条，两个挡条的中间为工件放置区。

托盘流水线和装配流水线工位分布如图 D-4 所示。

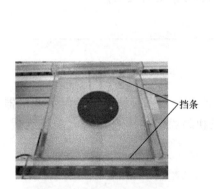

图 D-3　托盘放置工件的状态

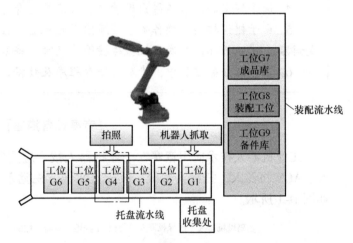

图 D-4　托盘流水线和装配流水线工位分布

装配流水线如图 D-5 所示，它由成品库 G7、装配工位 G8 和备件库 G9 三部分组成。定义成品库 G7 工位的工作位置为装配流水线回原点后往中间运动 200mm 的位置；装配工位 G8 的工作位置为装配流水线的中间位置；备件库 G9 的工作位置为装配流水线回原点后往中间运动 200mm 的位置。

装配工位配置有四个定位工位，按图 D-5 规定为 1 号位、2 号位、3 号

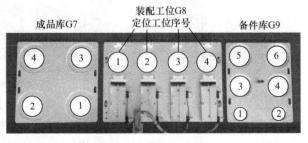

图 D-5　装配流水线

位和 4 号位。每个定位工位都安装了伸缩气缸用于工件的二次定位，当工业机器人将工件送至装配工位后，先通过气缸对其进行二次定位，然后再进行装配，以提高工业机器人的抓取精度，保证装配顺利完成。

备件库用于存放 2 号、3 号和 4 号工件，当托盘流水线送来多个同一类型的工件而无法满足装配条件时，可将其暂时存放到备件库中。

成品库用于存放已装配完成的工件，当装配工位完成了一个完整的装配任务后，工业机器人将抓取成品并将其放入成品库。当出现多个 1 号工件时，也可将其暂时存放于成品库中。

立体仓库仓位规定如图 D-6 所示。

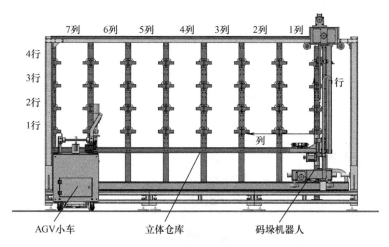

图 D-6　立体仓库仓位规定

系统中主要功能模块的 IP 地址分配见表 D-1。

表 D-1　主要功能模块 IP 地址分配表

序　号	名　称	IP 地址分配	备　注
1	工业机器人	192.168.8.103	
2	智能相机	192.168.8.3	
3	主控 HMI 触摸屏	192.168.8.11	
4	主控系统 PLC	192.168.8.111	
5	编程计算机 1	192.168.8.21	
6	编程计算机 2	192.168.8.22	
7	码垛机系统 PLC	192.168.8.112	

任务一　机械和电气安装

1. 传感器的安装

（1）安装并调试托盘流水线传感器　将托盘流水线上的入口光电开关、拍照工位光电开关及抓取工位光电开关安装到托盘流水线上的正确位置。

托盘流水线传感器安装完毕后的效果如图 D-7 所示。

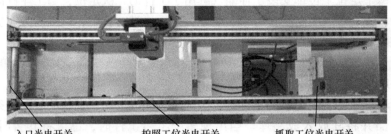

入口光电开关　　　拍照工位光电开关　　　抓取工位光电开关

图 D-7　托盘流水线传感器布置

（2）安装安全护栏传感器　将安全护栏传感器安装在安全护栏门的正确位置，使后续编程时能够实现：当安全门打开时，工业机器人停止运动。

安全护栏传感器安装完毕后的效果如图 D-8 所示。

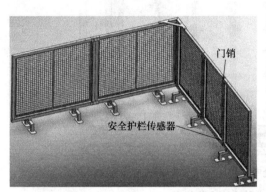

门销

安全护栏传感器

图 D-8　安全护栏传感器位置

完成后举手示意裁判进行评判！

2. 工业机器人外部工装安装

完成工业机器人末端真空吸盘、气动三爪卡盘及部分气路连接：

1）吸盘与吸盘支架的安装，气管接头的安装。

2）三爪卡盘与支架的安装，气管接头的安装。

3）支架与连接杆的安装。

4）连接杆与末端法兰的安装。

5）末端法兰与机械手本体固连（连接法兰圆端面与机械手本体 J6 关节输出轴末端法兰）。

6）气管与气管接头的连接。

7）激光笔的安装。

末端执行器连接完成后的效果如图 D-9 所示。

完成后举手示意裁判进行评判！

3. 视觉及网络系统的连接

完成智能相机、编程计算机、主控单元、码垛机单元和触摸屏的连接：

图 D-9　末端执行器连接后的效果

1) 正确安装智能相机的电源线、通信线。

2) 按照系统网络拓扑图（图 D-10）完成系统组网。

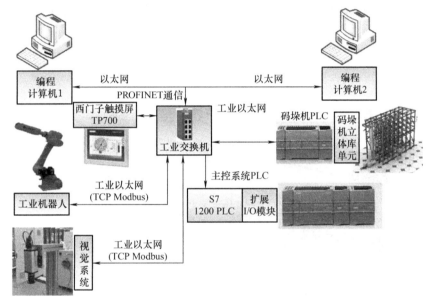

图 D-10　智能相机和编程计算机连接示意图

智能相机连接完成后的效果如图 D-11 所示。

完成后举手示意裁判进行评判！

4. AGV 机器人上部输送线的安装

完成 AGV 机器人上部输送线的安装（AGV 机器人上部输送线爆炸图及结构图如图 D-12 和图 D-13 所示）：

1) 安装主动轴。

2) 安装及调试同步带传动机构。

3) 安装从动轴。

4) 调节平带张紧度。

5) 安装托盘导向板。

注意事项：现场三个张紧轮处的同步带已安装好。

图 D-11 智能相机连接完成后的效果

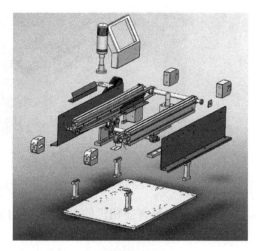

图 D-12 AGV 机器人上部输送线爆炸图

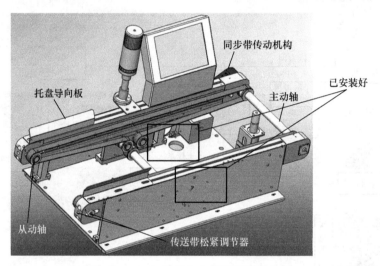

图 D-13 AGV 机器人上部输送线结构图

AGV 机器人上部输送线安装完成后的效果如图 D-14 所示。

图 D-14 AGV 机器人上部输送线安装完成后的效果

完成后举手示意裁判进行评判！

任务二 视觉系统编程调试

在完成任务一的基础上（如果参赛队没有完成任务一中的 3，则由裁判通知技术人员完成，参赛队任务一的 3 不得分，并扣 2 分），完成如下工作。

1. 视觉软件设定

打开安装在编程计算机中的 X-SIGHT STUDIO 信捷智能相机软件，连接和配置智能相机，通过调整镜头焦距及亮度，使智能相机稳定、清晰地摄取图像信号，在软件中应能够实时查看现场放置于智能相机下方托盘中的工件图像，且要求工件图像清晰。

实现后的界面效果如图 D-15 所示。

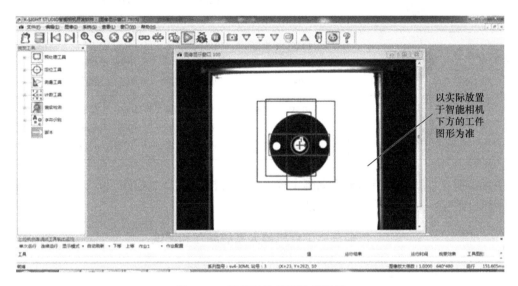

图 D-15　实现后的界面效果示例

完成后举手示意裁判进行评判！

---

2. 智能相机的调试和编程

1）设置视觉控制器触发方式、Modbus 参数，以及视觉控制器与主控 PLC 的通信。

2）完成图像的标定、学习任务，要求如下：

① 对图像进行标定，使智能相机中出现的尺寸和实际的物理尺寸一致。

② 对托盘内的单一工件进行拍照，获取该工件的形状和位置、角度偏差，利用视觉工具编写智能相机视觉程序，对图 D-2 所示四种工件进行学习。规定智能相机镜头中心为位置零点，智能相机学习的工件角度为 0°。

③ 编写四种工件的脚本文件，各类工件的信息及对应通信地址见表 D-2，规定每个工件占用三组地址空间，每组地址空间的第一个信息为工件位置 X 坐标，第二个信息为工件位置 Y 坐标，第三个信息为角度偏差。

④ 依次将安装有图 D-2 中 1 号~4 号工件的托盘（每个托盘中放置一个工件）手动放置于拍照区域，在软件中应能够得到并显示各工件的位置、角度和类型编号，验证智能相机学习的正确性。

完成后举手示意裁判进行评判！

表 D-2   智能相机工件信息及对应通信地址举例

工件号	工 件	Modbus 通信地址		
1		1：1000：X 坐标 1002：Y 坐标 1004：角度	2：1006：X 坐标 1008：Y 坐标 1010：角度	3：1012：X 坐标 1014：Y 坐标 1016：角度
2		1：1018：X 坐标 1020：Y 坐标 1022：角度	2：1024：X 坐标 1026：Y 坐标 1028：角度	3：1030：X 坐标 1032：Y 坐标 1034：角度
3		1：1036：X 坐标 1038：Y 坐标 1040：角度	2：1042：X 坐标 1044：Y 坐标 1046：角度	3：1048：X 坐标 1050：Y 坐标 1052：角度
4		1：1054：X 坐标 1056：Y 坐标 1058：角度	2：1060：X 坐标 1062：Y 坐标 1064：角度	3：1066：X 坐标 1068：Y 坐标 1070：角度

注意事项：在编写智能相机视觉脚本程序时，可按照表 D-2 构建工业机器人赛项任务，并编写相机程序中对应工件的通信地址。

任务三   工业机器人系统编程和调试

1. 工业机器人设定

（1）工业机器人工具坐标系设定

1）利用给定的辅助工具，设定双吸盘的工具坐标系。

2）根据给定数据（0，-144.8，165.7，90，140，-90），在工业机器人系统中设定三爪卡盘的工具坐标系。

（2）托盘流水线和装配流水线位置调整   利用工业机器人手爪上的激光笔，通过工业机器人示教操作，使工业机器人分别沿 X 轴、Y 轴运动，调整托盘流水线和装配流水线的空间位置，使托盘流水线和装配流水线与工业机器人的相对位置正确。

2. 工业机器人示教编程

工业机器人的示教、编程和再现要求如下：

1）依次将四种工件从托盘流水线工位 G1 的托盘中心位置，搬运到图 D-16 所示装配流水线上装配工位 G8 的对应定位工位中。要求用工业机器人示教编程完成以下任务：

① 将工件摆放于托盘中心位置，每次放一种工件，用末端工具对工件进行取放操作。

② 按照图 D-16，将工件取放在装配工位的对应定位工位中，工件放到相应位置后，用双吸盘将空托盘放置于托盘收集处。

2）将 1 号~4 号工件从装配流水线工位 G7 和 G9 搬运到装配工位 G8 的对应位置（附图 D-16），对其进行二次定位和装配，要求如下：

① 装配流水线工位 G7 和 G9 的工件为参赛选手按照图 D-17 人工放置。

② 通过工业机器人示教、编程操作，按照装配顺序依次抓取 1 号 ~4 号工件并放置于 G8 工位的对应位置，每放置完一个工件，夹紧气缸应立即动作，进行二次定位，定位完成后，工业机器人抓取工件并完成装配，装配结果如图 D-18 所示。

3）工业机器人程序再现要求：

① 能按以上示教轨迹重复四个工件的抓取动作及四个空托盘的收集动作。

② 能按以上示教轨迹将工位 G7 和 G9 中的工件搬运到工位 G8 中并进行二次定位和装配。

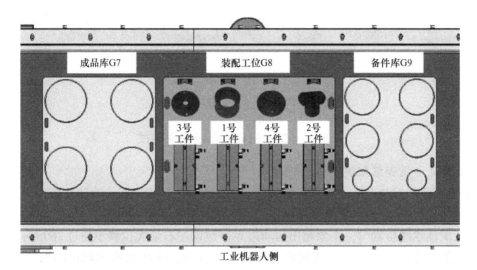

图 D-16　工件摆放位置

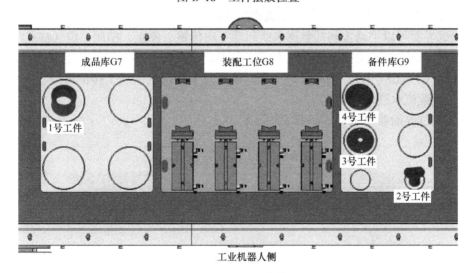

图 D-17　人工摆放位置

完成后举手示意裁判进行评判！

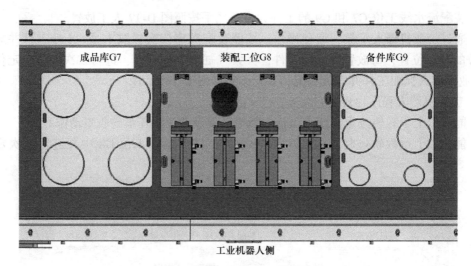

工业机器人侧

图 D-18　工件装配结果

任务四　工业机器人系统模块调试

1. 托盘流水线和装配流水线的调试

装配流水线的板链上已安装了装配工位、备件库和成品库底板，为防止装配流水线移动时可能导致的设备损坏和严重机械碰撞事故，操作时应注意以下事项：

1）装配流水线移动时，不要超出运动边界（建议左右最大位移不超过 260mm）。

2）寻原点操作时，应注意装配流水线的运动方向，并在允许运动范围内完成寻原点操作。

编写主控 PLC 中托盘流水线和装配流水线调试模块任务，要求如下：

1）调试界面可以手动控制托盘流水线起动正向传输、停止、拍照工位气缸点动。

2）调试界面可以手动控制装配流水线正向点动、反向点动和回原点运动，可以手动选择三个工位（G7、G8、G9）中的任意一个，使其位于装配流水线工作位置处（见竞赛设备描述中关于装配流水线的规定）。

流水线调试界面参考示例如图 D-19 所示。

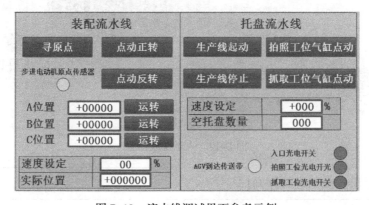

图 D-19　流水线调试界面参考示例

完成后举手示意裁判进行评判！

2. 视觉系统调试

编写主控 PLC 中视觉系统调试模块任务，要求如下：

1）选手将装有工件的托盘人工放置于智能相机识别工位。

2）在主控 PLC 人机界面起动智能相机拍照后，视觉系统把从托盘中识别到的工件信息传送给 PLC，并在人机界面上显示位置、角度和工件编号信息。

3）测试工件为图 D-2 所示的 1 号 ~ 3 号工件。将三种工件人工放置于三个托盘内，每个托盘中装有一个工件，现场裁判随机要求参赛选手按照上述要求将工件放置于智能相机识别工位，测试其正确性。

视觉系统调试界面参考示例如图 D-20 所示。

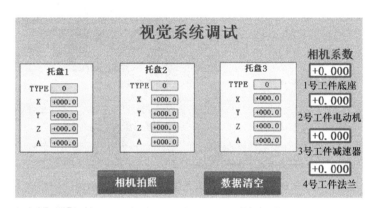

图 D-20　视觉系统调试界面参考示例

完成后举手示意裁判进行评判！

3. 工业机器人系统调试

编写主控 PLC 中工业机器人系统调试模块任务，要求如下：

1）实现智能相机坐标系到工业机器人坐标系的转换，要求人机界面上显示工业机器人坐标系中的抓取相对坐标值。

2）具有工业机器人起动、停止、暂停及归位功能。在工业机器人运行过程中，能够实现安全护栏操作门打开时，工业机器人暂停运行的功能。

3）将工业机器人任务状态号传输到主控 PLC，并在人机界面上显示。工业机器人状态包括待机、运行、抓取错误等，见表 D-3。

表 D-3　工业机器人运行状态示例

序　号	工业机器人状态号	工业机器人状态
1	100	待机
2	200	运行
3	300	抓取错误

4）实现如下测试任务：

① 起动托盘流水线，参赛选手在工件作业流水线入口处依次手动缓慢地放入两个托盘，托盘中分别放置 1 号工件和 3 号工件，工件位置为随机放置。

② 在智能相机拍照工位对托盘上的工件进行识别，把识别结果传输给主控 PLC。

③ 主控 PLC 经过处理，将视觉识别数据传输给工业机器人，工业机器人根据 PLC 传输的数据，在工位 G1 上抓取识别后托盘中的工件。

④ 抓取工件后，按照图 D-16 将其放置于装配工位 G8 中的对应位置处。

⑤ 托盘为空时，工业机器人把空托盘放入托盘收集处。

工业机器人系统调试界面参考示例如图 D-21 所示。

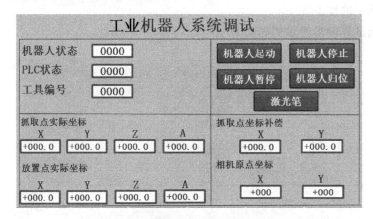

图 D-21　工业机器人系统调试界面参考示例

完成后举手示意裁判进行评判！

4. 码垛机立体仓库系统调试

编写码垛机立体仓库系统调试程序，要求如下：

1）可以手动控制码垛机 1 轴、2 轴和 3 轴的正反转运动。

2）可以实现码垛机的复位功能。

3）可以显示立体仓库的每个仓位中有无托盘的信息。

4）可以选择安放托盘的仓位，码垛机取出立体仓库中的选中托盘，并将其放置于位于立体仓库端的 AGV 机器人上部输送线上。

现场裁判随机要求参赛选手按照上述要求放置两个托盘，在调试界面上显示正确的仓位信息，并要求码垛机从立体仓库中取出托盘放置到 AGV 机器人上部输送线上，然后测试仓位信息显示和码垛机放置托盘的正确性。

码垛机立体仓库系统调试界面参考示例如图 D-22 所示。

任务五　系统综合编程调试

（如果参赛队没有完成码垛机程序，可以人工将托盘放置到 AGV 小车上，但必须报告裁判，参赛队该项目中关于码垛机和 AGV 的相关任务均不得分）。

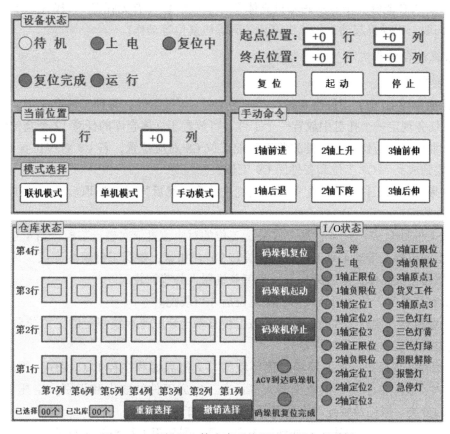

图 D-22　码垛机立体仓库系统调试界面参考示例

1. 人机交互功能设计

根据综合任务要求，由选手自行设计主控触摸屏界面，要求满足以下基本功能：

1) 主控 PLC 能够实现系统的复位、起动、停止等功能。

① 系统复位是指系统中的工业机器人、托盘流水线、装配流水线及码垛机立体仓库处于初始归零状态。

② 系统起动是指系统自动按照综合任务运行。

③ 系统停止是指系统停止运动，即系统中的工业机器人、托盘流水线、装配流水线及码垛机立体仓库等模块均停止运动。

2) 主控界面包含黄、绿、红三种状态信号灯：绿色状态信号灯指示初始状态正常，红色状态信号灯指示初始状态不正常，黄色状态信号灯指示任务完成。

初始状态是指：

① 工业机器人、视觉系统、变频器、伺服驱动器、PLC 处于联机状态。

② 工业机器人处于工作原点。

③ 托盘流水线上没有托盘。

若上述条件中的任何一条件不满足，则红色状态信号灯以 1Hz 的频率闪烁，黄色和绿色状态信号灯均熄灭，这时系统不能起动。如果网络正常且上述各工作站均处于初始状态，则绿色状态信号灯常亮。

3）主控 PLC 能够同步显示码垛机立体仓库仓位信息（有无托盘），操控码垛机立体仓库的仓位选取、码垛机起动、码垛机停止、码垛机复位等动作。

2. 系统综合任务实现

（1）装配要求

1）托盘合计 12 个，工件有 4 种，分别为 1 号 ~4 号工件，每种工件有 3 个，工件总数为 12 个，任务规定一个托盘中放置一个工件，可放置于立体仓库的任意 12 个仓位中。

2）工业机器人应优先将工件放置于装配工位 G8 对应位置，若 G8 对应位置已有工件，则暂时存放到成品库 G7 工位和备件库 G9 工位。

3）如果已抓取工件满足装配条件，则优先装配，然后再继续抓取后续到达工件，对其进行放置或装配。

4）按工件号 1、2、3、4 的顺序在装配工位的对应位置依次进行装配。当 4 号工件装配到位后，工业机器人带动 4 号工件顺时针旋转 90°并扣紧，整套工件组装完成，再将装配好的工件整体移至成品库，然后进行下一套工业机器人关节的装配。

5）所有待装配工件必须经气挡二次定位后才可装配。

6）工业机器人摆放工件时，必须将该工位移动至装配流水线规定的工位位置（见竞赛设备描述中关于装配流水线的规定）。

（2）编程实现任务　根据现场编程环境编写人机界面和主控 PLC 程序，控制码垛机、AGV 机器人、装配流水线、工业机器人等设备，完成工件的取出和识别，空托盘的回收，不同工件的分类、搬运及装配动作。具体任务流程如下：

1）从立体仓库中按照从第 1 列到第 7 列，每 1 列从第 1 行到第 4 行的顺序取出装有工件的托盘，码垛机依次将其放入 AGV 机器人，AGV 机器人的初始位置在立体仓库端。（选手可以手动在主控触摸屏中按取出顺序进行设定实现取出，也可以编程自动实现取出）。

2）AGV 机器人自动运行至托盘流水线位置进行对接，自动对接完成后，AGV 机器人上的托盘将被输送至托盘流水线上。托盘输送完毕后，AGV 机器人自动返回至立体仓库端，继续放托盘，如此循环直至 12 个托盘输送完毕。

3）当托盘经过托盘流水线时，气挡对其进行阻挡，然后智能相机进行识别，当托盘运行到抓取工位时，工业机器人用合适的工具抓取托盘中的工件，并优先放置在装配工位对应的定位工位中。如果定位工位中已有工件，则将工件放置在成品库 G7 或备件库 G9 的对应工位中。工件放置完后，更换合适的工具，将空托盘放置于托盘收集处。

4）当装配工位中的工件满足装配要求时，应先经气挡二次定位，然后根据装配要求完成整个工业机器人关节的装配。装配完成后，将工业机器人关节摆放至成品库。

5）综合任务工作流程如图 D-23 所示，工件装配位置及成品放置要求如图 D-24 所示，三套工业机器人关节分别放置在图 D-24 中成品库的对应位置处。任务完成后，黄色状态信号灯以 1Hz 的频率闪烁。

（3）评判要求

1）将赛场提供的 12 个工件放入 12 个托盘中，每个托盘中放置一个工件。

2）将装有工件的 12 个托盘放入立体仓库的 12 个仓位中。

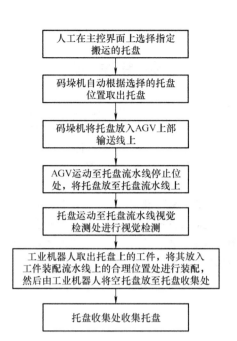

图 D-23　综合任务工作流程

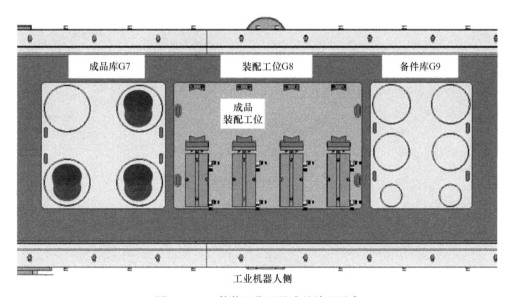

图 D-24　工件装配位置及成品放置要求

完成后举手示意裁判进行评判！

参 考 文 献

[1] 邢美峰. 工业机器人操作与编程 [M]. 北京：电子工业出版社，2016.

[2] 蒋庆斌，陈小艳. 工业机器人现场编程 [M]. 北京：机械工业出版社，2014.

[3] 田贵福，林燕文. 工业机器人现场编程（ABB）[M]. 北京：机械工业出版社，2017.

[4] 郝建豹，尹玲，杨宇. 工业机器人技术及应用 [M]. 哈尔滨：哈尔滨工业大学出版社，2017.

[5] 汪励，陈小艳. 工业机器人工作站系统集成 [M]. 北京：机械工业出版社，2014.

[6] 郝巧梅，刘怀兰. 工业机器人技术 [M]. 北京：电子工业出版社，2016.

[7] 杨杰忠，王泽春，刘伟. 工业机器人技术基础 [M]. 北京：机械工业出版社，2017.

[8] 王保军，腾少峰. 工业机器人基础 [M]. 武汉：华中科技大学出版社，2015.

[9] 汤晓华，等. 工业机器人应用技术 [M]. 北京：高等教育出版社，2015.